Groundwater Resources Sustainability,
Management, and Restoration

地下水资源的可持续性、管理和修复

（美）Neven Kresic 著

熊　军　梁开封　郭诗雄　蔡明祥　　译

（上）

黄 河 水 利 出 版 社
·郑 州·

图书在版编目(CIP)数据

地下水资源的可持续性、管理和修复/(美)内文·克雷希克(Kresic,N.)著;熊军等译.—郑州:黄河水利出版社,2013.2

书名原文:Groundwater resources:sustainability,management, and restoration

ISBN 978 - 7 - 5509 - 0161 - 2

Ⅰ.①地… Ⅱ.①克… ②熊… Ⅲ.①地下水资源－水资源管理－研究 Ⅳ.①P641.8

中国版本图书馆 CIP 数据核字(2012)第 317719 号

出 版 社:黄河水利出版社
　　地址:河南省郑州市顺河路黄委会综合楼 14 层　　邮政编码:450003
发行单位:黄河水利出版社
　　发行部电话:0371 - 66026940、66020550、66028024、66022620(传真)
　　E-mail:hhslcbs@ 126. com
承印单位:河南省瑞光印务股份有限公司
开本:890 mm×1 240 mm　1/32
印张:29. 5
字数:850 千字　　　　　　印数:1—1 800
版次:2013 年 2 月第 1 版　　印次:2013 年 2 月第 1 次印刷

定价(上、中、下):70.00 元

Library of Congress Cataloging-in-Publication Data
Krešić, Neven.
  Groundwater resources: sustainability, management, and restoration/Neven Kresic.
    p. cm.
  Includes bibliographical references and index.
  ISBN 978-0-07-149273-7 (alk. paper)
    1. Groundwater—Management. 2. Water conservation. 3. Water quality. 4. Aquifer
  storage recovery. I. Title.
  TD403. K74   2008
  333. 91'04—dc22   2008025923

McGraw-Hill books are available at special quantity discounts to use as premiums and sales promotions, or for use in corporate training programs. To contact a representative please visit the Contact Us pages at www. mhprofessional. com.

Groundwater Resources

我衷心地感谢 Joanne 先生和 Miles 先生，没有他们的理解与支持，本书的出版是不可能的。

作者简介

内文·克雷希克博士（Dr. Neven Kresic）是美国国际事务水文协会（American Institute of Hydrology for International Affairs）会长，主要负责此协会的国际事务。同时，他也是国际水文地质学家协会、国际水资源协会、国家地下水协会的成员之一。内文·克雷希克博士出版过有关地下水资源方面的 4 种书，同时也发表了多篇论文。他是专业的水文地质学家和地质学家。25 年来，他为许多客户，包括来自工业部门、自来水公司、政府机构和环境法律事务所的客户提供培训、研究和咨询服务。

《地下水资源的可持续性、管理与修复》

译　序

　　水是生命的源泉,也是社会经济发展不可或缺的资源。在里约热内卢举行的联合国环境与发展大会通过的"21世纪议程"宣言指出:淡水是一种有限的资源,不仅是维持地球和一切生命所必需的,而且对一切社会经济部门都具有生死攸关的重要意义。联合国环境署警告:"21世纪缺水问题将严重制约世界各国经济社会发展,并可能导致国家间冲突。"当前世界范围内的水资源以及提供与支持水资源的相关生态系统均面临着来自污染、过度开发利用、气候变化及其他诸多方面的威胁。我国也不例外,水资源问题已经成为制约我国社会经济发展的重要因素。

　　地下水是我国水资源的重要组成部分,其形成受气候、水文、地形等自然条件影响,也与当地地质构造、地层、岩性等因素有密切关系。地下水在我国特别是北方地区的生活和生产、农田灌溉和城市供水中占有十分重要的地位。近年来,由于过度开发,长期超采地下水严重,我国北方一些地区地下水位急剧下降,已形成了巨大的地下水下降漏斗,并且漏斗中心不断加深,面积不断扩大。不少地区地下水资源枯竭,导致许多泉水、河流、湖泊和沼泽地的缩小和干枯,以泉水闻名的济南也曾一度失去了"泉城"的风采。一些沿海地区地下水过度开采,导致地面沉降突出、海水入侵等诸多生态环境问题,给海岸带的生态环境、资源和经济社会发展带来了一系列问题。而近年来日趋严重的水污染更加剧了地下水资源短缺的危机,地下水资源保护已经成为我国当前经济社会可持续发展面临的突出问题。需要指出的是,与地表水相比,地下水问题更为复杂,地下水生态系统更为脆弱,地下水一旦被污染,地下水生态系统被破坏后,其治理修复的难度将更大。

　　当前我国正在实施最严格水资源管理制度,各地正从编制地下水开发与保护规划、开展水功能区划、完善地下水监测、修复地下水生态系统等方面着手加强对地下水资源的保护与管理。本书的出版正逢其时。特别是本书译者均为长期从事地下水资源工作的专家和学者,他们结合自身工作经验,从水资源评价、保护、修复、工程设计和管理等不同角度介绍了当前国际上在地下水管理与保护方面的最新进展,全面反映了本领域的最新成就。相信本书会给水利、水文水资源、地理、环境等专业的管理和研究人员,特别是从事地下水开发利用与保护的人员提供有实用价值的参考与借鉴。

长江水利委员会水资源保护局前局长

2012 年 11 月

译者的话

《地下水资源的可持续性、管理和修复》（Groundwater Resources Sustainability, Management, and Restoration）由美国国际事务水文协会副会长、水文地质学家和地质学家内文·克雷希克（Neven Kresic）博士编著，2009 年由麦格劳－希尔（McGraw-Hill）公司出版发行。该书分为全球淡水资源及利用、地下水系统、地下水补给、气候变化、地下水质、地下水处理、地下水资源开发、地下水管理、地下水修复等 9 章。

该书中文版的翻译出版已经得到 Neven Kresic 博士及麦格劳－希尔公司的授权。

为了使中国读者更容易读懂这本书（中文版），在征得麦格劳－希尔公司同意的基础上，翻译过程中按照中国出版惯例和相应标准做了如下改动：一是将原书中第一人称改为第三人称；二是将原书分为上、中、下三册，并对第四层序号做了改变；三是英文版图名多为说明文，译者根据英文含意，有图名的，将图名和说明文分开排，说明文增加圆括号放在图名下，没有图名的，根据文中表述的图的内容增加图名；四是将版面欠佳的表进行了版面优化。

译　者

2012 年 11 月

前　言

　　在过去的十年左右,很少有术语像全球变暖和气候变化两个术语那样在国际科学界和一般公众面前引起更多的争论和关注。如果把这4个词组加以组合就会在头脑中立马闪现第三个术语——全球变化。在编写本书的时候,联合国政府间气候变化专业委员会(IPCC)已经发布了令人期盼已久的报告,报告显示了一些令人相当担忧的事实,同时预测了气候变化将造成的影响。在如今这个通信发达的时代,横跨所有大洲的、科学的以及其他一些真相、事实不会隐藏太久。虽然如此,也有相当一部分怀疑论者,包括一些政府,不顾别人正在迅速学习适应许多我们多年来从未在意过的根本性问题。在关于未来全球变化的各种讨论中,大家一致认为世界的可持续性是最具有说服力的。当人们对身边的能源、交通、粮食生产、森林、野生生物、城市、河流、农村以及许多其他的事物习以为常时,只要大家再细心关注一下它们中的任何部分,很有可能会发现大家需关注的一个简单问题是:人类赖以生存的活动可以一直持续下去吗? 人类现在正在消耗的化石燃料具有可持续性吗? 每天开车是可持续性的表现吗? 森林采伐是可持续性的吗? 人口增长具有可持续性吗? 人类有破坏自然界其他物种的栖息地及物种本身的权利吗? 等等这类问题可以列出更多。

　　与可持续性不能分离的问题是伦理道德问题。人们拥有可以否决别人的权利,无论是现在或将来,还是过去,人类做着同样的事情,现在能继续做吗? 对于这样或者其他类似问题的回答,每个人可能有自己的看法,但是对于有一件事,大家都能达到一致看法,那就是:没有水,就没有生命。虽然这种说法在这里似乎不合时宜,但它却是一个普遍性的真理,对于这本书它是重要的,可用来完成下面的评述:地下水的耗竭已经导致并将继续导致许多泉水、江河、湖泊和沼泽范围缩小或干涸。众所周知,在世界的许多地方,动植物群体正在减少,因为地下水的消耗,许多物种也正在濒临灭绝。当然,世界上许多地方的粮食生产和人类活动在当前不抽取地下水是不可能的。媒体上的头条新闻关于这方面的相关担忧使那些真正关注现代生活和未来发展的人们将燃料能源放到了持续关注的位置，而对那些暂时未影响到其日常生活的人们来说，他们甚少关注这些问题。例如，在 2007 年，有国家和世界级媒体的头条新闻这样报道："西南地区预报，预测将有 90 年的干旱"（"人类活动引起的地球大气变化将导致美国西南地区持续 90 年的干旱"）；"澳大利亚遭受 1 000 年来最严重的干旱"；"干旱覆盖的陆地面积翻了一番"；国家气候数据中心（The National Climate Data Center）星期二报道："9 月底，美国 43% 左右的地区将会遭受中等到严重程度的干旱。"同时，该机构称："今年是自陆地上有记录以来最温暖的。"

在读了有关旱灾的这些简短的新闻之后，人们可能会产生一些共识，并可能真正地担忧起来。考虑到美国和澳大利亚是世界上粮食出口量很大的国家，其农田灌溉都大大依靠地下水，包括（特别是）那些含水层已经被人们过度开发的地区，地下水供不应求，使含水层处在巨大的供水竞争压力之下。现在还增加了两个国家——中国和印度的新闻，会令人更加震惊，这是世界上人口最多的两个大国，这两个国家将继续消耗地下水以满足农田灌溉和供水需求。随后，考虑了非洲和中东大多数地区，这些地区长期水资源匮乏，且这种情况越来越严重。此外，尝试考虑的是涉及全球范围的各种连锁反应，包括食品安全、贫困、政治、地缘战略利益、难民、生态环境恶化、政局动荡等问题。

根据联合国教科文组织（UNESCO）公布的结果，预计世界上约有11 亿人每日缺乏数十升的安全饮用水，而这个标准是联合国推荐的人均每日所需的最低水量，以确保每个人每天的正常喝水、吃饭以及环境卫生的基本需求。约有 26 个国家，总共超过 3.5 亿人，正处于严重缺水的状况，他们主要分布在干旱的陆地区域（干旱地区），尽管这些地区可获得的地下水资源足以应对此类地区的紧急需求情况（UNESCO，2006，2007），气候的变化、人口的增长、不合理的支配方式以及不适当的水资源管理已经造成了流离失所、绝望、营养不良、饥渴的人数持续增多。同样的因素也给很多发达国家的地表水，特别是地下水带来了持续的压力。不管一个国家的经济和政治如何发展，它都存在下面 3个主要议题：①地下水资源供给农业（农民）用水量、人口增长的城市用水量和工业用水量存在如何平衡的问题；②地下水资源供给农业（农民）、人口增长的城市和工业用水不断消耗着地下水资源；③地下水资源供给农业（农民）、人口增长的城市和工业用水对水资源的污染。尽管本书的焦点集中在地下水,下面的问题却没有引起足够重视:把地表水和地下水分为淡水的两个"独立的部分"是人为的,其实它们在很多方面有紧密联系,如果仅仅研究一个方面,而忽视了另外一个方面,将可能导致不合理的水资源管理决策。这就是本书有一个部分用来解释"水资源综合管理（IWRM）"的原因——这个理念正在进行越来越多的研究,并在许多地方、国家和地区（主要指政府间）得到应用。

整本书中,从现有水资源的数量和质量等各方面出发对地下水资源可持续性进行了论述,包括水资源评价、工程、管理、设计及修复。本书的前5章详细介绍了什么是地下水,它从哪里来,它是如何自然循环的,以及循环量的多少,预测气候变化对地下水的再补给和使用可能产生哪些影响。同时,也详细介绍了地下水的水质、污染源以及污染物的处理及输移。第6章涵盖了所有为达到饮用水标准而对地下水污染进行治理的各种传统和创新的技术。第7章和第8章介绍了利用工程技术抽取和管理地下水资源、水资源保护区的界定、地下水（含水层）脆弱性的分布状况以及各种各样的在地下水管理方面的论题,包括建模、监测、含水层的人工补给以及数据库和地理信息系统的开发。最后一章（第9章）介绍了被污染的地下水恢复,以供有益利用,包括污染源区和溶解相（羽状污染带）修复。

最后,本书作者衷心感谢下面这些水资源方面的专家学者,他们为这本书很慷慨地贡献了他们的专业知识和热情,他们是亚历克斯·米克斯泽夫斯基（Alex Mikszewski）、杰夫·马纳斯扎克（Jeff Manuszak）、马拉·米勒（Marla Miller）、亚历山德罗·弗朗奇（Alessandro Franchi）博士、罗伯特·科恩（Robert Cohen）、伊瓦纳·加布里克（Ivana Gabric）博士、内诺·库库里克（Neno Kukuric）博士、内纳德·弗尔维克（Nenad Vrvic）、塞缪尔·斯托（Samuel Stowe）和法萨德·福图希（Farsad Fotouhi）。

Neven Kresic 于弗吉尼亚州

目　录

第1章　全球淡水资源及利用

联合国教科文组织(UNESCO)总干事松浦コィチロ(Koichiro Matsuura)从全球角度关于水资源对各国和国际社会的重要性作了如下论述:

水关系到每一个人。现在,几乎每天都能听到有关洪水、干旱、地表水或地下水受到污染的消息。这些问题的任何一个都直接或间接地影响了人类的生活和发展,包括人类的安全和健康(食品安全和健康)、经济发展(工业和能源)、人类最终赖以生存的自然生态系统。这些影响之间是相互关联的,需要全盘考虑。联合国系统总共有24个机构和实体从事相关的工作、具有共同的目标,它们提出了综合和客观的关于全球水资源的报告及应采取的措施,以应对困扰人类的相关挑战。

全球化和许多地区的经济快速发展改变了社会经济结构。显然,这些变化是普遍性的,但不全是正面的。许多人,特别是发展中国家和城郊以及农村的人口处于贫困和可预防的疾病困扰之中。

保障安全供水是基本的要求,这是不言而喻的。然而,正如该报告所表明的那样,水在发展中的核心作用既没有得到充分的理解也没有得到适当的评价。水利行业需要做更多的事情去教育人们,特别是决策者(UNESCO,2006)。

1.1　世界的水资源

地球表面积为 5.1 亿 km^2,其中 1960 年约有 70.8%(3.611 亿 km^2)被海洋水所覆盖,约 3.4%(0.173 4 亿 km^2)被极地冰盖和冰川所覆盖,约 0.17%(0.867 亿 km^2)被天然淡水湖泊所覆盖,约 0.14%(0.714 亿 km^2)被咸水湖泊所覆盖(Nace,1960)。总海水面积,包括冰下面积、湖泊、内陆海在内约为 1.48 亿 km^2。海水的总体积约为 13.20 亿 km^3。极地冰盖和陆地冰川储水量估计为 3 040 万 km^3,淡水湖泊水量为 125 000 km³,咸水湖泊和内陆海水量为 104 000 km³。

俄罗斯贝加尔湖是世界上最深的湖(1 620 m),蓄水量为 23 000 km³(Bukharov,2001;USGS(美国地质调查局),2007a),即接近全球天然湖泊总蓄水量的 20%;相当于北美大陆五大湖的总水量(苏必利尔湖、密歇根湖、休伦湖、伊利湖和安大略湖;22 684 km³)(USEPA(美国环境保护署),2007a)。大多数淡水湖都位于高纬度地区,仅加拿大的淡水湖泊就占全世界湖泊的 50%。许多湖泊,特别是干旱地区的湖泊由于蒸发变成咸水湖。里海、死海和大盐湖是世界上主要的咸水湖。世界上的水库淡水总蓄水量约 4 286 km³(Groombridge 和 Jenkins, 1998)。

包括各种木本沼泽、泥碳沼、草沼、泥沼地、泻湖、洪泛平原的湿地总面积约 290 万 km²(Groombridge 和 Genkins, 1998)。大部分湿地水深为 0~2 m,永久性湿地的平均水深约为 1 m,湿地的总容积为 2 300~2 900 km³(UNEP(联合国环境计划署),2007)。河槽的平均蓄水量约为 1 166 km³(Nace,1960)。

土壤内植物根系区(地表下 1 m 以内)含水量至少为 25 000 km³。距地表 800 m 以内地球岩壳的含水量约为 417 万 km³,800~3 200 m 的含水量估计也同样多(Nace,1960)。

全球总水量超过 13.58 亿 km³,其中 97% 为海洋。陆地地表水和地下水总量(咸水和淡水)只有 3 900 万 km³,其中冰盖和冰川含水量占 78%,内陆咸水湖和内陆海水量约占 0.27%。大部分冰盖和冰川水在格陵兰岛和南极,远离人类居住的地方,难以利用。格陵兰岛和南极以外的冰盖和冰川蓄存的淡水估计为 180 000 km³,分布在世界各地仅 550 000 km² 的区域(UNEP,1992,2007;Untersteiner,1975)。深度大于 800 m 的大部分地下水目前无经济利用价值或是咸水。这样,地球上可利用的淡水资源不到全球总水量的 3%,陆地上的水只有 11% 多一点可以利用。这点每年可再生和连续使用的水完全依赖于大气降水(UNEP,1960)。图 1.1 为除极地外的陆地可利用的淡水水量和所占比例(Nace,1960)。

虽然上面的估算数字不很准确,但这些估算数字却可以作为帮助大家确定淡水管理问题的尺度。咸水转化为淡水是一项艰巨而困难的

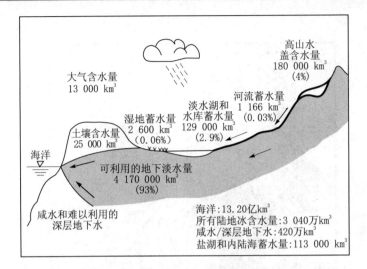

图 1.1　除极地地区外的陆地可利用的淡水类型和所占比例

（纳塞提供数据，1960；Groombridge 和 Jenkins，1998；UNEP）

任务。即使咸水淡化越来越经济可行，但运输问题可能在很长一段时间内使内陆地区难以利用转化咸水。淡化咸水只能解决局部严重缺水地区的用水。总而言之，咸水淡化不足以从根本上解决地区或国家的用水问题。因此，在未来很长一段时间内，内陆地区只能依靠间接来自海洋的水——大气降水。大气中估计含有 13 000 km^3 的水汽，足以覆盖地球 25 mm 厚（Nace，1960）。

全球 1.3 亿 km^2 的陆地和岛屿中，36% 以上为干旱和半干旱区（面积约为 4 662 万 km^2）。图 1.2 为非极地干旱区的分布情况，这些地区的灌溉和供水大部分或全部依赖地下水。

图 1.3 是位于阿尔及利亚东部的沙海，北面是蒂恩赫特高原（Tin-rhert Plateau），南面是法德农高原（Fadnoun Plateau）。沙海实际上是一个面积很大的移动沙漠，没有植被或只有很少一点植物，它是撒哈拉沙漠（Sahara Desert）的一部分，面积约 38 000 km^2。沙海西南的活动边界由复杂的沙丘构成（NASA（美国航空航天局），2007a）。由于长期的干旱和荒漠化，撒哈拉大沙漠南部边界的沙丘和石漠化面积不断扩展。

美国的地下水主要储存在地表以下 800 m 内，总量是北美几大湖

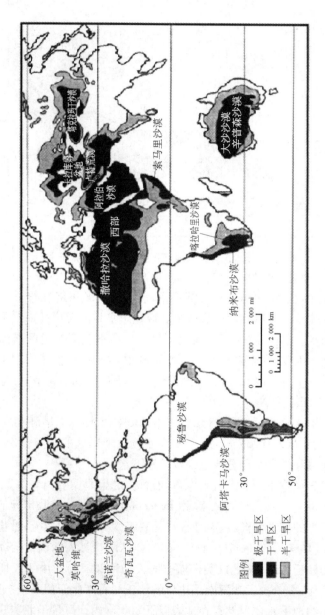

图 1.2 非极地干旱区的分布情况

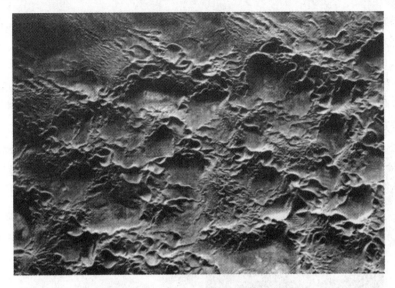

图 1.3　宇航员于 2005 年 1 月 16 日拍摄的阿尔及利亚东部沙海的照片
（可登陆网站：http：//earthobservatory. nasa. gov.）

的几倍。虽然地下水储量大，但天然补给率却相对较低。Nace（1960）
下面的论述说明了这一点。

美国 48 个州年平均降水量为 762 mm，年总产水量约为 5 707
km^3。地下水的天然年补给量为年总产水量的 1/4，约为 1 416 km^3。
这不是一个精确的估计，许多水文专家对此有异议，但它说明了地下水
补给的量级。

基于上述估计，美国地下 800 m 以内的地下水总量相当于过去
160 年的地下水补给总量。该估算是很粗略的，究竟是 50 年、100 年或
200 年并不重要，重要的是这些地下水"银行"储存的水需要几代人的
时间。这是唯一真实储存的水。每年的补给水只占总储水量的很小一
部分。目前，由于抽取地下水，美国一些地区地下水"支行"处于严重
透支状态，这足以使美国地下水"总行"的水管理者必须关注地下水的
总储水量，并估算地下水透支可以持续多长时间。这是水资源管理者
的工作。

美国得克萨斯州和新墨西哥州南部高原是一个很好的大储水量

"银行"、小补给量的例子。得克萨斯州的储水量约为 247 km³,如果地下水抽干,需要花 1 000 余年进行补给(U. S. Senate Select Committee on National Water Resources(美国参议院水资源选举委员会),1960)。

可以认为,目前最热门的话题是气候变化对水资源可利用性可能产生的影响,包括规划水量。但是,不能过分强调,这类影响都是过去叠加的,以及对未来影响的预测。水利专家并没有使自己陷入气候变化的责任归咎于谁,以及做或不做一些事情的结果是什么的激烈政治争论中,他们已经面临着可利用的淡水在各大洲、地区或全球范围内重新分配的现实。一些著名的例子是山区积雪减少(见图 1.4)、大型湖

(a)1960年查尔.W.赖特拍摄的照片　　(b)为2003年布鲁斯.F.莫尔尼亚在皇后
　　　　(东西向)　　　　　　　　　　湾三角岛上拍摄的照片(北向)

图 1.4　在阿拉斯加冰川湾国家公园保护区
东侧皇后湾侧谷陡冲积扇约几百米处拍摄的照片

泊的萎缩(见图 1.5、图 1.6)。流行的报纸不断报道这方面的内容。例如,2007 年 3 月,《国家地理新闻》提供的例子给大家留下了深刻的印象:"世界上最大的淡水湖苏必利尔湖(Lake Superior)多年来一直在萎缩,现在似乎正在变热。"文章继续给出一些吸引人的叙述:"海滩游客必须多走 91.44 m(300 ft)才能到达这个被威斯康星州、密歇根州、明尼苏达州和加拿大安大略省包围的湖边。一些码头由于水位低而不能使用,曾经淹没在水里的湖边长满了湿地植物"以及"研究人员开始推测湖泊萎缩与变热有关,这两个原因都受到全球温度上升和局部持续干旱影响"(Minard,2007)。关于气候变化和对地下水资源的可能

影响将在第 4 章介绍。下面简要分析中亚的碱海(见图 1.5)和非洲的乍得湖流域(见图 1.6)的变化情况,以说明人类活动、气候变化、地表水与地下水的关系。

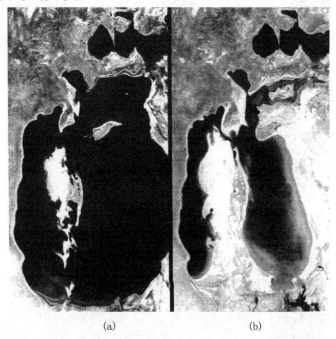

(a) (b)

图 1.5　卫星图片显示的碱海 1989(a)～2003 年(b)的变化情况
(原来湖面面积超过 68 300 km^2 的湖于 1989 年已经实质性地分为了
南、北两个湖。从(a)图可以看出,南湖迅速后退,现已经分为东西两部分
(NASA 供稿,2007b))

　　过去几十年里,曾经是世界上第四大湖的碱海大幅度萎缩。碱海流域地跨塔吉克斯坦、乌兹别克斯坦、土库曼斯坦及阿富汗、吉尔吉斯斯坦、哈萨克斯坦的部分地区,位于欧亚大陆的中心。流域内有两条大河(阿姆河和锡尔河)以及两条河的 30 条主要支流,流域面积达 180万 km^2。20 世纪 60 年代初,苏联通过大型的水利设施几乎将两条河的水调光,以灌溉棉田和水稻,将灌溉面积由 20 世纪 50 年代的 500 万hm^2 增加到 90 年代的 800 万 hm^2(Murray-Rust 等,2003)。

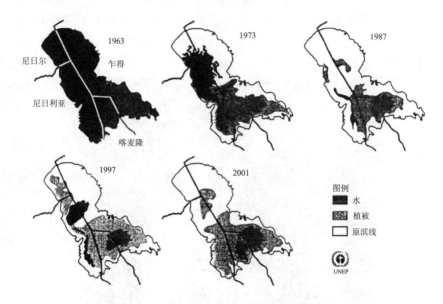

图 1.6　乍得湖 1963～2001 年湖面面积变化情况
（图由每年 1 月拍摄的一系列卫星照片组成）（Provided by the
NASA Goddard SpaceCenter. From UNEP/GRID-Arendal,2002；map0sbyPhillipe
Rekacewicz,UNEP/GRID-Arendal.）

　　碱海流域的水利开发系统被称为"世界上最复杂的人类水资源开发系统"（Raskin 等,1992），因为人类的干预已经逐渐改变了天然水流和沿岸的环境。碱海水系流域内的 20 座大中型水库和 60 条各种规模的引水渠可以充分调度流域内的河水,2 条河流总共有 50 座各种规模的水库（Murray-Rust 等,2003）。

　　过去,这个大型的微咸内陆海调节着这一地区的大陆气候,支撑着可观的渔业。1965 年,碱海的淡水来水量为 50 km³,这一数字到 20 世纪 80 年代已经减小为 0。其结果是湖体萎缩,水中盐和矿物质含量升高,最后由原来的含量 10～12 g/L 上升到 33 g/L。化学成分的改变使湖泊的生态状况发生了惊人的变化,鱼群急剧减少,导致商业性渔业消失（NASA,2007b；Glazovsky,1995）。

　　碱海的萎缩对流域的气候也产生了显著的影响。湖滨测站夏冬季温度上升了 1.5~2.5 ℃,白天温度上升了 0.51~3.3 ℃。湖边多年平均相对湿度下降了 23%,春、夏季节相对湿度下降到 9%。干旱天数增加了 3 倍。晚霜延迟,秋天提前了 10~12 d(Glazovsky,1995)。植物生长季节变短使许多农民放弃种植棉花而改种水稻,而种植水稻需要更多的水。

碱海总容积减少的第二个影响是湖底快速裸露。每年强风带来的大量泥沙落入裸露的湖底。强风过程不仅大大降低了空气质量,也使农作物产量受到严重影响,因为大风带来含盐量很高的颗粒物散落在可耕地上。由于农田受到盐污染,农民使用大量的淡水冲洗土地与盐碱化斗争。流入碱海的水不断盐化,并受到农药与肥料的严重污染(NASA,2007b)。

许多地方的地下水位由于灌溉而升高。例如,卡拉库姆地区地下水位离地面不到 2 m 的地区在 1959~1964 年占整个地区的 20%,而在 1978~1980 年,这一数字已达到 31.55%。土库曼斯坦全国 87% 灌区的地下水位至少上升了 2.5 m。地下水位上升导致许多地区浅层地下水蒸发,盐碱化土地面积急剧上升。相反,碱海及入湖河流水位下降,其附近地区及非灌溉区地下水位会下降 10~15 m,并会产生沙漠化(Glazovsky,1995)。

乍得湖(见图 1.6)水面面积为非洲第四,而集水面积为世界第一,达到 250 万 km^2(Isiorho 和 Matisoff,1990;Hernerdof,1982)。几千年来,它一直是撒哈拉沙漠北部与南部居民贸易与文化交流中心。乍得湖位于西非 4 个国家(乍得、尼日尔、尼日利亚和喀麦隆)的交界处,一直是众多大型灌溉项目的水源地。此外,自 20 世纪 60 年代初以来,这一地区降雨减少十分显著,经历了严重干旱天气。1973~1987 年的 15 年间,乍得湖湖面面积明显减少。从 1983 年开始,灌溉用水不断增加,1983~1994 年灌溉引水量是 25 年前的 4 倍。来自美国为联合国教科文组织地球观察系统规划工作的研究人员研究发现,现在乍得湖的湖面面积是 35 年前的 1/20(NASA,2007b)。

虽然乍得湖是半干旱地区一个封闭的浅水湖(年降水量约 300 mm),蒸发量大(2 000 mm/a),一般人想象它是一个碱水湖或盐湖,然而它的湖水却出奇的淡,含盐量只有 120 ~ 320 mg/L (Isiorho 和 Mati-soff,1990;Hernerdof,1982))。乍得湖湖水淡的原因如下:容积—面积比小,这使降雨可以发挥较大的稀释作用;入湖河流含盐量低(42 ~ 60 g/L);湖水可以通过湖底渗漏到地下含水层(非封闭的),以及进行生化调节(Isiorho 和 Matisoff,1990)。

乍得湖岩层的表层为第四纪沉积层,通常情况下是非承压层,可以通过渗漏补给,使湖水水位高于含水层。据对乍得湖进行的野外调查,包括直接渗漏测量,证实地下水流向湖的西南(Isiorho 和 Matisoff,1990)。乍得湖流域西南部的居民经常人工挖井从非承压含水层引水灌溉或民用。如果乍得湖消失,这一地区将受到影响,如果继续像目前这样,含水层将失去水源补给。这将导致依赖浅水井的农村居民严重缺水,使已经遭受自然灾害和人为灾害的广大地区更加缺水。

1.2　淡水的可获性

有关一个国家可利用的天然水资源量的研究工作几十年来一直在进行,估算的许多主要数据成果保存在联合国粮农组织(FAO)开发和维护的数据库(AQUASTAT)中。这些估算成果是各国根据自己国家的水资源量用水量平衡方法计算获得的(FAO,2003)。该数据库已经成为估计各国可再生水资源的常用参考工具。联合国粮农组织编制了实际可再生水资源总量(TARWR)的指标,以反映各国理论上可用于发展的各种水资源。国家实际可再生水资源总量以 km³/a 为单位表示,除以国家总人数得到以 m³/人表示的人均水资源量。这一用于估算各国人均可利用水资源总量的指标考虑了以下因素:①本国国内降雨形成的地面径流和地下水补给量;②其他国家的入境水量,包括地表水和地下水;③减去所有地面和地下水系统相互作用可能重复的水量;④减去国家通过协议输出的水量(FAO,2003;FAO-AQUASTAL,2007)。

实际可再生水资源总量指的是一个国家人均实际可获得的最大理论水量。大约从 1989 年开始,这一指标被用于评价水资源短缺程度及其压力。值得指出的是,粮农组织的估计值是年最大理论可再生地表水与地下水的补给量,它考虑了地表水和地下水共有的部分。但是,联合国教科文组织(2006)认为,在社会经济指标中,不能计入这一指标,有些国家和地区在开发水资源时可能不同程度地使用这一指标。水资源不同的开发成本差异可能很大。因此,不论报告的"实际"可再生水资源量是多少,它都只是理论值,由于社会经济和技术方面的原因,可开发水资源量将低于该值。使用年实际可再生水资源总量指标时,应考虑下列因素(UNESCO,2006):

(1)世界上近27%的地表水为洪水,这种水不能认为是可利用的水。然而,在国家实际可再生水资源总量中,将它作为可利用且可再生水量的一部分。

(2)降雨、径流、补给的季节性对于地区和流域的开发决策与蓄水战略的制定影响很大,而年指标不能很好地反映这一点。

(3)许多大国跨几个气候区,其人口密度分布完全不同,实际可再生水资源总量不能反映这些因素。

(4)实际可再生水资源总量没有反映维持生态系统的"绿色水","绿色水"是指直接依靠雨水浇灌的农业、牧业、草地和森林的水资源量。

如前所述,不是所有国家可再生的淡水水资源(IRWR)都可供所有国民利用并受一个全国人口控制。据估计,即使采取最好的技术、社会、环境和经济措施,也只有1/3的年可再生水资源总量是可控的。全球各国可再生的淡水水资源潜在的可利用水量(PUWR)估计为9 000 ~14 000 km³(UN(联合国),1999;Seckler,1993)。目前,在全球潜在可利用的水资源中,已有2 370 km³水量已得到开发,作为原始供水(PWS)水源,即人类"原始的"或"首次的"用水(IWMI,2000)。部分原始供水量在首次使用时被蒸发掉,另一部分水则返回河道和含水层,在许多情况下,这部分水又被人们抽回再使用。这一部分称为原始供水的可循环部分。原始供水和循环供水合计约3 300 km³,可供不同行业使用(农业用水、工业用水和公共用水)。

1.3　　水利用趋势及其案例

用水常常指用于专门目的的水,如生活用水、农业灌溉用水、工业加工用水。用水是人类与水循环系统的相互作用,并且影响着水循环系统。这些影响包括从地表和地下水源抽水、引水灌溉为居民和企业供水、消耗用水、废水处理厂的排水、环境回归水、发电用水。消耗性用水是指植物蒸发蒸腾、被农作物和谷物吸收、人类和牲畜消耗的那部分水以及环境中直接消耗的其他水(USGS,2007b)。在进行水资源评价时区分用水和耗水是很重要的。例如,并不是所有灌溉用水都被消耗掉,灌溉用水或多或少会返回原水源或其他水体(如河流和含水层),这部分水是可以再利用的。

以下是美国水行业和水管理部门常用的术语(USGS,2007b;美国环境保护署,2007b):

(1)公共供水(Public Supply)。由县自来水公司等公共政府部门和机构以及私有公司提取水,然后提供给用户。

(2)市(公共)供水系统(Municipal (Public) Water System)。至少有 5 个服务连接(如家庭、工商、企业或学校)或者 1 年内至少 60 天定期为 25 个个体服务的供水系统。

(3)供水系统(Water Supply System)。从源头到消费者这个过程中饮用水的收集、处理、存储和分配。

(4)供水者(Water Purveyor)。向消费者供应饮用水的公共事业单位、互助自来水公司(包括私有公司)、县供水区或城市。

(5)(可)饮用水(Potable Water)。能安全饮用和烹饪的水。

(6)水体水质标准(Water Quality Criteria)。使一个水体适合于其指定用途所预期的水质水平。这些标准基于污染物在饮用、游泳、农耕、渔业生产或工业过程中对水的特定危害水平。

(7)各州采用的水质标准(Water Quality Standard)。各州采用美国环境保护署批准的水体环境标准。该标准规定了水体的使用并建立了保护指定用途所必须满足的水质标准。

（8）公共用水（Public Water Use）。由公共供水供给，用于消防、街道清洗、市政公园、游泳池等用途的供水。

（9）家庭用水（Domestic Water Use）。用于饮用、准备食物、洗澡、洗衣、碗碟、宠物、冲厕所、草坪花园浇水等家用目的的用水。约85%的家庭用水由县自来水公司等公共供水事业单位供给。全国约15%的人口主要由水井自供水。

（10）商业用水（Commercial Water Use）。用于汽车旅馆、酒店、餐馆、办公大楼、其他商业设施、社会公共机构的用水。商业用水有公共供水（县自来水公司）和自供水（水井）两种方式。

（11）工业用水（Industrial Water Use）。钢铁、化工、造纸、石油冶炼等产业的用水。在全美国范围内，工业用水主要（80%）来自自供水源，如当地水井或河流取水点，但一部分来自公共供水水源，如县（市）自来水公司。

（12）灌溉用水（Irrigation Water Use）。应用于土地上帮助农作物和牧草生长或维持公园和高尔夫球场等娱乐场所植物生长的用水。

（13）畜牧用水（Livestock Water Use）。用于畜牧饮水、饲育场、乳制品业务、养鱼以及其他农场需求的用水。

（14）卫生（Sanitation）。在人类环境中，对发展、健康或生存造成危害的自然因素进行控制。

（15）卫生水（也叫灰水）（Sanitary Water（也叫 Gray Water））。从水槽、淋浴、厨房或其他非工业活动排放，而非从便桶排放的水。

（16）废水、污水（Wastewater）。家庭、社区、农场或工业使用过含有溶解或混悬物质的水。

（17）水污染物（Water Pollution）。水中出现足够多的、有损水质的有害或讨厌物质。

（18）处理过的废水（Treated Wastewater）。进行过一次或多次物理、化学和生物过程来减少其潜在健康危害的废水。

（19）回收废水（Reclaimed Wastewater）。经过处理的，有灌溉某些作物等有益用途的废水。

（20）公有污水处理厂（Publicly Owned Treatment Works（TOT-

Ws))。由州、地方政府部门或印第安部落拥有,通常旨在处理家庭污水的污水处理厂。

(21)污水处理设施(Wastewater Infrastructure)。社区收集、处理、处置污水的计划或网络。处理水平取决于社区的规模、排放的类型或受纳水体的指定用途。

占水资源总量93%的地下水目前是除极地外各大洲最丰富和最容易利用的淡水资源,其后依次为高山冰盖和冰川、湖水、水库蓄水、湿地和河流(见图1.1)。20世纪末,约有15亿人的饮用水依赖于地下水(WRI(世界资源研究院),1998)。地下水的抽取量约占总抽水量的20%(WMO(世界气象组织),1997)。

根据 UNEP 的资料,全球年地下水抽取量从 1995 年的 3 790 km^3(其中用水量达 2 070 km^3,占地下水抽取量的54.6%)上升到 2000 年的 4 430 km^3(其中用水量达 2 304 km^3,占地下水抽取量的 52%)。2000 年,亚洲地下水抽取量占全球的 57%,其中水消耗量占其抽取量的 70%,亚洲灌溉面积为全球最大。未来,全球地下水的抽取量可望每 10 年增加 10% ~12%,到 2050 年将达到 5 240 km^3(与 1995 年比,增加了 38%),水消耗增长速度稍低,增加了 33%。未来几十年,非洲和南美洲的抽水量将增加 50% ~60%;欧洲和北美洲增长率最低,将增加 20%(UNEP,2007;Harrison 等,2001;Shiklomanov,1999)。

目前,农业是最大的用水行业,2000 年,其用水量占世界总淡水抽取量的 67% 和总用水量的 86%(UNEP,2007)。在美国,农业用水约占总淡水使用量的 49%,其中 80% 用于灌溉。在非洲和亚洲,农业用水量占全部用水量的 85% ~90%。到 2025 年,全球农业水需求量将增加 20%,灌溉面积将从 1995 年的 2.53 亿 hm^2 增加到 3.3 亿 hm^2(Shik-lomanov,1999)。

全球工业用水量占淡水总抽取量的 20%,其中 57% ~69% 用于水力和核能发电,30% ~40% 用于工业加工,0.5% ~3% 用于热力发电(Shiklomanov,1999)。在工业部门,使用得最多的是供发电和灌溉的水库蓄水。但是,水库的蒸发水量估计超过工业和民用水之和。这在很大程度上应归因于水损失,尤其是在炎热的热带和干旱地区。

2000 年,民用水占世界淡水抽取总量的 13%。发达国家的民用水比发展中国家平均高 9 倍。联合国教科文组织估计发达国家人均生活用水为 500～800 L/d(821.9 m³/a),而发展中国家为 60～150 L/d(54.8 m³/a)。在亚洲、非洲和拉丁美洲等发展中国家,公共用水为 50～100 L/d。在水资源匮乏地区,这一数字可能低至 20～60 L/d。在集中供水设施和有完善的渠系的大城市,生活用水通常不超过总抽水量的 5%～10%(UNEP,2007)。

在世界大部分地区,年抽水量(即用水量)只占国内年可再生水资源总量的一小部分(低于 20%),见表 1.1。但是在缺水地区,如中东和北非地区,地下水抽水总量可占到国内年可再生水资源总量的 73%(Pereira 等,2002,摘引自世界银行,1992)。当考虑到这些地区是世界上人口增长最快的地区时,有关水资源短缺问题的原因就清楚了(见表 1.2)。

在中低收入国家,农业用水是所有行业中用水量最高的;在温带和湿润气候区发达国家,工业用水是主要的用水。

供水和公共卫生在城乡都面临着不同的问题。目前,农村人口的 1/3 无法获得安全的饮用水,相当一部分人达不到最低要求(世界银行,2000;WRI,1998)。另外,有近 80% 的农村人口没有适当的公共卫生设施,仅印度和中国农村就有 13 亿人(UNESCO-WWAP,2003)。这意味着在未来几十年,还有 18 亿的农村居民享受不到新增的民用水和公共卫生设施,要解决这一问题需要显著增加民用水的抽取量。

随着世界城市化进程的加快,供水和公共卫生设施将成为城市的主要问题和世界水利行业所面临的主要挑战。2007 年,世界城市人口已占总人口的 50%,并且这一趋势还将继续下去。墨西哥市、加尔各答、上海、布宜诺斯艾利斯、德黑兰、伦敦、雅加达、达卡、马尼拉、开罗、曼谷和北京等千万人以上的城市(居民 1 000 万人以上)目前在不同程度上都依赖于抽取地下水(Morris 等,2003)。预计 2015 年人口超过千万的城市将达 23 座,其中只有 4 座在发达国家。这些城市的人口将占到世界城市人口的 9.6%,超过 3.74 亿人(UN HABITAT,2003)。这些城市的大多数以及其他发展中国家的大城市周边的贫民区和非正式居

表 1.1　世界水资源可获量

地区分类	国内年可再生水资源总量（×10⁶ m³）	国内年人均可再生水资源量（m³）	年抽水量占总水资源量比例（%）	年抽取总水量（×10⁶ m³）	部门抽水量占总水资源量的比例		
					农业（%）	家庭（%）	工业（%）
中低收入国家	28 002	6	1 749	6 732	85	7	8
撒哈拉沙漠以南非洲地区	3 713	1	55	7 488	88	8	3
东亚和太平洋地区	7 915	8	631	5 009	86	6	8
南亚	4 895	12	569	4 236	94	2	3
欧洲	574	19	110	2 865	45	14	42
中东和北非	276	73	202	1 071	89	6	5
拉丁美洲和加勒比海地区	10 579	2	173	24 390	72	16	11
高收入国家	8 368	11	893	10 528	39	14	47
联合组织成员国	8 365	11	889	10 781	39	14	47
其他	4	119	4	186	67	22	12
全球	40 856	7	3 017	7 744	69	9	22

注:本表由 Pereira 等供稿,2002;资料来源:世界银行,1992。

住区在不断增加,需要特别关注。在这些地区,由于没有适当的饮水供应、公共卫生设施和污水处理设施,普遍存在着水污染和环境污染问题(CSD,2004)。21 世纪初期,生活在贫民区的人口估计达 9.24 亿人(UN HABITAT,2003)。

表 1.2　人口及年平均增长率

地区分类	人口(百万)					年平均增长率(%)				
	1973年	1980年	1990年	2000年	2030年	1965~1973年	1973~1980年	1980~1990年	1990~2000年	2000~2030年
中低收入国家	2 923	3 383	4 146	4 981	7 441	2.5	2.1	2.1	1.9	1.41
撒哈拉沙漠以南非洲地区	302	366	495	668	1 346	2.7	2.8	2.8	3.0	2.4
东亚和太平洋地区	1 195	1 347	1 577	1 818	2 378	2.6	1.7	1.7	104	0.9
南亚	781	919	1 148	1 377	1 978	2.4	2.4	2.4	108	1.1
欧洲	167	182	200	217	258	101	1.2	1.2	0.8	0.6
中东和北非	154	189	256	341	674	2.7	3.0	3.0	2.9	2.3
拉丁美洲和加勒比海地区	299	352	433	516	731	2.6	2.4	2.4	1.8	1.2
高收入国家	726	766	816	859	919	1.0	0.8	0.8	0.5	0.2
联合组织成员国	698	733	111	814	863	0.9	0.7	0.7	0.5	0.2
全球	3 924	4 443	5 284	6 185	8 869	2.1	1.8	1.7	1.6	1.2

注:本表由 Pereira 等供稿,2002;资料来源:世界银行,1992。

据国际水资源管理机构(IWMI)预测,在这种背景下,大多数发展中地区 1995~2025 年的生活用水和工业用水地下水抽取量将翻番。除非洲外,这一增长水平可以保证家庭平均供水量高于人均基本需水量(BWR)50 L/(人·d)的标准。人均基本需水量不受气候、技术和文化影响,能满足饮水、卫生、沐浴、饮食需求所推荐的用水量(Gleick,1996)。然而,在非洲,目前用于生活用水的地下水抽取量远低于基本需水量。要将人均生活用水提高到基本需水量水平,非洲的生活用水地下水抽取量还要增加 140%(Melden 等,2001)。

由于城市化和工业化,未来几十年里,世界农村人口将缓慢增长,尤其是发展中国家。但是,非洲(AFR)、南亚(SA)、中东和北非(ME-NA)农村人口将分别增加 56%、18% 和 20%。同时,东亚和太平洋地区(EAP)、拉丁美洲和加勒比海地区(LAC)、欧洲和中亚地区(ECA)农村人口将分别下降 12%、4% 和 27%。即使按假定的低增长率计算,全世界农村人口在 2025 年总计达 33 亿人,其中 90% 以上在南亚、东亚和太平洋地区、非洲、中东和北非地区(Molden 等,2001)。

尽管生活和工业部门地下水抽取量预期将有很大的增长,但农业依然是发展中国家的主要用水行业。农业用水水平将受当地、地区和国家粮食自给和安全目标的影响。过去,粮食自给是大多数发展中国家的主要目标。这有助于发展中国家增加粮食生产,提高农村居民的粮食拥有量,减少了农村的失业人数,总体上讲,这有利于减少贫困(Molden 等,2001)。

1.3.1　美国用水情况

2000 年,美国每天用于各种用途的地下水总抽取量达到15 444亿L/d(4 080 亿 gal/d)。1985 年以来,热电和灌溉用水量稳定,变化小于3%。与1985 年比,2000 年地下水淡水的抽取量 3 153 亿 L/d (833 亿 gal/d),增加了 14%,地表水淡水的抽取量 9 918 亿 L/d(2 620 亿 gal/d),减少了 2%(Hutson 等,2004)。图 1.7 示出了1950~2000 年地下水和地表水的抽取量以及人口变化趋势。图 1.8 示出了同一时期不同用途的地下水抽取量。

2000 年,淡水和咸水抽取总量中约 7 382 亿 L(1 950 亿 gal,占总量的 48%)用于热力发电,其中大部分来自地表水,用于火电厂冷却。地表水淡水抽取量的 52% 以及咸水抽取量的 96% 用于热电厂。1985 年以来,热电厂用水相对稳定。

农业灌溉依然是美国最大的淡水用水户,2000 年累计达 5 185 亿L/d(1 370 亿 gal/d)。1950 年以来,除热电厂用水外,灌溉用水占总抽水量的65%。从历史上看,地表水灌溉用水量多于地下水灌溉用水量。但是,地下水灌溉用水的总量一直在增长,从 1950 年的 23% 增长

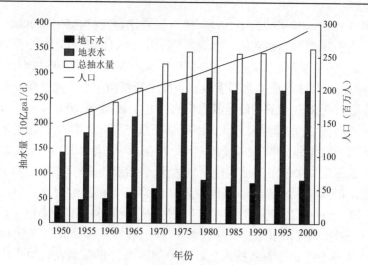

图 1.7　1950~2000 年的人口及淡水抽取量

（Hutson 等供稿,2004）

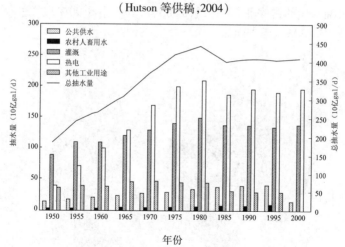

图 1.8　1950~2000 年按水用途分类的总抽水量趋势

（2000 年没有计入农村人畜用水和其他工业用途的总
抽水量(Hutson 等供稿, 2004)）

到 2000 年的 42%。由于地下水灌溉水量 1995~2000 年增加了 16%,
而地表水灌溉量则小幅下降,总灌溉水量增加了 2%。灌溉面积在

1980 年比 1950 年增加了 1 倍多,然后保持稳定,直到 1995～2000 年,由于一些州,特别是西南的一些州发生干旱,灌溉面积才又增长了 7%。近年来,全国的灌溉面积稳定在 2 226 万 hm²(5 500 万 acre)以上,东部的灌溉面积持续增加被西部灌溉面积减少所抵消。喷灌和微灌面积一直在增加,现在已达到美国灌溉面积的一半(Hutson 等,2004)。

　　总而言之,东部湿润地区的灌溉保证面积一直在增加,西部的灌溉保证面积向北部发展(见图 1.9)。20 世纪 90 年代和 21 世纪初,灌溉面积较高度集中于湿润地区佛罗里达州、佐治亚州,特别是密西西比河流域。密西西比河流域的灌区主要在阿肯色州和密西西比州(Gollehon 和 Quinby 等,2004)。东部 37 个州的灌溉用水大部分来自于地下水,这些地区在 20 世纪 90 年代灌溉面积增加最多。表 1.3 给出了 2000 年各地区农业灌溉抽水量。干旱的西部各州灌溉农业生产主要依赖于抽水灌溉。2000 年,美国大平原、山区和太平洋地区的 19 个州的灌溉抽水量约占农业总抽水量的 85%,其中山区 90% 以上的抽水用于农业,其中 96% 用于灌溉。

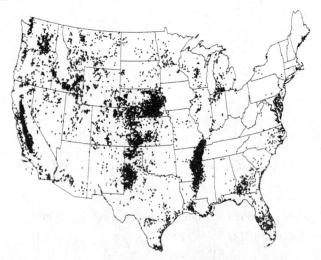

图 1.9　灌溉农田的分布示意（一个点表示 5 000 acre 的灌溉面积）
(Gollehon 和 Quinby 供稿,2006)

表 1.3　2000 年美国各地区农业抽水量

地区类别	州数	农业抽水量		农业抽水分量		农业抽水水源	
		占总抽水量比(%)	抽水量（万 acre-ft/a）	灌溉（%）	牲畜和水产养殖(%)	地下水（%）	地表水（%）
太平洋地区	5	80	4 587.9	98	2	34	66
山区	8	91	6 420.9	96	4	20	80
平原	6	49	2 590.1	97	3	80	20
南部地区	7	30	1 905.4	95	5	73	27
北部—中部和东部地区	24	3	440.9	81	19	72	28
合计	50	41	15 955.8	96	4	41	59

注:美国弗吉尔岛、波多黎各和哥伦比亚特区的抽水量除外（Gollehen 和 Quinby 供稿，2006）。

　　2000 年,美国公共用水抽水量超过 1 628 亿 L/d(430 亿 gal/d),而 1950 年为 530 亿 L/d (140 亿 gal/d)。2000 年,美国 85% 的人口从公共用水供应商那里获得饮用水,而 1950 年为 62% 的人口。公共用水中地下水的用水量从 1950 年的 26% 增加到 1985 年的 40%,然后一直维持在略低于 40% 的水平(Huston 等,2004)。图 1.10 显示,地下水是所有州饮用水的重要水源。

　　根据美国环境保护署提供的 2001 年财政年度关于公共供水资料,由社区供水和非社区供水系统以地下水作为主要供水源供给人口数量为 101 820 639 人(Willianms 和 Fenske,2004)。这类供水系统的总数为 150 793 个。有 16 个州的供水系统超过 1 000 个,只有 1 个州的供水系统仅为 100 多个(罗得岛州 59 个)。26 个州总共超过 1 亿人口由公共供水系统供水,供水水源大部分为地下水。供水人口最多的 5 个州为佛罗里达州(1 400 多万人)、加利福尼亚州(900 多万人)、得克萨斯州(700 多万人)、纽约州(500 多万人)、密歇根州(300 多万人)。另有 10 个州 300 多万人或接近 300 万人主要依靠地下水,即伊利诺伊

州、印第安纳州、路易斯安那州、明尼苏达州、密西西比州、新泽西州、俄
亥俄州、宾夕法尼亚州、华盛顿州、威斯康星州。

图 1.10　1995 年一个州以地下水为饮用水的估算人口百分比

（USGS 供稿,1998）

　　美国自己抽水使用量 1950～2000 年增加了 71%,1950 年自己抽
取民用水的人口为 5 750 万人,为总人口的 38%;2000 年自己抽取水
的人口为 4 350 万人,占总人口的 15%(Hutson 等,2004)。

　　2000 年工业自供抽水量总共约 757 亿 L/d（200 亿 gal/d）,比
1995 年减少了 12%;与 1985 年相比,下降了 24%。估计美国工业用水
量最大的时期是 1965～1980 年,约 2000 年降到自 1950 年有报告以来
的最低水平,2000 年民用、牲畜、水产和矿业自供抽水量低于 492
亿 L/d（130 亿 gal/d）,为总抽水量的 3%。

　　2000 年加利福尼亚州、得克萨斯州、佛罗里达州的抽水量占总抽
水量的 1/4。地表水用量最大的州是加利福尼亚州和得克萨斯州,加
利福尼亚州灌溉和热力发电的抽用水较大,得克萨斯州用于热力发电
的抽水量较大。地下水用量最大的州是加利福尼亚州、得克萨斯州和
内布拉斯加州,主要用于灌溉(Hutson 等,2004)。

　　1950～2000 年,总用水量中 80% 为地表水,20% 为地下水。地表
水用水量中,咸水的比例从 1950 年的 7% 增加到 1975 年的 20%,然后

一直保持在20%。地下水用水量中,咸水的比例从未超过2%。总用水量中,咸水从1950年很小的比例增加到1975~1990年期间的17%。

抽水量并不只是衡量用水的唯一方式。农业的消耗性用水(不返回水环境的水)比其他行业都大得多。1965~1995年的资料显示,农业消耗性用水占该国总消耗性用水的80%,因为植物蒸发蒸腾作用消耗的水比例很大,很少返回地表水或地下水。火电厂用水主要是降温,大部分将返回河流。灌溉水比例越大并不代表消耗性用水越大。用水量和消耗水的差别说明了水损失、径流和返回水的重要性(Gollehon 和 Quinby,2006)。

1.3.2　欧洲用水情况

欧洲抽用的淡水水源主要是地表水,其余为地下水,只有很少一部分为海水淡化水(如西班牙)。根据1995年的调查,欧盟国家用水量中29%为地下水(Krinner 等,1999;资料来自 EEA(欧洲环境局),1995)。但是,欧盟许多国家公共供水主要来自地下水,因为地下水容易获得,水质较好,与地表水相比,处理和供应成本较低(Nixon 等,2000;资料来自 EEA,1995)。欧洲各国地表水及地下水用水比例见表1.4(Krinner 等,1999)。

1990~2001年,欧洲总抽水量发生最显著变化的是东南欧国家(土耳其、塞浦路斯、马耳他),这些国家总抽水量增加了40%,而北欧、中欧和东欧国家则下降了40%。欧盟15个成员国总用水量下降了8%~9%,主要是北部和南部国家(EEA,1995)。用水量下降的原因是近年的干旱使公众更进一步认识到水是有限的资源。用水量明显下降的另一原因还可归因于水管理战略的转变,即转向需求管理,减少损失,更有效地用水和循环用水(Krinner 等,1999)。

东欧地区国家于20世纪90年代的经济转型对该地区水消耗影响很大。工业活动的减少,特别是高耗水产业,如钢铁和矿业,导致工业用水量下降了70%,农业用水量也下降了相同比例。为了反映水的成本,安装水表和提高水价后,可知公共用水下降了30%(资料来自EEA,2005)。

表 1.4　欧盟各国地表水与地下水用水比例

国家	地表水(%)	地下水(%)	国家	地表水(%)	地下水(%)
奥地利	0.7	99.3	卢森堡	31.0	69.0
比利时			荷兰	31.8	68.2
布鲁塞尔	100	0	葡萄牙	20.1	79.9
佛兰德斯	48.5	51.5	西班牙	77.4	21.4
丹麦	0	100.0	瑞典	51.0	49.0
芬兰	44.4	55.6	英国	72.6	27.4
法国	43.6	56.4	挪威	87.0	13.0
德国	28.0	72.0	冰岛	15.9	84.1
希腊	50.0	50.0	瑞士	17.4	82.6
爱尔兰	50.0	50.0	捷克	56.0	44.0
意大利	19.7	80.3			

注:由 Krinner 等提供,1999。

平均来讲,欧洲用水量中,农业用水量占 37%,能源(包括冷却)生产用水量占 33%,城市用水量占 18%,工业用水量(不包括冷却)占 12%。农业综合抽水总量长期保持稳定,而城市和能源生产抽水分别下降了 11% 和 33%(资料来自 EEA,2005)。旅游业是欧洲发展最快的行业,经常会对水资源产生严重的、季节性的压力,特别是南欧地区。

灌溉规模和重要性在欧洲一些半干旱地区十分显著。这些国家包括塞浦路斯、马耳他、希腊、西班牙部分地区、葡萄牙、意大利、土耳其,这些国家的灌溉用水量占总用水量的 60%,且大部分来自地下水。欧盟成员国中位于湿润地带和温带国家的灌溉主要是补充天然降水,比例一般低于 10%(资料来自 EEA,2005)。

1.3.3　非洲用水情况

非洲的人口占世界人口的 13%,但水资源量只有世界的 9%(UNEP,2002),年人均可获水资源量低于世界平均值,只高于亚洲(见表1.5)。非洲可利用水资源量低是由以下 3 个因素产生的(Vordzorgbe,2003):

表 1.5　世界各地区人口与水资源特征

地区	2001 年占世界人口比例(%)	人口密度(人/km²)	年人均可获水资源量(m³)
非洲	13	27	5 157
亚洲	61	117	3 159
欧洲	12	32	9 027
拉丁美洲与加勒比海地区	9	26	27 354
北美	5	15	16 801
大洋洲	1	4	53 711
全球	—	45	7 113

注:Vordzorgbe 供稿,2003;资料来自 UN(联合国),2001。

(1)20 世纪 60 年代后期以来,年平均降水量显著下降。近年来,非洲大部分地区干旱不断加重,1931～1960 年和 1968～1997 年,年平均降水量分别减少了 5%～10%。萨赫勒地区创下世界上有降水量记录以来降水量减少的最大纪录,下降趋势比世界上其他干旱地区都大。

(2)蒸发导致径流减小。非洲总径流量占降水量的比例为世界最低,约 20%,而南美为 35%,亚洲、欧洲和北美为 40%。

(3)由于降水量变化大,供水量变化也大。例如,纳米比亚一些沙漠地区降水量几乎为零,非洲之角赤道西部地区的降水量则很大。这种极端的降水导致洪水和旱灾发生频率高。降水和河道水流变化大也减少了径流,加重了土壤侵蚀和荒漠化。天气和水文情势的极端变化增加了生活成本和开发风险。

非洲每年有近 400 万 km³ 可再生水资源,但其中只有约 4% 可得到利用。除北非外,其他地区的农业用水、公共用水、工业用水总抽水量,无论从整个大陆来看,还是从分区来看,相对于降雨和国内可再生的水资源来讲都相当低。这说明非洲的水资源开发和利用都处于低水平。但是,降雨的不确定性经常导致水资源短缺,在水资源短缺期间,水的需求大于供给(UN Water 和 Africa,2006)。

2000 年,由于蓄水、加工、分配系统方面的问题,约 36% 的人口无法获得可饮用水,农村情况更加严重,近50%的人缺乏安全的用水。另外,由于供水和配水基础设施投资少,需求日益增加,水管理政策薄弱,供水更倾向于城市消费者、某些农业和工业用户(Vordzorgbe,2003)。

估计非洲人口中75%的人将地下水作为主要饮用水水源,尤其是北非国家,如利比亚、突尼斯、阿尔及利亚部分地区、摩洛哥以及南部非洲的一些国家,包括博茨瓦纳、纳米比亚、津巴布韦。但是,地下水只占非洲大陆可再生水资源总量的5%。地下水主要抽取的是不可再生含水层中的水。例如,南非地下水资源量只占可再生水资源量的9%(UN Water 和 Africa,2006)。

由于非洲的降雨变化大,大量的人口在生产、生活及各种活动中主要依靠地下淡水资源(UNEP,2002)。例如,利比亚和阿尔及利亚依靠地下水的人口分别占总人口的95%和60%以上。阿尔及利亚、埃及、利比亚、毛里求斯、摩洛哥、南非和突尼斯正在积极进行海水淡化,以满足淡水需求(UNEP,2002)。

乍得湖周围8个国家是世界上典型的非工业化、不发达和发展中国家,大部分水都用于农业,其次是民用(见图1.11)。尼日利亚是非洲第六大用水国(40亿 m^3/a,Revenga 和 Cassar,2002)。

该流域的苏丹(西达尔富尔)50%以上的用水是靠水井(世界银行,2003)。妇女们需要走很远的路取水。由亚蒂加大坝和查拉瓦峡(Challawa Gorge)大坝形成的水库供应尼日利亚大城市卡诺市的居民用水和工业用水(GIWA(全球国际水资源评估),2004)。

流域内的传统农业主要依靠雨水灌溉。舍里卢朱(Chari-Logone)河和科马杜古约贝河子流域的河流主要支持漫灌农业(Flood Farming)。由于降雨少且变化大,下游的农民主要依靠河水灌溉。许多大型灌溉项目主要位于科马杜古约贝河流域。

根据GIWA资料(2004),很少有涉及有关地下水的信息,但可以认为地下水很丰富,特别是在无压含水层。但是,由于持续干旱,河流径流量减少,含水层的水补给量呈不断下降趋势,加之含水层的过度开发已超过其安全补给量,致使含水层处于脆弱状态。干旱期地表水的

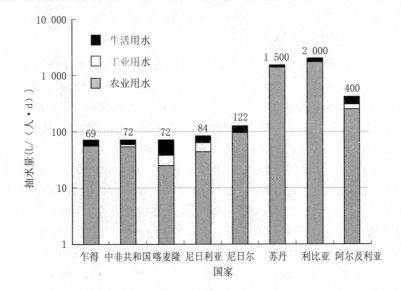

图 1.11　非洲乍得湖流域各国经济部门日人均抽用淡水量
（摘自 GIWA,2004;资料来源:世界银行,2002）

缺乏与适应策略导致地下水生活和农牧业需水开采量增加（GIWA,
2004;Thieme 等,2005）。任意钻井取水导致地下水储存量减少。据报
道,由于过度抽取地下水,尼日利亚迈杜古里地区地下水位已经下降了
几十米。伊西约罗（Isiorho）等（2000）估计,该地区 10%～25% 的水是
无效利用的,为改变这种情况所做的努力收效甚微。20 世纪 80 年代
的干旱促使该地区在 1985～1989 年大规模地开凿了 537 口井。这种
迅速的开发使一些未受监督的承包者创造了一些不令人满意的记录。
这些深井大部分没有加盖,井水自由流淌。通常情况下,当地政府对自
流井加盖限制水流,但当地人又打开井盖让水流出供牲畜使用。这种
自由流水利用率十分低,大量的水由于当地的蒸发量大而损失（Isiorho
等,2000）。据乍得湖流域委员会在尼日利亚马尔泰附近设立的水源点
监测,流域内 1 年内地下水位急剧下降了 4.5 m,原因是流域内承压含
水层的水压下降。许多沙漠植物由于水位下降而消失（GIWA,2004）。

1.3.4　中国和印度的用水

　　中国和印度的人口分别约为 13.2 亿人和 11.3 亿人,两国人口加在一起超过 2007 年世界总人口(约 66 亿)的 1/3。两个国家在各方面的发展速度都是最快的,因而对资源(包括水资源)产生了巨大压力。因此,国际社会密切关注中国和印度的发展趋势毫不奇怪,包括两国的发展对全球经济、政治和环境的影响。

　　20 世纪 50 年代以来,中国的用水量增加到原来的 5 倍。1949 年中国的用水量为 103 km³,近年来约为 550 km³(Jin 等,2006)。如图 1.12 所示,中国农业用水量占全国总用水量的比例从 1949 年的 97% 下降到 2002 年的 68%,而生活用水和工业用水显著增加。2004 年,农业用水量约为 3 590 亿 m³(359 km³),约占全国总用水量的 65%,其中农业灌溉用水量为 323 km³,约占农业用水量的 90%(Li,2006)。

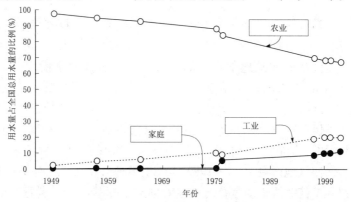

图 1.12　1949~2002 年中国农业和印度生活用水和工业用水情况
(由 Jin 等提供,2006)

　　过去 20 年,中国经历了严重的水短缺。根据最近中国科技部资助的一份关于水资源状况研究报告,每年缺水导致的直接经济损失为 2 800亿元(合 350 亿美元),是洪灾造成损失的 2.5 倍(Li,2006)。

　　由于已认识到水的可获性、使用和管理的严重性,中国政府已于 2006 年出台了一部新条例,改进了用水许可制度,开始对农业用水进行收费。国务院的官员表示,此举在于强化节水灌溉措施,鼓励农民节约用水。提高农业用水效率是实现节约用水最有效的办法。中国大部分的农田采用漫灌的方式灌溉,浪费巨大,1 hm² 农田每年需要20 000 ~ 30 000 m³ 的水灌溉(Li,2006)。

2007 年初,中国国家发展与改革委员会、中华人民共和国水利部、中华人民共和国建设部共同发布了节水计划,计划 5 年内将单位国民生产总值(GDP)的耗水量降低 20%。这一宏伟计划有望为中国节约69 km³ 的水,主要靠农业和工业节水(Li,2006)。中国工业的用水效率远低于许多国家。中国万元 GDP 的用水量是世界平均水平的 3 倍。在中国,工业用水只有 60% ~ 65% 得到循环利用或再利用,而在发达国家为 80% ~ 85%(Li,2007)。

地下水在中国的供水中占有很重要的地位,约 70% 的饮用水和40% 的农业灌溉水来自地下水(Zhan,2006)。然而,可利用的地下水分布不均,其中 2/3 分布在南方,1/3 分布在半干旱的北方,农业灌溉主要在北方。这导致地下水被大量抽取,尤其是在北方地区(河北、北京、天津)。例如,河北省 1999 年抽取的地下水达到 14.9 km³(包括2.2 km³ 微咸地下水,总固体溶解物含量为 1 ~ 5 g/L),但地下淡水补给量只有 13.2 km³,每年可产生的地下淡水只有 9.95 km³。这意味着每年有 1.8 km³ 的地下淡水被过度开采(Jin 等,2006)。

2001 年,华北各省深层地下水埋深为 20 ~ 100 m,而 20 世纪 60 年代地下水埋深接近地表或接近自流水。深层淡水含水层的水位(水头)下降速率为 1 ~ 2 m/a。河北平原东部的沧州市为沿海城市,是深层承压含水层水位下降最严重的城市之一,1960 年以来累计达到 100 m。水头下降导致地面沉陷,水质下降,抽水成本上升(Jin 等,2006)。

河北省水文水资源勘测局 2008 年的一份研究报告估计,河北平原到 2030 年地下水位将再下降 16.2 m,承压含水层的水头平均再下降39.9 m。这些预测是基于地下水位以同样速率下降,华北平原 90% 的用水由地下水供应,地下水严重超采已导致供水无法满足快速增长的农业用水、工业用水和城市居民用水,其中包括两个特大城市,即北京和天津,这两个城市的总人口为 2 600 万人(Liu,2006)。

根据印度水资源部的资料,印度可再生地下水资源总量估计为
4 330亿 m³(433 km³),而可再生地表水资源量则为 690 km³(Water Re-
sources(水资源部),2007a,2007b)。表 1.6 列出的可再生水资源总量
为 1 123 km³,无法满足 2050 年 1 447 km³ 的预期水需求量。

表 1.6　印度各行业估算的年用水需求量　　　（单位:km³）

行业	年用水需求量		
	2000 年	2025 年	2050 年
生活	42	73	102
灌溉	541	910	1 072
工业	8	23	63
能源	2	15	130
其他	41	72	80
合计	634	1 093	1 447

注:本表由 Central Water Commission(印度中央水资源委员会)提供,2007。

目前,印度总用水量的 85% 为农业用水,地下水灌溉面积占总灌
溉面积的 57%。大部分地下水(占 70%)的开发集中在印度河流域,
卡奇和索拉什特拉地区向西流的河流流域及恒河流域的西部(Amara-
sighne 等,2005)。大部分小农场依靠地下水灌溉,其用水量占全国灌
溉用水量的 2/3。到 2004 年 2 月,多年用于农业、生活、工业的地下水
为 231 km³(水资源部,2007a,2007b)。据世界银行的资料,印度 70%
的灌溉水和 80% 的生活用水来自地下水(世界银行,2005)。因此,目
前和将来需水量的各种估算值与实际地下水抽取量以及可再生地下水
可获量之间出现了差异。

据印度政府估计,每年除保留约 71 km³ 的地下水用于其他用途
外,还有 361 km³ 的地下水可用于灌溉。印度目前用于灌溉的年地下
水净抽取量估计为 150 km³(水资源部,2007a),约占可获得的可再生
地下水资源量的 40%。根据这些资料,估计印度每年总共还有约 211
km³ 的可再生地下水资源可用于支持农业增长。预测的 2025 年和
2050 年需水量的大部分要靠地表水和不可再生的地下水来满足。

印度不同地区地表水和地下水可获性和利用情况差异很大。印度

目前有5 723个地下水用水评估单元,其中约30%在"不安全"地抽取地下水(即处于半临界、临界或过度开采状态)。安得拉邦、德里邦、古吉拉特邦、哈里亚纳邦、卡纳塔克邦、旁遮普邦、拉贾斯坦邦和泰米尔纳德邦过度开采和临界开采的单元最多(CGWB(中央地下水开发委员会),2006)。

由于意识到了全国供水的严重性,印度政府已经制定和实施了各种措施,包括组建印度中央地下水管理委员会,负责调控地下水的开发与管理。接下来要做的事就是登记地下水设施(例如水井)、打井机构,开发微观层面的地下水数据库,控制非法凿井活动,调控工业地下水开发,促进人工地下水回灌,开展普及教育和宣传。另外,水资源部负责规划和实施大型跨流域调水工程,主要旨在改善公共供水的缺水情况。

正如各种国际机构指出和媒体的报道,尽管做了以上这些工作,但是印度的供水问题即使不加重,也依然继续存在。印度一些杰出的咨询专家写的一份关于水经济的报告称,世界银行(2005)警告:"印度水资源开发利用将面临一个混乱的局面。目前的水资源开发和管理体系是不可持续的,除非进行重大变革,立即采用由政府管理水的方式。印度既没有资金维持和建设新的基础设施,也没有能力向人民提供经济的用水。"报告发布后,世界新闻媒体直截了当地报道了印度一些令人不安的事情:

世界银行关于印度国家报告的起草人之一约翰·布里斯科在新德里举行的新闻发布会上说:"世界上几乎没有哪个国家的水管理系统比你们国家的差。"(AFP(法新社),2005)。

"过去20年或30年中,人们开始自己应对供水问题。每个农民都打有一口管井,德里的每个家庭都有抽水泵。"世界银行的水问题专家布里斯科说:"一旦没有水,城镇将无法正常运作。"(AFP,2005)。

该报告称:"印度没有适当的水管理系统,地下水正在消失,河道正变成临时的下水道。"(AFP,2005)。

该报告称:"估计到2020年,印度的需水量将超过供水量。""毫无疑问,最近由于用水引起的冲突发生率和严重性都在迅速增加……各邦之间对水传染病所引起的争吵也很激烈。"(AFP,2005)。

早上起来水管中有细小水流都是很少见的,更多的时候是一滴水都没有。因此,普拉舍必须给一个私人供水罐车车主打电话,然后是等待,再打,她担心如果不来水,卫生间里的水桶能否装满水。普拉舍很不幸地生活在德里市服务设施很差的南部边缘区附近,这个城市 8 960 km 的供水管道破损严重,25% ~40% 的水被漏掉了,到达普拉舍家时,几乎没有水了。她每月平均只能从自来水中获得不到 49 L(13 gal)的水,水费为 6 ~20 美元,她抱怨说,从来就没有人来读水表。这意味着她必须寻找其他水源、节衣缩食和精打细算、废水再利用,以满足家庭的用水需要。她每月从私人供水罐车车主那里买 1 003 L(265 gal)水,花费 20 美元。最重要的是,她还得向送水工人支付 2.5 美元的人工费,请他从管井为她和社区居民送水。她自己水井的水量很久以前就已变成咸水了。私人水罐车的水很脏,但她说,她几乎不能拒绝。她说:"乞丐不能挑肥拣瘦","这就是水"。(Sengupta, New York Times (纽约时报),2006)

1.4　水短缺

当从湖泊、河流或地下抽取的水量不能满足所有人和生态系统用水需求,导致用水户与水供给矛盾加剧时,就存在水短缺的问题。一个地区,当年人均供水量低于 1 700 m³(45 万 gal)时,该地区就处在缺水压力之下;当年人均供水量低于 999.3 m³(26.4 万 gal)时,就处于水稀缺状态(UNEP,2007)。

由于用水增加,不仅干旱地区和易旱地区开始缺水,而且降雨相对丰沛的地区也开始缺水。缺水的概念是指现在没有足够可用的水用于经济、社会以及自然和人为主的生态系统。缺水的概念也包括水质缺水,因为劣质水资源无法使用或最多只能供人类和天然系统勉强利用(Pereira 等,2002)。

水短缺可以是持久的,也可以是临时的,还可以是由自然条件(如干旱)引起的,甚至可以是由人类活动(如荒漠化、过度开采水资源)引起的。农业是最大的用水行业。由于用水量大,农业灌溉经常被认为是引起缺水的主要原因。灌溉被指责为滥用水,产生大量的废水,使水质恶化。但是,灌溉农业是世界上大部分农村人口的生活来源,世界上大部分的粮食由灌溉农业提供(Pereira 等,2002)。许多国家认为农业生产事关国家安全,因此应支持灌溉农业,包括不可再生地下水资源枯竭的沙漠地区(见图 1.13)。

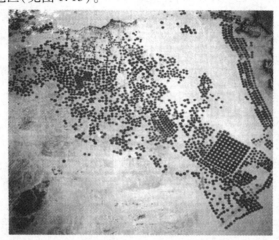

图 1.13　沙特阿拉伯利雅得西南图韦格山地区农用灌溉系统的卫星图
（圆圈表示使用中心旋转灌溉系统的农田,通过中心的钻井抽取
地下水。圆圈的直径为几十米到 2 km(Space Shuttler astronaut
photograph number STS032-096-032 taken in January 1990. Image
courtesy of the Image Science & Analysis Laboratory,NASA
Johnson Space C Center;http://eol. jsc. nase. gov.))

全世界有 4.6 亿人(占世界人口的 8%)生活在用水压力很大的国家;25% 的人生活在用水压力很严重的国家(UNEP,2007;UNCSD(联合国可持续发展委员会),1999;WMO,1997)。

许多非洲国家面临缺水问题,受影响人口近 2 亿。到 2025 年,估计有 2.3 亿非洲人将面临缺水问题,4.6 亿人将生活在有水压力的国家(Falkenmark,1989)。正如沃尔德佐尔格布(2003)进行的如下论述:

未来的情况不容乐观,由于天气因素(如洪水、旱灾频率的增加和水系统压力)、人类活动(如人口增加、城市扩展、经济发展、无计划的定居方式)、不恰当的蓄水和循环利用、宣传措施不力、水行业管理薄弱等因素的影响,水压力将增加。非洲是世界上人口和城市人口增长最快的地区。这就意味着将对水资源需求、质量和可持续性产生影响。

由于缺乏可再生的淡水资源,巴林、科威特、沙特阿拉伯、阿拉伯联合酋长国等国家已求助于淡化海水。巴林基本上无淡水资源(Riviere,1989)。沙特阿拉伯淡水的 3/4 来自于不可再生的地下水,据报道,该国平均每年耗用地下水 5.2 km^3(Postel,1997)。莱斯特·布朗(Lester Brown)在他的《拯救处于压力和文明处于困境的星球计划 B2.0》一书中担心地(2006)写道:"大量利用地下水灌溉后,沙特阿拉伯小麦产量从 1980 年的 14 万 t 增加到 1992 年的 410 万 t,然而随着含水层的迅速枯竭,到 2004 年小麦产量下降到 160 万 t。无法利用灌溉生产小麦只是时间问题。"

据国际人口行动组织称,根据 1998 年联合国中期人口预测,到 2025 年,世界上有超过 28 亿人将面临水压力和缺水的局面,其中 40% 的人生活在西亚、北非、撒哈拉沙漠以南地区。未来 20 年,由于人口与水需求的增加,所有西亚国家将面临缺水局面。到 2050 年,面临水压力和缺水的国家将上升到 54 个,其总人口将达 40 亿,约为届时全球 94 亿人口的 40%(UNEP,1997;Gardner-Outlaw 和 Engleman,1997;UN-FPA(联合国人口活动基金会),1997)。这一数字并不意味生活在这些国家的几十亿人没有水用,而是指这 54 个国家极有可能在满足人们生活、商业、农业、工业和环境需水方面将受到严重的制约。为了满足水的需求,对供水要进行全面的规划,并进行精心管理(CSIS 和 Sandia Environmental Laboratoraties(战略与国际研究中心与桑迪亚环境实验室),2005)。

莫尔登等(2001)将缺水国家划分为三类,即自然性缺水国家、经济性缺水国家、很少缺水或不缺水国家。

(1)自然性缺水国家。是指相对于潜在可利用水资源(PUWR)而各原始供水(PWS)增长量过大而产生的缺水的国家。如果一个国家原始供水量超过潜在可开发水资源量的 60%,则为自然性缺水。这意味着即使生产效率达到最大,一个国家的潜在可开发水资源量也不能满足农业、民用、工业部门的水需求,同时也不能满足环境用水需求。这类国家必须将农业用水转用到其他行业,进口粮食或投资建设咸水淡化工厂。

(2)经济性缺水国家。是指有足够的水来满足原始供水增长需求的国家,但这些国家必须增加25%以上的蓄水设施和配水系统。要达到这一水平,这些国家将面临严重的财政和发展能力问题。

(3)很少缺水或不缺水国家。这些国家不是自然性缺水,但是要增加25%以上的原始供水以满足2025年的水需求。

个别国家虽然总体上面临自然性缺水,但却可以发生根本性变化。例如,印度一半的人口生活在干旱的西北和东南地区,这些地区地下水严重超采;另一半人生活在水资源较丰富的地区。中国的南、北方也可能发生根本性变化。墨西哥有些地区属于自然性缺水,其他地区却不是(Barker等,2001)。另一个重要方面是时间上的变化。有些国家,特别是位于季风区的亚洲国家,在雨季的几个月里有大量的降雨,而在其他季节却严重缺水(Molden等,2001;Amarasinghe等,1999;Barker等,2000)。

英国基尔大学的研究人员提出了水贫乏指数(WPI)法。作为一种跨学科的衡量方法,该方法可以将家庭福利与可获水量联系起来,说明缺水对人口的影响程度(Lawrence等,2002)。这一指数可以考虑自然性和社会经济性因素的缺水程度,将国家及其社区按序进行排名。这样使国家机构或国际机构能够关注供水和水管理情况,掌握可利用的水资源及影响水资源利用的因素。

劳伦斯等(2002)指出:"水贫穷"与"收入贫穷"有很强的相关性(Sullivan,2002)。缺乏充分而可靠的供水将导致低收入和健康问题。即使在供水充分和可靠的地区,人们也可能因收入太低而不能支付清洁水的水费,被迫使用不恰当的和不可靠的供水水源。水贫乏指数可以反映这些情况。水贫乏指数包括了以下5个因素:

(1)水供应量。包括可以抽取的地表水和地下水。一个国家或地区的水供应量可进一步分为内部水供应量和外部水供应量。

(2)取水。不仅仅是指饮水和烹调用水,还包括农作物灌溉用水和非农业用水。

　　(3)购买力。就收入意义上讲,购买力就是用来购买经过加工的水的能力。教育和健康与收入有关,收入也说明了影响和管理供水的能力。

　　(4)利用。包括所有家庭利用、农业利用和非农业利用。

　　(5)环境因素。可能影响到供水的调度和能力。

　　这种水贫乏指数概念框架是根据一些自然科学家、社会科学家、水行业从业者、研究人员和其他利益相关者的一致意见提出的,旨在确保将相关的问题都包括在这一指数中。水贫乏指数的 5 个因素包括许多子因素,如表 1.7 所示,所有因素以一种相对的形式,作为最终的衡量标准,即可用一个国家的排名表示出来。一个国家的排序是与其他146 个国家比较得出的。图 1.14 是得分最高和最低的 10 个国家(分别为"水最多"和"水最少"的国家),以及美国、印度和中国的情况。

表 1.7　水贫乏指数的构成及其确定使用的数据

水贫乏指数因素	使用数据
资源	国内淡水流量 国外入流量 人口
取水	可获得洁净水的人口(%) 有公共卫生设施的人口(%) 可通过人均水资源调整灌溉的人口(%)
购买力	人均收入对数(GDP) 五岁以下儿童死亡率 教育入学率 收入分配基尼系数
利用	民用水(L/d) 用行业 GDP 份额调整的工业用水份额与农业用水份额
环境	水质指标 水压力(污染)指标 环境治理与管理指标 信息容量 基于濒危物种的生物多样性

注:由 Lawrence 等提供,2002。

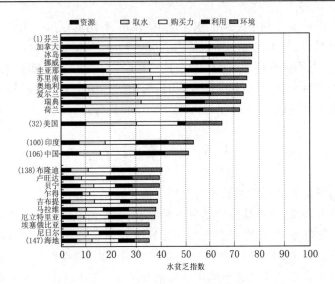

图 1.14 国家水贫乏指数排序

（括号中的数字为排序,芬兰(1)水最多(本图由 Lawrence 等提供,2002)）

水贫乏指数提出人对其用途作了说明:"不管一个特定的指数怎么不完善,特别是它将开发简化为一个数值,但它依然具有政治意义而不是统计意义。"斯特里坦(1994)说:"这些指标有利于引起人们的注意,并简化问题,具有很强的政治影响力。与一系列指标相比,这些指标加上定性的讨论,更能影响人的思想,唤起公众注意,吸引人们的眼球。"

作者认为这种结果并不令人感到很奇怪,在 147 个资料较全的国家中,位于前一半的国家要么是发达国家,要么是较富裕的发展中国家。但也有几个明显例外:圭亚那在资源、取水和利用方面得分较高,列于第 15 位;而比利时列于第 56 位,比利时的资源和环境得分较低。新西兰和美国在水利用方面得分很低,主要是农业和工业的用水效率低,使这两个国家分别列于第 15 位和第 32 位。

劳伦斯等(2002)将水贫乏指数与法尔肯马克指数(Falkenmark Index)衡量标准(用年人均可利用水资源量表示)进行了比较。衡量水压力的法尔肯马克指数与水贫乏指数两者的相关性只有 0.35,这说明

.38.

水贫乏指数确实在可持续供水评价中增加了有用的信息。法尔肯马克指数表明,当年人均可利用水量为 1 000 ~ 1 600 m³ 时,存在水压力问题;当年人均可利用水量为 500 ~ 1 000 m³ 时,将存在长期缺水问题;当年人均可利用水量低于 500 m³ 时,表明一个国家或地区已经不是水管理能力的问题了(Falkenmark 和 Widstrand,1992)。

1.5　水事纠纷

据华盛顿邮报埃米莉·韦克斯报道:

在索马里,水井像城市银行一样珍贵,由军阀武装控制。在残酷的 3 年旱灾期间,水成为值得为其进行战争和牺牲的资源。这场旱灾影响了东非约 1 100 万人,导致大量牲畜死亡,奶牛、羊甚至骆驼的尸体在太阳下腐烂。肯尼亚和埃塞俄比亚政府处理了几十起由水引起的争端,甚至出动警察和部队到井边平息纷争。索马里受旱灾的影响最严重,自从穆军默德·西亚德·巴雷政府于 1991 年倒台以后,索马里就没有有效的政府和中央计划,包括灌溉项目。杂七杂八的军阀和他们的武装控制了非正式的税收系统、农作物、市场和水(Wax,2006)。

不幸的是,类似的激烈水事纠纷历史如人类历史一样长。正如普里斯科利(Priscolli)(1998)所指出的,《创世纪》中描述了关于以色列人因为内盖夫地区水井与非利士人发生的斗争。希罗多德介绍了波斯人的城镇是如何由于水井和供水隧洞被堵塞而在战争中陷落。撒拉丁于 1187 年在哈廷通过切断水源打败了十字军。在近代,大家可以看到战争中灌溉系统和水力发电设施被炸毁。在海湾战争中,海水淡化厂和配水系统是轰炸的目标等。

可以说,在历史上,世界各国和各民族都认识到了水是人类的基本权利,几乎就是生命。世界粮农组织研究了 805 ~ 1984 年的 3 600 余份关于非航运用水条约后发现,自 1945 年以来,国际上签订了近 300 份关于国际河流流域水管理和分配的条约。在各种大型数据库中,没有证据证明水是开战理由,即使在充满火药味的世界上政治和水最紧张的地区——中东地区,只有一次冲突是由水引起的(Priscolli,1998)。

尽管如此,缺水和水质差是水资源有限的国家和地区发生冲突的潜在因素。目前,由于缺水的压力和管理不善导致的社会冲突甚至使武装冲突呈上升趋势(CSIS 与 SEL,2005)。

国内发生水事纠纷的国家不仅仅限于第三世界国家、不发达国家和发展中国家。即使在最发达的国家,各种涉及水量和水质的水事纠纷都呈增加趋势。30 年以前,史密斯(Smith)(1985)就有关美国各州之间的水事纠纷及相关法律后果提出了警告:

美国联邦政府在地下水管理方面的作用在未来几十年里可能会加强。一系列事件,如近期联邦法院的裁决,过去联邦政府对地下水利用的干涉,联邦各行业公开声明,对州政府无力控制地下水过度开采的情况表示关注,表明联邦政府未来在地下水调控方面的作用将增强。对这些事件的分析可知,目前的地下水管理方式没有减轻州之间地下水的纷争,这似乎需要联邦政府的干预。

下面的情况证实了这些说法。联邦政府最近刚干预了科罗拉多河的水利用,遏制了加利福尼亚州一直以来的过度抽水。联邦政府在调解佐治亚州、亚拉巴马州和佛罗里达州之间由于佐治亚州过度开采地下水引起地表水减少的纠纷中发挥了作用。尽管如此,华盛顿邮报2007 年 10 月 21 日报道(National News P. A15):

在历史性的旱灾期间,随着供水急剧下降,佐治亚州州长索尼·珀杜(Sonny Perdue)宣布,佐治亚州北部 1/3 的地区处于紧急状态,他要求布什总统宣布该地区为主要灾区,批准不再从佐治亚水库放水去保护联邦政府要求保护的蚌类。珀杜办公室要求联邦政府裁决,限制陆军工程兵团泄放佐治亚州水库水到阿拉巴马州和佛罗里达州。

针对佐治亚州的要求,联邦政府组织了 3 个州的高层会议,美国联合通讯社报道:

东南部 3 个州的 3 位州长为了获得应对灾难性旱灾的水权到华盛顿进行游说活动,这可能将布什政府推入尴尬处境。如果布什政府支持佐治亚州的饮水供应,阿拉巴马州和佛罗里达州可能抱怨这是严重损害他们的经济而去满足亚特兰大及周围地区不可控制的用水增长。如果继续放水到下游的阿拉巴马州和佛罗里达州,佐治亚州将会说国家最大的城市之一将面临饥渴。

　　"如果容易的话,问题早在18年前就解决了。"肯普索恩说:"我们一直在努力,但大量的钱花在了法院,问题还是没有解决……似乎所有人都在说我们在法院有收获,但我们知道还是必须放弃一些东西。"

　　佐治亚州的官员争辩道:"陆军工程兵团对城市的主要水源——拉尼尔(Lanier)湖水只能使用几个月的事实,以及亚特兰大存在潜在的人道主义危机视而不见。佐治亚州上个月起诉了陆军工程兵团,认为佐治亚州受到的损失比其他州大。"

　　阿拉巴马州州长上星期指责佐治亚州人整个夏天都在浇灌他们的草坪和花园,希望华盛顿帮助他们摆脱困境。佛罗里达州州长查利·克里斯特在给布什总统的信中说:"佛罗里达州不愿意答应一个地区对下游地区作进一步的妥协的不现实要求。"

　　在星期二蒙哥马利的一次会上,赖利拿着一幅阿拉巴马州和佐治亚州的大地图说:"阿拉巴马州的特大旱灾比佐治亚州的旱灾严重得多,阿拉巴马州的经济已经到了危险时刻,我们要么得到我们应得的水,要么解雇人。"

　　根据国家旱灾减灾中心的资料,东南地区的1/3遭受了特大旱灾(CNNPolitics. com,2007)。

　　美国政府也在积极调解佐治亚州和南卡罗来那州由于沙凡那地区过度开采地下水引起的希尔顿海德岛咸水入侵的纠纷。这些事例说明政府介入水纠纷的频率在增加。关于地下水管理更多的法规和法律框架将在第8章中陈述。

　　1994年,澳大利亚政府理事会(COAG)制定了水产业改革战略框架,以确保澳大利亚水资源的有效和可持续利用,采用综合和持续稳定的办法进行水管理。这一水管理战略强调环境流量,水质和流域综合管理,水的交易与定价、可行性、持续利用,输水服务与水调度责任分离(Environment Australia(澳大利亚环境),2000)。

　　澳大利亚墨累-达令河流域委员会(Murray-Darling Basin Commission)是在1985年澳大利亚遭遇近代最严重的旱灾之后成立的,是一个州际水资源联合管理机构。墨累-达令河流域的农业产量占澳大利亚农业总产量的 40% ,灌溉用水占澳大利亚总用水量的 75% 。由于用水增加,下游河道流量减少,1995 年开始停止增加用水,以确保供水的可靠性,并保持生态所需流量。1997 年开始禁止引水,但要在 4 个州实行,整个地区和许多行业依然面临严重的水管理问题(Environment Australia,2000)。

由于澳大利亚发生了最严重、持续数年的旱灾,在 2007 年春季,墨累 – 达令河流域委员会承认了水资源过度分配问题,决定进一步采取应急措施,制定规划(墨累 – 达令河流域委员会,2007)。这些措施有时被认为是"严厉的",引起上下游用水户之间以及农民与城市居民和工业用水户之间的关系紧张。正如大多数情况一样,环境用水者首先觉得受到欺骗,因为该委员会决定停止向几个湿地供水,以减少水蒸发损失。引起更多争议的是几个州政府决定优先向城市供水,而不是向农业和畜牧业供水。这一情况被世界主要新闻媒体广泛报道,如英国广播公司报道说:"新南威尔士州政府实际上从农民手中将他们已经付费的水拿走去满足城市用水。后来,虽然政府进行了补偿,但只有农民支付价格的 1/3 。"

"这是抢劫"安德鲁·塔利(Andrew Tully)说:"如果政府插手,偷走从法律意义上说为农民妥善应付干旱而储备的灌溉水,农民将失去对政府的信任。这是十分怯懦的。"(Bryant,BBC,2007)。

另一个由水资源引起的,并且不断增大的冲突是对于瓶装水需求的急剧上升。跨国软饮料和瓶装水公司正面临当地社会的挑战。因为当地社会要保卫他们的地下水资源,阻止"新来者"抽取地下水。一个很能说明问题的实例是印度人对可口可乐公司的强烈抗议,并在联邦法院和印度最高法院提起诉讼。可口可乐公司努力在全球减少了这些或其他类似的不利影响,在它的经营中经提高了水的战略优先地位(Sandia National Laboratories,2005 ;资料来自 Reilly 和 Babbit,2005)。它调查了全世界 200 多个国家的 850 家企业,编制了报告,并与相关保护组织共同努力研究流域管理方案。所有这些努力维护着可口可乐公司的形象和公司与当地社会的融洽关系。在许多国家仍然存在强烈反对全球化和跨国公司浪潮的情况下,这种战略被涉水产业不断采用

(Sandia National Laboratories,2005)。

根据有效的国际法和水利工程条件,各大洲显然都在开展跨界(国际共享)地表水资源合作管理工作。但是,由于跨界地下水资源的隐蔽性以及缺乏相应的法律,许多政策制定者会产生错误理解。这并不令人奇怪,跨界含水层的管理仍然处于婴儿期,因为地下水评估困难,没有团体愿意,也没有资金支持收集必要的信息。虽然两个国家或多个国家共享河流的水资源数据较为可靠,但没有含水层的资料(Salman,1999)。不像跨界地表水和河流流域,政策制定者对跨界含水层的情况不是很了解。目前的国际法不能充分地解决涉及地下水沿程流动的问题,在由于邻国的原因影响了开发,放慢了开发速度的情况下,其作用就会有限(Puri,2001)。

在地下水专家关于共享地下水资源的国际倡议达成一致后,国际水文地质学家协会(IAH)于 1999 年成立了一个委员会专门研究地下水共享问题。委员会经过几年的努力促使联合国教科文组织(UNESCO)、联合国粮农组织(FAO)、联合国欧洲经济委员会(UN-ECE)共同出资资助了一个国际项目。该项目为国际共享/跨界含水层管理(ISARM 或 TARM),支持国家之间开展合作,帮助他们科学地了解情况,消除潜在的冲突,特别是消除理解上的差异导致的紧张关系。其目的在于进行培训、教育和提供信息,在坚实的技术和科学判断基础上,为政策和决策提供支持(Puri,2001)。

1.6　水经济

水是商品的概念出现在 1992 年在里约热内卢召开的世界峰会预备会议上,后来在都柏林召开的水与环境大会期间进一步进行了广泛的讨论(ICWE,1992),形成了如下 4 条都柏林原则:

原则 1:淡水是有限而脆弱的资源,是维持生命、发展和环境的基本条件。由于水维持生命,需要全面而有效的管理,要考虑社会经济的发展和自然生态的保护。有效的管理涉及整个流域的水土资源利用和地下含水层。

原则 2:水的开发和管理应该是参与式的,包括用水者、规划者、各级政策制定者。参与式管理内容包括增强政策制定者和大众对水认识的重要性。这意味着在水工程规划和实施中应充分咨询大众的意见,并让用水者参与。

原则 3:妇女在水供应、管理和保护方面起中心作用。妇女在水供应、管理和保护中的这种中枢作用在水资源开发和管理的制度安排上很少得到反映。这一原则的接受和实施要求有积极的政策,解决妇女的特殊需求,并鼓励妇女在所有层次上参与水资源项目,包括决策的制定和实行,方式由她们定。

原则 4:水在各种竞争性利用方面都具有经济价值,应该被认为是一种经济商品。在这一原则中,关键一点是要认识到,首先所有人都有权获得能支付得起的干净的卫生水。过去没有认识到水的经济价值,导致用水浪费和生态环境受损。将水作为经济商品管理是取得有效、平等用水和鼓励水资源保护的重要途径。

正如万·德·茨格(Van der Zaag)和 萨弗尼杰(Sabenije)(2006)指出的"水是经济商品"的概念,"真正"含义引起了持续而混乱的激烈争论,主要观点可以分为两个流派:一派是纯市场派,认为水应该通过市场定价,其经济价值应由购买者和出售者的交易自然定价,这将保证水分配使用的价值最高;另一派则认为水作为经济商品意味着是统一决策分配的稀有资源,并不一定涉及财务交易(如 McNeill,1998)。后一流派符合格伦的观点,他认为经济是"理性的选择",换句话说,水资源的分配和使用应建立在综合分析各种方案的优点和缺点之上(Van der Zaag 和 Sabenije,2006)。

从表面上看,世界水理事会(WWC)估计的水市场定价具有不可辩驳的理由。该组织认为,为了满足全球水供应和卫生的要求,水利基础设施的投资需要从目前的年投资 750 亿美元增加到 1 800 亿美元(Cosgrove 和 Rijsberman,2000)。必要的水利基础设施的发展和长期可持续性,需要增加资金和应用市场原理,如适当的水价形成机制或私人参与。没有适当的水价形成机制,水消费者就没有动力更有效地使用水,因为没有收到表明其在市场上的相对价值的信号。如果供水商都无法收回成本,以提供足够的运作资金,系统将不可避免地受到破坏,服务质量也将受到影响。世界各地,特别是在发展中国家都可以看到供水系统受破坏的现象,因而可部分地解释需要大量资金的原因(CSIS 和 Sandia National Laboiratories,2005)。

纯市场原则的支持者还认为,当价格补贴严重扭曲时,合理化使用全球水一般是不可能的。世界各地的农业部门的特点是高补贴,补贴包括通过官办灌溉工程输送低于市场价格的水,这些灌溉项目效率往往非常低。有些国家政府补贴灌溉设备运行所需的能源成本,如印度一直鼓励在农村地区打水井和安装井泵,包括向农民提供免费的能源。生活和工业用水户通常支付的费用为农业用户的 100 倍以上(Cosgrove 和 Rijsberman,2003)。对农民采用更高、更合理的定价方案可以激励采取一些节水措施,可以使公用事业公司有更多的资金和动力改善基础设施。这种激励措施产生的一个缺点是,小农场合并成较大的农场,非农就业岗位减少,更多的人移民到城市,促进了工业化和农业企业化,粮食价格上涨可能对整个经济产生不利影响(CSIS 和 Sandia National Laboratories,2005)。

市场的支持者们认为,发展中国家穷人支付的水价最高,实际水可以改善和扩大市场供水准入,售水小贩利用自己的储水设施以明显抬高售价的方式向无供水设施的家庭供水。例如,柬埔寨首都金边单位通水费和小贩供水的水价分别是 1. 64 美元和 9 美分,而蒙古乌兰巴托则分别是 1. 51 美元和 0. 04 美元(Clarke 与 King,2004)。

近年来,世界各地私营部门开始投资各种水市场,因为人们相信私营部门投资比公共部门投资更能促进供水增长、提高效率。但是,市场原则是市场供应是建立在有能力支付的基础上的,这对穷人并不公平。由于这类原因,发展中国家对由国际财团为主导的涉水行业的私有化和经济框架的改变表示担忧。其中,最主要的担忧是如果私人或公司买断所有权力并垄断人们都需要的水资源后,穷人将被排除在外,而这种资源既是每个人的权力,也是商品(CSIS 和 Sandia National Laboratories,2005)。

对于水的商品性,Perry(佩里)等于 1997 作了如下论述:

问题不是水是否是商品,在大多数情况下,水肯定是一种商品,正如我们关心的其他东西一样。问题是水是一种纯粹由市场支配的私人商品,还是要求一些市场之外的管理以便有效为社会服务的公共商品。这一问题的答案与其说取决于其崇高的原则,倒不如说取决于其价值的判断和水的用途。这样,我们就会发现在有些情况下,赞成水是私人商品,而在另一些情况下,则赞成水是公共商品。水是私人商品还是公共商品要视情况而定,要判断水的价值,确定哪些是特殊情况。我们相信这一定义很重要,理由为:①两种观点武断的原则都是浪费聪明的才干;②更重要的是,水对使用者来说远比社会经济试验重要。现在,许多人都已深刻认识到成功的水分配政策和方法的本质,了解和吸收这些理念的实质将可避免一些潜在而巨大的财务、经济、环境和社会风险。

下面两位作者根据市场和社会原则对适用于水行业的经济理论进行了极详细的分析,焦点集中于农业用水。

万·德·茨格和萨弗尼杰(2006)认为水是一种"特殊的商品",因为水具有独特性,都柏林原则 1 和原则 4 之间存在矛盾(如果对后者以狭义的市场观念解释)。水是一种商品,是一种基本的、不可替代的、容易大量进行长距离交易的商品。由此产生水在什么时间使用,在哪里可用的问题。除少数例子外(如瓶装水),不像其他商品,水的特点使其没有大规模交易的吸引力。因此,水市场只能在当地范围发生作用,还必须考虑水是向下游流动的。但是,即使在水定价时,综合考虑了经济、市场和社会原则,也很少有情况可以分清哪些原则适用于现在的和潜在的相关利益人,哪些原则公平或不公平。Van der Zaag 和 Savenije 宣称(2006):

水"市场"不是单一性的。不同的行业(农业、工业、电力、运输、防洪)有不同的特征。有的重要用水具有很强的社会性,但支付能力有限,特别是环境、社会、文化方面的用水需求。社会各界(即使不是全部)都从这方面受益。对水分配的讨论似乎很少有纯"经济"(市场派的词汇)的理由。相反,政府的决策一般出于政治上的考虑。我们的看法是,政府更关心社会效益、文化效益以及环境效益。当然,经济和财政也是决策时必须考虑的,但很少是决定性因素。这种务实方针符合第二派的思想。有时政府并没有根据社会需求分配水资源。例如在非洲,由于缺少输水设施,就有这种情况。在这种情况下,主要依靠市场似乎解决不了问题,因为人们的支付能力有限。

　　水的一个独有特点,也是关键的一点是,它总属于一个系统,或者是当地的、地区的,或者是全球的,不能从这个系统中分离出去。例如,系统中某一部分的水发生变化总会影响几里或几百里以外的用户;上游的用水、引水、污水排放将影响下游用水;抽取地下水将影响地表水,反之亦然。有的地方,地表水可以变成地下水,有的经过地下水系后又变成地表水。由于自然气候的变化,水资源在时空上不断变化,因长期气候和土地利用变化的影响,水也可能受到永久性的影响。水也有负面影响,如突发洪水和季风洪水的反复发生。所有这些因素使得评价外部因素对任何形式的用水的影响变得困难。下面两点正好说明只简单认为水为经济商品的复杂性(Van der Zaag 和 Savenije,2006)。

　　例如,流域上游的农民由于采取了精湛的农艺措施、土壤养育措施和营养素管理措施,使雨浇作物的产量增加了 2 倍。众所周知,增加粮食产量将减少河道内的可用水量。那么,这些依靠雨水种植的农民需要获得水权以增加粮食生产吗? 如果是这样,有什么精确的方法计算增加的水,其比较标准是什么?

　　经济学分析家能很容易地证明,未来几乎没有任何价值(金融术语)。从到期收益率来讲,银行的贴现率使得超过 20 年的未来收益可以不予考虑。市场自己不会理会长期收益。这说明狭义理解的市场与政府的政策目标相反,政府的控制似乎总是需要的。

　　将后一种观点展开,可以让人想象一下没有第三方利益参与的情景:①一家公司从美国西部某个地方的一个大农场主手中购买水权;②公司抽取含水层地下水并出售(可能包括瓶装水);③地下含水层恰巧为"缓慢恢复"水源,储存的水大部分被抽取;④公司打算 20 年后停止抽水(这时,含水层的地下水几乎被抽尽);⑤与此同时,抽水中心 8 km(5 mi)半径范围内的所有泉水干涸,几十条小溪全年干涸;⑥同时,佛罗里达州可能已退休或没有充分享受退休生活的农民还要依靠地下水供水(顺便指出,佛罗里达州几乎所有家庭的用水都依靠地下水)。

对于长期密切关注美国西部供水问题的人来说,上述情景并不离奇。在任何情况下,当谈到实现环境用水价值和环境水的"价钱"时,都缺乏充分理解。与水市场的较量中,生态环境保护总是不受重视,各种水权只在很有限的用途方面得以体现。例如,生物多样性中心在其网站上发布了以下帖子:

目前,美国北部的菲尼克斯(Phoenix,也意译为凤凰城)和普雷斯科特(Prescott)两个城市,以及普雷斯科特流域计划每年从大奇诺(Big Chino)含水层引水 10 752 245 m³(8 717 acre-ft),即引水 3 028 万 L/d(800 万 gal/d),通过 72.42 km(45 mi)长的管道输送到干旱的新开发区。据美国地质调查局的水文学家计算上弗德(Verde)河 80%~86%的水来自大奇诺含水层,预计最前面 38.62 km(24 mi)的河道水将抽干。同时,奇诺流域附近的城镇也将加大地下水的开发并购买"水农场主"的水用于灌溉。

如果上弗德河的水以这种规模被掠夺,整个河流将受到负面影响,且已经受到威胁的河流生物将会受到特别沉重的打击,甚至可能无法生存。弗德河及其生物受到的威胁迫在眉睫,已经引起国家的关注,2006 年美国河流报告将其列为美国最危险的河流。尽管这种情况已受到公众的关注,但当地政府仍拒绝保护该河流。

由于两个城市没有提供弗德河需保护的物种名单,美国生物多样性中心以文件形式通知两市,打算以违反濒危物种法起诉这两个城市。如果这两个城市继续拒绝制订综合保护计划,美国生物多样性中心将被迫继续推进起诉进程。

为避免任何类似的对立情况发生,两个利益相关阵营对可利用的水文和水文地质资料作出了不同的解释,包括独立机构美国地质调查局的报告。持不同意见的水文学家在继续研究,反对一方正在准备应诉,同时等待"国家和州政府完成区域地下水研究,其研究时间可能超过 18 个月"(Davis,2007)。

1.6.1　水的价格与价值

水价,狭义上可定义为用水户在单位时间内支付的用水费用,与单位时间用水量(如 m^3/月(或 gal/月))有关。这一定义是指消费者付给供水方的钱,如家庭或企业从公用事业部门获得水,农民向集中灌溉供水人支付的钱。在许多情况下,用户是自己抽水,例如一些个体农业生产者和农村居民自己使用水井,大型农业综合体和工业企业自己从河流中引水,或使用自己的水井,电厂从水库中抽水等。在大多数情况下(不是所有情况),两大类用水者——消费者和自供水者都没有支付全水价,全水价理论上应等于水的全价值,包括以下几部分(见图 1.15):①建设取水和配水系统的成本;②系统运行和管理成本,包括水处理、水源和基础设施维护、职工工资和管理成本;③未来主要用于扩大现有水源或寻找新水源,扩大配水系统成本;④反映内在价值(水质、可靠性)的资源保护成本;⑤外部社会成本;⑥环境成本;⑦可持续性成本。

市场中,商品价格由供求曲线的交点决定(见图 1.16)。在这个经济市场的描述中,P^* 是划分市场的价格,换句话说,需求量等于按此价格供给的水量。划分市场的水量为 Q^*,水量小于 Q^*,水的价格都高于成本,也高于 P^*;水量大于 Q^*,则价值低于成本,此时市场资源的利用是低效的(Raucher 等,2005)。

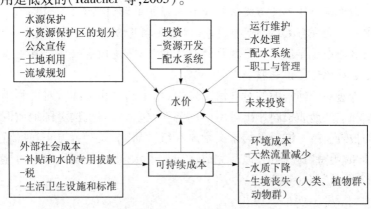

图 1.15　全水价的构成(理论上等于水的全价值)

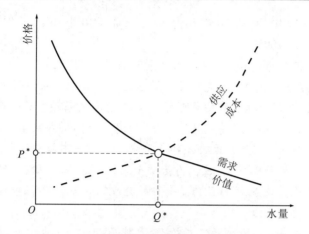

图 1.16　供求关系与水的价值和成本、价格

（Raucher 等,2005；copyright 2005 American Water Works

Association Research Foundation）

市场中,有许多供应方和消费者,市场确定的价格通常是对买方和卖方来说最理想的价格。这种市场价格（由市场竞争确定的价格）有利于市场配置水资源（Raucher 等,2005）。但是,正如前面讨论的,水是一种特殊的商品,具有独特的特性,不适于所有使用者公开竞争（瓶装水市场除外）。例如,没有一个单一的城市中心,一个家庭可以从几个公司,比如说 3 个自来水公司,通过自己基础供水设施（供水管）获得供水服务。

水具有不同的价值,意味着水对不同的事情和不同的人,甚至社会,其价值是不同的。市场原则不完全适用于水市场。因此,目前所有用水户,即自来水公司、农业用水者、工业用水者都直接或间接从政府那里得到补助。直接补助比较容易确定,如减少某些用户的能源成本（如运营灌溉系统所需要的电力和燃油）,通过"公共"补贴减少公共用水供应商的运行和维护成本,包括那些不一定由同一系统直接提供补贴成本（如减税或免税）。国际财团很热衷于水行业各种补贴的研究,根据市场价格原则,不断调整对发展中国家政府和实体企业的借贷。据世界银行最近的研究（Komivies 等,2005）,即使在最发达国家,受调查的自来水公司只有 51% 的水价,包括运行维护费和部分成本。

在这一研究中,作者还对电力和水行业的补贴进行了如下比较(Komives 等,2005):

供水行业的成本回收能力和计量范围比电力行业低得多,导致供水行业的补助更无目标,更盲目。供水行业经常向工业和居民提供不同的价格,应用阶梯水价补助所有人,但不包括最高层次居民的消费。

对水和电力服务(特别是寒冷季节)进行补贴得到政治家、政策制定者和行业管理者及广大公众的普遍支持。对基本服务的补贴,特别是如阶梯水价补贴机制,被认为是公平的,甚至是必须的,可确保贫困家庭享受这些服务,也被认为是一种社会政策的替代工具,以这种方式提高穷人的购买力。

公共服务的特点是资本集约,资产使用期长……电力和供水服务中,70% ~90% 的成本是基建成本。这种资产一般可以使用 20 年以上。投资大、资产使用期长使得这些企业无法收回全部成本,至少在一段时期内无法收回全部成本,这为上述的补贴提供了理由。供水企业的问题比电力企业更严重,供水管网和相关服务设施老化更严重。但是,电力行业更敏感。管理不当会导致彻底的失败,增加电力中断时间,政治家不愿看到这种情况。因此,与电力行业相比,政治家更容易忽视供水和污水处理行业。

对消费者进行补贴的缺点会导致过度用水,这样就需要修建大型的、造价高昂的水处理厂。事实上,供水企业和污水处理企业经常是同一企业,它们向消费者收取两种服务费。过去十来年里,低水价是世界各地企业关注的目标,而不考虑所服务人们的经济发展水平。例如,据中国新华社报道,中国水价上涨最严重的是北京。2004 年 8 月,北京将水价从人民币 1.3 元/m^3 增加到 3.7 元/m^3(1 元 =0.13 美元),这是该市过去 14 年第 9 次提高水价,致使北京水价在全国最高,而中国城市的平均水价为 2 元/m^3。由于这样的水价不能反映国家严重的水资源形势,预计北京市未来将继续大幅度地提高水价(中国日报,2004)。

对 2005 ~2006 年的国际成本调查中,据 NUS 咨询集团(NUS Consulting Group)调查(2006),接受调查的 14 个国家中,12 个国家的水价上涨(见表 1.8)。丹麦和美国分别是水价最高和最低的国家。澳大利亚与 2005 年相比上涨幅度最大,达到 17.9%,加拿大、芬兰、南非和英国的水价也有很大的涨幅。澳大利亚水价的上涨主要是由于长期干旱需要削减用水总量,为增加的人口增加供水量。在欧洲,由于欧盟的规定更严格,加上降水量低于正常情况,一些国家也采取了高水价的策略。加拿大的水价涨幅连续两年高于通货膨胀率。国家将根据用水量决定价格,进一步增加投资。考虑到世界的发展情况,NUS 咨询集团认为,大中型用水企业将不会有低廉和充裕的供水。

表 1.8　2006 年国际水价比较

2006 年排序	国家	美分/m³	2005 ~ 2006 年的变化(%)	5 年变化趋势(2001 ~ 2006 年)(%)
1	丹 麦	224.6	-4.6	+1.9
2	德 国	224.5	+1.6	-2.7
3	英 国	190.3	+7.8	+32.3
4	比利时	172.3	+1.9	+51.1
5	法 国	157.5	+3.5	+11.8
6	荷 兰	149.0	+1.0	+0.3
7	意大利	114.7	+2.0	+23.2
8	芬 兰	103.3	+9.7	+30.2
9	澳大利亚	100.5	+13.8	+45.4
10	西班牙	93.0	+3.1	+5.2
11	南 非	91.8	+8.8	+50.2
12	瑞 典	85.9	-2.4	+10.7
13	加拿大	78.9	+8.9	+58.0
14	美 国	65.8	+4.4	+27.0

注:NUS 咨询集团供稿,2006。

澳大利亚水服务协会(WSAA)在最近的一份报告中得出了如下结论:

城市自来水公司必须收回基础设施的投资,该投资必然转嫁到水价上。收回的投资可以用于新基础设施的建设和现有基础设施的维护,而不需要依赖于政府。回收的资金使企业可以对投资者进行分红。实施阶梯水价可以减轻低收入群体的负担,根据用水量加价可使所有人都可以负担得起。

　　图 1.17 是澳大利亚的珀思市实施阶梯水价的一个例子,该市几乎全部供水都是地下水。

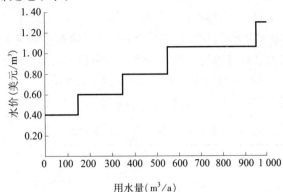

用水量(m³/a)

图 1.17　澳大利亚珀思市 2007 年 6 月 27 日实施的阶梯水价
(资料由 WSAA 提供,2007)

　　加拿大环境部的报告(2007)称,至少 1991 年以来的所有调查都表明,如果采用统一的水价,无论从全国,还是各省来讲,加拿大人都用了更多的水。据 2004 年的调查,如果根据用水量来收费,人均日用水量为 266 L。而使用统一固定水价的社区,用水量要高约 76%(467 L/人)。这些事实表明,根据用水量实施阶梯水价是负责任使用水资源的有力措施。即使水价有明显的上涨,与其他公共服务相比,对于家庭来说都只占家庭收入的一小部分。据澳大利亚统计部门的数据,家庭用于水方面的开支只占家庭可支配收入的 0.7%,而电力占 2.7%,烟酒占 3.6%,家具占 5%(WSAA,2007)。

　　总而言之,下列因素是世界各地水价上涨的主要推动因素:①为满足新增城市人口新增供水和卫生需求的投资;②水源保护的需要,增加的水费可用于水管理;③水短缺,天气变化对现在和未来的影响(干旱、洪水、季节性水的再分配)要求采取新的运行和维护措施,增加储备水量,开发替代水源。

　　图 1.18 与图 1.19 是美国 200 多个自来水公司向居民用户收费的调查结果。原始资料来自美国给水工程协会财经顾问拉夫特利斯(Raftelis)的调查结果(AWWA(美国水行业协会),2007)。为了进行分

析,根据主要供水水源将自来水供水公司分为地下水供水公司和地表水
供水公司(按大于50%分,购水不考虑)。在10家最大的受调查的自来
水公司中,只有迈阿密的一家自来水公司供应地下水。然而,不论企业
规模大小,提供地下水的公司收费均低于提供地表水的公司的收费,月
用水28.3 m³(1 000 ft³)的收费少23%,月用水84.9 m³(3 000 ft³)的收
费少22%(根据用水中值计算)(见图1.18)。这可能是由于地下水处理
费用低与抽水位置(更近)有利,尽管对此没有进行更详细的分析。

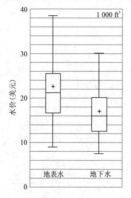 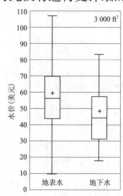

(a)月用水量1 000 ft³ 的箱形图　　　(b)月用水量3 000 ft³ 的箱形图
图1.18　美国自来水公司供水的居民承担的水价箱形图
(箱中的水平线表示中间价格,加号表示平均价格。箱子上、下线分别表示75%
和25%的企业价格。箱外垂线表示除极值外的价格范围。该分析是根据123
家地表水供水自来水公司和66家地下水供水自来水公司的价格进行的
(原始资料来自 AWWA,2007))

　　两类自来水公司绝大多数都实行了阶梯水价,多用水者多收费。
221家受调查的自来水公司中,只有3家(芝加哥、萨克拉门托和朱诺)
为统一收费,不管用水多少,收费单价都一样。在两类企业中,较大的
企业收费较低,这取决于两个因素:规模经济和较高的补贴。图1.19
是两类自来水公司中10家最大和10家最小的自来水公司的水价情
况。日供水大于28 391万L(7 500万gal)的自来水公司每28.3 m³
(1 000 ft³)收费为19.69美元,而日供水小于9 464万L(2 500万gal)
的自来水公司每28.3 m³(1 000 ft³)收费为22.42美元。

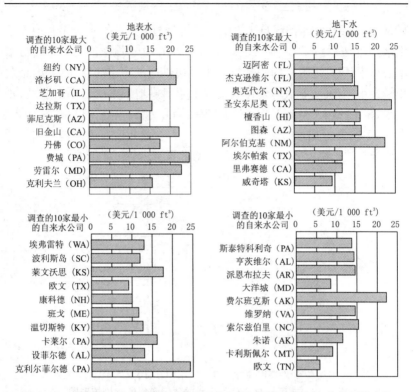

图 1.19　基于主要水源类型的 10 家最大和 10 家最小的自来水公司的水价
（原始资料来自 AWWA,2007）

　　供水的规模经济,特别是在水源开发和处理地区,小型自来水公司难以像大型自来水公司那样收费。规模经济意味着单位生产成本的下降,生产量增加(即取水和水处理),单位成本下降。单位成本低,总成本就低,利润率就高。重要的是,水的规模生产还与生产的水量有关(不单是指所服务对象的多少)。即使是小型自来水公司,如果幸运,有一两家大用户,也可以取得规模效益。如果两家大型自来水公司平均在每位顾客身上的投资和服务费可以相比,其中一家拥有一家大型工业企业,就可以取得规模经济,社区里的每个人都可以享受较低的水价(美国环境保护署和 NARUC(美国公用事业监管委员会),1999)。

　　水资源的内在价值并不总是反映在向用户征收的水价上,虽然在某些方面,水的价值可以量化,如水处理成本,又如处理穿越城市和工业区的河流水费用比只需进行简单预防性微生物处理(配水系统消毒)的承压含水层的水昂贵得多。优质的地下水还可以与地表水混合,降低处理成本。从这一方面来说,地下水的内在价值一般比地表水高。欧洲冲积区地下水的利用很能说明这一问题。欧洲自来水公司通常从冲积含水层中抽水,用河堤过滤,而不是用河水。有毒物质的泄漏事故和洪水有时使河水几天或几小时都不可利用,而地下水则不太可能发生这种情况。在紧急情况下,包括特大干旱,以地表水供水的自来水公司经常被迫寻求地下水作为最后的备用水。在城市中心,当水文条件和水文地质条件有利时,既开发地表水又开发地下水的自来水公司,在处理水的边际成本、稳定供水和提供更有利的价格方面处于比较有利的地位。例如,在干旱炎热的夏季用水高峰期,以地下水作为补充可以减少对大型水库和处理厂的依赖。人工地下储水与水库相比有两个主要优点,即基本无蒸发损失和无蓄水产生的土地淹没损失(见第8章)。同时,世界上许多沿海低地地区,由于地形原因,无法建设大型水库,因而地下水是全年唯一可利用的水源。根据地下水灌溉的经验可知,地下水的内在价值在大多数情况下也高于地表水。地下水可以就近利用,不需大规模的渠网和水库,因为渠网和水库的输水与蒸发损失巨大。

优质水和保护优质水的全部成本很少直接向用户征收,甚至没有进行评估。例如,在美国一个地下水源保护(WHPP)价值的研究项目中,威廉斯(Williams)和芬斯克(Fenske)(2004)发现,地下水源保护资金的分摊比例是联邦政府占2%,州政府占62%,地方政府占36%。实际成本很少由当地企业或水源保护部门承担,这些单位大多数情况下没有适当的财政、立法或技术资源进行水资源保护。在项目研究中,威廉斯和芬斯克(2004)对9家自来水公司的金融和非金融效益进行了分析,并提出了如下建议:

(1)在地下水源保护中,除公众参与外,还应不断提高公众的保护意识。在教育上的努力和花费是值得的,它能使公众支持地下水源的保护,减轻公众对地下水污染的恐惧,以及对潜在经济价值和经济影响的担忧,逐渐使社会经济部门友好地对待地下水源。

(2)各级政府都应提供适当的资金鼓励和支持地下水源保护。社区应该像俄亥俄州代顿市那样保护地下水源。充足的保护资金可以有以下用途:①实施地下水源保护项目;②请专家对公众进行原生水水质保护教育;③将土地产权置于公众名下,控制利用被水源污染的土地;④购买地域权或限制开发权,只许进行环境友好项目的开发;⑤建立周转资金或补助金系统,让地方企业装备水源保护设备和保护地下水水源。

(3)地下水源保护经常超出所属社区或自来水公司的范围,到达邻近管辖区。水源保护的管理人必须认识到在整个区域上保护水源对所有地下水使用人的意义。应该鼓励地下水水源保护的管理人与邻近管辖区进行合作,保护地下水源。

上述俄亥俄州代顿市的供水情况表明,地下水源保护项目的开发和运行成本以运行20年计,折算到2003年美元价值分别为2.78美元/(人·a)和7.89美元/m^3(0.03美元/gal)。代顿市每天用水量为26.73万m^3(7 062万gal)。

地下水源保护项目的经济效益可用成本降低或避免商品价值损失来表示。降低成本包括防止潜在污染处理成本。污染处理成本包括原水输送前的处理成本,污染源治理成本,含水层中污染水的隔离成本,其他地下水水质恢复成本,水井或水井区更换成本。商品价值损失包括无法抽水出售或出售污染水收入下降的损失。降低成本以总污染成本与地下水源保护项目成本之比来衡量(美国环境保护署,1995)。根据2004年威廉斯和芬斯克的研究,从未来社区供水安全的角度考虑投资,成本降低的效益为1~2.3倍,甚至为1~13.4倍。1995年,美国环境保护署的研究发现回报率在5:1到接近200:1之间。

由于灌溉水对作物的成本影响很大,其价格有较大优惠政策。不断调整农业水价可以看作是改善用水经济效率的机制。但是,正如上述讨论,通过调整水价获得社会希望的产出是困难的,因为农民很少按市场价用水,他们支付的水价通常不能反映水的稀缺性。在美国,个别州自己管理水资源,除极少的管理费外,允许免费使用水资源。结果是灌溉水的成本只包括输水成本,不能反映社会用水的全部成本。相反,没有分配到水权,无论是灌溉人、城市、工业还是环境用水,都要从现有的用户手中购买年用水指标或长期用水权,他们支付的价格更接近资源的价值(Gollehon 和 Quinby,2006)。

灌溉水的成本差异很大,取决于水资源情况、供应者、配水系统以及离水源的距离、地形、含水层、能源等因素。总而言之,抽取地下水通常比抽取地表水要消耗更多的能源,地表水通常从远处的水源地通过储水和渠道系统供应。戈尔杭(Collehon)和昆比 Quinby(2006)利用美国农场和牧场灌溉调查资料(USDA(美国农业部),2004b)分析了美国地下水和地表水灌溉成本的决定因素,他们的主要发现如下:

美国用地下水灌溉的农田接近全美灌溉农田的一半,灌溉面积达到 1 295 万 hm²(3 200 万 acre)(见表 1.9)。马里兰州 2003 年每公顷灌溉能源费为 17.3 美元,而加利福尼亚州为 195.2 美元,亚利桑那州为 227.3 美元,夏威夷州超过 432.3 美元。美国全国平均每公顷灌溉费用为 99 美元,总灌溉费用超过 12 亿美元。

表 1.9　2003 年美国按供水源和分类的灌溉水成本

成本类别	平均成本 (×10⁶ 美元/hm²)	百分比 (%)	各州成本 (美元/hm²)	全国单位成本(美元/hm²)	全国总成本 (×10⁶ 美元/hm²)
地下水抽水	79.88	61.5	17.3~434.8	129.6	3 155.52
地表水提水	26.08	20.1	24.7~202.6	65.2	688.44
增压成本	34.26	26.4	12.4~212.5	103.1	1 429.51
维修成本	98.82	76.1	9.9~197.6	30.4	1 214.67
总变动成本					6 477.25
平均变动成本				123.2	
2003 年资本投资费用	65.87	50.7	39.5~462.0	104.2	2 779.07

注:13 000 元以上的农场,根据农场的平均面积计算每公顷费用。

地表水的能源成本反映了抽水每公顷和输水及现场用水的水压要求。2003 年,超过 425 万 hm²(1 050 万 acre)的供水能源成本为 64 美元/hm²。密苏里州为 24.7 美元/hm²,加利福尼亚州为 89 美元/hm²,

华盛顿州为 101.3 美元/hm², 马塞诸塞州为 202.6 美元/hm²。通常,地表水的抽水成本要低于地下水的抽水成本。

按约 3 439 万 hm²(1 400 万 acre)灌溉面积计算,近 40% 的农田灌溉用水来自于非农业供水。农业用户平均每公顷农田付给非农业供水人 103.8 美元,其中 20% 的农田灌溉水的成本为 0(见表 1.9)。明尼苏达州农田灌溉水的成本为平均每公顷 113.6 美元,华盛顿州为每公顷 113.6 美元,亚利桑那州为每公顷 177.9 美元,加利福尼亚州为每公顷 212.5 美元。非农业用水的大部分用在加利福尼亚州,约有 30% 的土地由非农业用水供水。

应该注意的是,这种分析不反映用水效率比较与以作物产量为准的地下水和地表水的投资回报。

目前更难以做到的是,量化外部因素在水成本中占的比重(见图 1.15)。这种成本包括社会成本,如穷人享受有补贴的供水系统对改善健康和福利的影响,当有利于部分人时对政治稳定性所产生的影响(如城镇居民和农村居民,高梯级水价用水户和低梯级水价用水户)。环境成本是转移给环境用户的成本,更经常是从环境用水户(动物和植物)引水转做他用,致使水源在一定程度上不能满足所有现在和未来非人类用水需求的成本。这种环境成本和影响未来用水户的部分社会成本包括可持续性成本,有时称为稀缺成本。与可持续性成本紧密相关的是机会成本,意为在最佳单位用水成本。这种成本考虑了这样的事实,在供应有限的情况下,水用于某一专用用途,如居民用水,这种水不能再改作其他用途,比如转作工业用水。如果另一行业的用水效益更好,则实际上是丢失了一次机会(Raucher 等,2005)。在丰水地区使用额外的水的机会成本可能更低,因为在大用户(例如水厂或水权拥有人)抽取所需的水以后,大量可再生的水留在河道或含水层中,可以满足其他用水需求。相反,缺水地区大用水户的用水都将使其他用水减少,如农业或生态保护。有些用途的水的机会成本可能相当高,如农业,因为城市和工业可以支付比农民高得多的成本。农产品价格中就包含有大量的机会成本。但是,这样将导致当地农业社区、生活方式和与其相关行业的损失。城市和工业供水的机会成本还可能导致

渔业损失、生态价值受损,从而影响生态休闲活动及商业机会(Raucher
等,2005)。

尽管某个目前的用水户未支付水的可持续性成本,但同一水源的
其他用水户以及未来的用水户都必须支付该项成本。一个含水层的不
可持续开采或者一种不可再生的地下水资源("古含水层")的开发,形
成一个日益扩大的大面积的地下水降落漏斗区和下降圆锥体区,这是
典型的例子,它使其他当前用水户和后代面临出水量日益减少和高水
价的问题。随着对全球气候变化、环境可持续性、人口增长问题关注的
不断提高,水的可持续成本最近也引起各方人士的关注,包括管理者、
政治家、经济学家、科学家、环境组织和用水户。如果这些相关人员共
同参与决策,就可以估算用水的真实价格,可使包括雨水、地表水、土壤
水、地下水和废水所有这些可利用的水资源在任何用水规模(如社区、
流域、国家、世界各地区)得到统一的、可持续的管理。用水户对目前
的用水机制进行改革,这一举措在将来当水资源更稀缺时只会使用水
户受益,在新兴的公开水市场中保留水更多的真实价值。

可以设想,在不远的将来,在承认水是不可替代和重要的资源后,
供给消费者以及各种食物和其他产品的水将被称为"用对环境无害和
可持续的水生产"。这是充分计算水价值的最终方法。

1.6.2　虚拟水与全球水贸易

虚拟水是指工农业产品在生产及销售过程中的用水(Allan,
1996)。例如,在雨水与天气条件良好情况下,生产 1 kg 粮食需要 1~2
m^3 的水;而在气候条件不好的干旱国家(温度高、蒸发量大),生产 1 kg
的粮食需要 3~5 m^3 的水(Hoekstra 和 Hung,2002)。

一个人消耗的水足迹是指一个人的总用水量,等于他消耗所有产
品的虚拟水总和。有些产品,例如肉类,所含的虚拟水比其他产品的水
足迹要大。个人的水足迹可以提醒人们更加节约用水(IHE Delft(代
尔夫特联合国水教育学院)和 WWC,2003)。代尔夫特联合国水教育
学院开发的一个网站对个人水足迹计算的相关因子进行了介绍,这些
因子考虑了特殊的生活条件和生活方式,以及所在国的整体生活标准

（http：// www. waterfootprint. org/？ page ＝ cal/waterfootPrintcalculator. indv）。

表 1.10 是一些国家农作物和牲畜的虚拟水含量。从表 1.10 可以看出，牲畜的虚拟水含量一般要高于农作物的虚拟水含量，因为动物需要消耗大量农作物，需要饮水和其他用水。

表 1.11 是一些产品的世界平均单位虚拟水含量。在美国，生产 1 美元工业产品需要 100 L 的水。在德国和荷兰，生产 1 美元工业美元工业产品平均的虚拟水含量为 10～15 L。在世界上最大的发展中国家中国和印度生产 1 美元工业产品平均的虚拟水含量为 20～25 L。全球 1 美元工业产品平均的虚拟水含量为 80 L（Chapagain 和 Hoekstra，2004）。

应对世界许多发展中国家现有和未来必然存在的缺水矛盾特别令人关切的是，生活水平的日益提高和人民饮食结构相关的变化。全世界的人饮食消费方式正在变得相似，质量更高、价格更昂贵、需水更多的食品在不断增加，如肉类和乳制品。正如世界粮农组织（2002）指出的那样，这些饮食的变化已经对全球农产品的需求产生了影响，并且还将继续产生影响。例如，发展中国家每人的肉类消费已经从 1964～1966 年的 10 kg/（人·a）增加到 1977～1999 年的 26 kg/（人·a），这一数字预计还将继续上升，2030 年将达到 37 kg/（人·a）。牛奶及乳制品的消费也在快速增长，从 1964 年到 1966 年的 28 kg/（人·a）增加到目前的 45 kg/（人·a），2030 年将达到 66 kg/（人·a）。由糖和植物油摄入的卡路里预计也将增加。但是，人类平均消耗的谷类、豆类、根类和块茎类食物将趋于平稳（FAO，2002）。这些趋势部分原因是人们喜好，部分原因是世界食品贸易的增加，快餐食物的全球普及，以及受北美和欧洲饮食习惯的影响。

随着全球水资源的日益短缺和灌溉对水环境影响认识的提高，全球虚拟水交易的理念已日益受到重视。但是，正如代尔夫特联合国水教育学院和世界水理事会指出的，虚拟水交易很长时间以来一直在进行，只是人们没有意识到，而且过去 40 年来一直在稳步增长。例如，20 世纪 90 年代，美国农业部和欧洲共同体向中东和北非输出的虚拟水相

表1.10 世界一些国家农作物和牲畜的虚拟水含量 （单位：t/m³）

农产品	美国	中国	印度	俄罗斯	印度尼西亚	澳大利亚	巴西	日本	墨西哥	意大利	荷兰	世界平均
水稻	1 275	1 321	2 850	2 401	2 150	1 022	3 082	1 221	2 182	1 679		2 291
糙米	1 656	1 716	3 702	3 118	2 793	1 327	4 003	1 586	2 834	2 180		2 975
碎米	1 903	1 972	4 254	3 584	3 209	1 525	4 600	1 822	3 257	2 506		3 419
小麦	849	690	1 654	2 375		1 588	1 616	734	1 066	2 421	619	1 334
玉米	489	801	1 937	1 397	1 285	744	1 180	1 493	1 744	530	408	909
大豆	1 869	2 617	4 124	3 933	2 030	2 106	1 076	2 326	3 177	1 506		1 789
甘蔗	103	117	159		164	141	155	120	171			175
棉籽	2 535	1 419	8 264		4 453	1 887	2 777		2 127			3 644
皮棉	5 733	3 210	18 694		10 072	4 268	6 281		4 812			8 242
大麦	702	848	1 966	2 359		1 425	1 373	697	2 120	1 822	718	1 388
高粱	782	863	4 053	2 382		1 081	1 609		1 212	582		2 853
椰子		749	2 255		2 071		1 590		1 954			2 545
粟	2 143	1 863	3 269	2 892		1 951		3 100	4 534			4 596
生咖啡	4 864	6 290	12 180		17 665		13 972		28 119			17 373

续表 1.10

农产品	美国	中国	印度	俄罗斯	印度尼西亚	澳大利亚	巴西	日本	墨西哥	意大利	荷兰	世界平均
炒咖啡	5 790	7 488	14 500		21 030		16 633		33 475			20 682
制成茶		11 110	7 002	3 002	9 474		6 592	4 940				9 205
牛肉	13 193	12 560	16 482	21 028	14 818	17 112	16 961	11 019	37 762	21 167	11 681	15 497
猪肉	3 946	2 211	4 397	6 947	3 938	5 909	4 818	4 962	6 559	6 377	3 790	4 856
山羊肉	3 082	3 994	5 187	5 290	4 543	3 839	4 175	2 560	10 252	4 180	2 791	4 043
绵羊肉	5 977	5 202	6 692	7 621	5 956	6 947	6 267	3 571	16 878	7 572	5 298	6 143
鸡肉	2 389	3 652	7 736	5 763	5 549	2 914	3 913	2 977	5 013	2 198	2 222	3 918
蛋	1 510	3 550	7 531	4 919	5 400	1 844	3 337	1 884	4 277	1 389	1 404	3 340
牛奶	695	1 000	1 369	1 345	1 143	915	1 001	812	2 382	861	641	990
奶粉	3 234	4 648	6 368	6 253	5 317	4 255	4 654	3 774	11 077	4 005	2 982	4 602
乳酪	3 457	4 963	6 793	6 671	5 675	4 544	4 969	4 032	11 805	4 278	3 190	4 914
牛皮	14 190	13 513	17 710	22 575	15 929	18 384	18 222	11 864	40 482	22 724	12 572	16 656

注：Chapagain 和 Hoekstra 供稿，2004。

表 1.11　世界上一些消费品的平均单位虚拟水含量

产品	虚拟水含量 （L）	产品	虚拟水含量 （L）
一玻璃杯啤酒（250 mL）	75	一玻璃杯葡萄酒（125 mL）	120
一玻璃杯牛奶（250 mL）	200	一玻璃杯苹果汁（200 mL）	190
一杯咖啡（125 mL）	140	一玻璃杯橘子汁	170
一杯茶（250 mL）	35	一袋薯片（220 g）	185
一片面包（30 g）	40	一个鸡蛋（40 g）	135
一片加干酪的面包（30 g）	90	一个汉堡包（150 g）	2 400
一个土豆（100 g）	25	一个西红柿（70 g）	13
一个苹果（100 g）	70	一个柑橘（100 g）	50
一件 T 恤衫（250 mL）	4 100	一双鞋（牛皮革）	8 000
一张 A4 纸（80 g/m²）	10	一块微芯片	32

注：Chapagain 和 Hoekstra 供稿,2004。

当于尼罗河流入埃及用于灌溉的水,约 400 亿 t,这些水含于 4 000 万 t 粮食中（Allan,1998）。

查帕盖恩和赫克斯特拉（2004）介绍了一个国家水足迹的概念,它被定义为生产该国居民消费的物品和向居民提供服务所需的水资源总量。内部水足迹是国内生产消费品和提供服务的过程中所需要的水资源量;外部水足迹是其他国家为这个国家生产进口物品所需的水资源量。正如作者强调的那样,了解一个国家虚拟水的输出与输入情况可以完全弄清楚这个国家的实际缺水情况。例如,约旦每年输入 50 亿～70 亿 m³ 的虚拟水,与国内每年抽取的 10 亿 m³ 的水资源用水量形成了鲜明的对比。另一个例子是埃及,埃及的水短缺已提到政治议程上,埃及国内每年总用水量为 650 亿 m³,而进口虚拟水为 100 亿～200 亿 m³。

赫克斯特拉和亨格（2002）对各国 1995～1999 年的虚拟水贸易进行了详细的研究。作者还根据国家需水和可用水情况对虚拟水平衡情况进行了分析。据研究,世界上 13% 用于生产粮食的水不是在国内消费,而是以虚拟水的形式输出,生产小麦的虚拟水交易占 30%,以下依次为大豆占 17%、稻谷占 15%、玉米占 9%、原糖占 7%、大麦占 5%。

　　如表1.12所示,国家之间的虚拟水贸易差异很大。在世界范围内,虚拟水净进口的地区是中亚和南亚、西欧、北非和中东,其他两个净进口虚拟水,是程度不很大的中非和南非地区。大量净出口虚拟水的地区是北美、南美、太平洋地区和东南亚地区,其他3个出口虚拟水,但程度不很大的地区是苏联、中美洲、东欧。北美地区(美国和加拿大)是虚拟水出口最大的地区,中亚和南亚是目前为止最大的虚拟水进口地区。

　　正如国际水资源管理研究所(2007)论述的,食品和虚拟水交易只有在节省下的水重新得到分配利用,如民用水、工业用水或环境用水,才能产生"真正"的节水作用。许多交易的谷物是在雨水灌溉条件下生产的。雨水除生产粮食外,通常不能作为其他用途使用。减少灌溉水可以真正实现节水。例如,进口水稻而不是自己生产水稻可以节约灌溉用水。亚洲在季风期间,降雨丰沛,洪水频发,加上蓄洪能力有限,这意味着不是靠增加粮食产量而是靠进口粮食来节约水。而有些国家是因水资源非常缺乏,只能进口粮食。例如,埃及没有足够的水资源,无法生产自己所需的粮食,只能进口。这样,将埃及作为通过全球贸易节水的例子是一种误导,因为它无水可节约(IWMI,2007)。

　　总之,由于水短缺而进行的粮食交易已经引起人们的兴趣。从理论上讲,人们已经认识到在水量丰富的地区种植粮食再进行交易可以节约大量的水,使灌溉基础设施的投资最小。但是,在目前的政治经济环境下,单独进行粮食交易似乎并不能解决近期水短缺问题(IWMI,2007)。许多缺水国家在根本改变粮食贸易结构方面面临一些不确定因素,如粮食安全、粮食主权、农村劳动力的就业等。在全球地域政治上,粮食出口最大的国家依然是最发达的国家,但同时它们在农业方面的补贴也最高(例如美国、加拿大、澳大利亚和法国)。由于过度开发水资源用于灌溉,有些粮食出口大国也面临着严重的环境与社会问题,包括开发不可再生的地下水(例如印度、澳大利亚和美国)。各国政府、国际财政机构和研究机构应共同努力进行虚拟水地理政治重要性的研究。研究内容应包括应用虚拟水贸易的概念所涉及的机会和风险,以及进行决策的相关政治进程(IHE Delft和WWC,2003)。

表1.12 1995~1999年排名前30位的虚拟水进出口国家

排名前30位的虚拟水出口国家

排名	国家	净出口和进口(km³)	排名	国家	净出口和进口(km³)	排名	国家	净出口和进口(km³)
1	美国	758.3	11	巴拉圭	42.1	21	苏丹	5.8
2	加拿大	272.5	12	哈萨克斯坦	39.2	22	玻利维亚	5.3
3	泰国	233.3	13	乌克兰	31.8	23	圣卢西亚岛	5.2
4	阿根廷	226.3	14	叙利亚	21.5	24	英国	4.8
5	印度	161.1	15	匈牙利	19.8	25	布基纳法索	4.5
6	澳大利亚	145.6	16	缅甸	17.4	26	瑞典	4.2
7	越南	90.2	17	马拉圭	12.1	27	马拉维	3.8
8	法国	88.4	18	希腊	9.8	28	多米尼加	3.1
9	危地马拉	71.7	19	多米尼加	9.7	29	贝宁	3.0
10	巴西	45.0	20	罗马尼亚	9.1	30	斯洛伐克	3.0

排名前30位的虚拟水进口国家

排名	国家	净出口和进口(km³)	排名	国家	净出口和进口(km³)	排名	国家	净出口和进口(km³)
1	斯里兰卡	428.5	11	比利时	59.6	21	摩洛哥	27.7
2	日本	297.4	12	沙特阿拉伯	54.4	22	秘鲁	27.1
3	荷兰	147.7	13	马来西亚	51.3	23	委内瑞拉	24.6
4	朝鲜	112.6	14	阿尔及利亚	49.0	24	尼日利亚	24.0
5	中国	101.9	15	墨西哥	44.9	25	以色列	23.0
6	印度尼西亚	101.7	16	中国台湾	35.2	26	苏丹	22.4
7	西班牙	82.5	17	哥伦比亚	33.4	27	南非	21.8
8	埃及	80.2	18	葡萄牙	31.1	28	突尼斯	19.3
9	德国	67.9	19	伊朗	29.1	29	波兰	18.8
10	意大利	64.3	20	孟加拉国	28.7	30	新加坡	16.9

注:Hoekstra 和 Hung 供稿,2002。

1.7　可持续性

自从 1987 年世界环境与发展委员会的报告《我们的共同未来》发表以来,"可持续发展"一词就开始流行起来。该报告也称布伦特兰报告,以书面的形式发表。格罗·哈莱姆·布伦特兰是世界环境与发展委员会主席,前挪威总理。世界环境与发展委员会的目的是找到一种实用的方式向全世界表达环境与发展问题。具体包括 3 个方面:①重新考虑严峻的环境与发展问题,提出实际可行的应对措施。②提出解决这些问题的新的国际合作形式,这些新的国际合作形式影响到政策和行动的取向。③加深对个人、自愿者组织、公司、机构和政府行动的理解并加强其义务。

《我们的共同未来》一书是通过 3 年听证并根据 500 余份意见书编写成的。来自 21 个国家的委员分析了这份报告,并于 1987 年(UNESCO,2002)提交给联合国大会。在过去几年里,在各种出版物、辩论会、翻译文件和再翻译文件,以及世界环境与发展委员会的研究成果和联合国大会决议文件中,被广泛引用的关于可持续发展的定义为:"既满足当代人的需求,又不损害后代人满足其需求的能力"。由于这种表述似乎只注重"人类世代",因此有些人批评其意义太狭窄,没有反映自然环境。但是,世界环境与发展委员会和联合国大会认为人与自然是一个整体,这一条可以从联合国官方决议 42/187(DESA,1999)相关关键论述中看到。例如,联合国大会有关论述如下:

(1)关注人类环境与自然资源加速恶化和社会经济发展恶化的后果。

(2)相信"既满足当代人的需求,又不损害后代人满足其需求的能力"的可持续发展将成为联合国、各个国家、私人组织、社会团体和企业的根本指导原则。

(3)认可主要环境问题的全球特点,所有国家的共同利益,推行旨在可持续的、稳健的环境发展政策。

（4）相信调整国家和国际政策走向可持续发展模式的重要性。

（5）同意世界环境与发展委员会的意见，认为要治理目前存在的环境问题，为可持续发展创造条件，就不可避免地要涉及造成环境问题的根源，即人类的活动，特别是经济活动。

（6）同意国家之间、现代人和后代人之间公平地分担环境成本和共同分享经济发展利益是可持续发展的关键。

（7）同意世界环境与发展委员会遵循可持续发展需要提出的环境和发展目标，它必须包括维护和平、恢复增长和改变其质量、治理贫困和满足人类的需求，解决人口增长、保护和巩固资源基地的问题，重新调整技术和风险管理、在决策过程中综合考虑环境和经济等内容。

（8）决定将世界环境与发展委员会的报告转发给各国政府及联合国所辖机构的主管团体、组织、项目组，请他们在制定政策和实施项目时，考虑该委员会报告的分析结果和建议。

（9）呼吁各国政府要求其中央和部门经济机构和行业经济机构的政策、规划和预算确保能鼓励可持续发展，并加强其环境和自然资源管理机构在中央和部门机构中的咨询与协助作用。

联合国这份决议发表20年后，大多数国家及其机构似乎没有什么变化，正如先前列举的实例那样，他们既不能也不愿意充分阐述许多不可持续发展的问题，然后采取行动去解决这些问题。部分原因是他们预计许多紧急措施不受大众的欢迎，怕付出政治代价。同时，政治家和官僚主义者在大众眼里没有什么信誉，虽然大众试图提出自己的意见，但是他们却受到一些耸人听闻的新闻报道及各种相互矛盾的科学和技术报告的困扰。因此，对大众进行教育，帮助他们进行选择，包括一些艰难的选择，是实现可持续发展的第一步，也是关键的一步。地下水是说明大众和官僚们对可持续意义误解的一个很好的例子。这是因为从定义上看，地下水具有神秘性。只要大家能看到它，它就不再是"地下水"。但问题是，当水资源（地下水）专家，包括那些为政府机构工作的专家，在宣布地下水政策，并声称地下水"可持续"时，在此之前甚至没有对这个问题进行过公开辩论或有独立的地下水专家发表过意见。下面的例子能很好说明这一点。在美国中西部的一个州,一位政府的"水资源专家"于 2007 年在一份非盈利机构为教育公众和保护地下水办的杂志上发表了一篇文章,这位专家谈到他所在的州如何受到宝贵的水资源的恩惠,如何成功地用地下水进行灌溉,使农民过上更好的生活。该专家称,该州有些地方含水层的地下水至少可以再开采 250 年,由于地下水很容易利用,应该用来灌溉更多的农田,提高农民甚至整个社会的生活,用那广阔的新老玉米田生产玉米,再用来生产乙醇,那里已经并且正在建大量的乙醇加工厂,这将会对该州乡村、整个州、整个国家,甚至全球带来巨大的效益。更多地利用乙醇代替汽车燃料意味着更少使用燃油,减少碳排放,减轻对地球的危害。有什么比这更好呢? 但这位专家忘记了推断的 250 年后,地下水如果枯竭这个州会发生什么事情。

有些人将上述地下水的可持续性称为以地下水为赌注。但是,迄今为止,规模较大、成效显著的以地下水为赌注的实例只有一个,那就是美国内华达州的拉斯维加斯。这个位于沙漠中的城市就得益于地下水,拉斯维加斯的自流井非常著名。起初,拉斯维加斯是一个专门为铁路和采矿业服务的中心。20 世纪 60 年代,当科罗拉多河米德湖的地表水引到此之后,拉斯维加斯得以加速发展,博彩业成为其主要行业。就在这一段时间里,由于抽取地下水,使这一地区的地下水位下降,自流井开始断流,所有泉水干枯。虽然由于科罗拉多河的水主要用于加利福尼亚州南部和亚利桑那州,也不是拉斯维加斯市可靠的供水水源,但是拉斯维加斯还是比美国其他大城市发展得快(见图 1.20)。这期间,世界各地无数的访问者为该市留下了大量的美元,使该市政府能实行最先进的水管理。拉斯维加斯市有世界上最深的人工含水层补给项目,包括含水层蓄水和恢复自流井。拉斯维加斯市将处理过的水用于茂密的山地、高尔夫球场和许多喷泉设施(见图 1.21)。另外,拉斯维加斯市还有大量州和联邦机构、咨询公司、实验室和设计院,这些单位都直接或间接地从事与水相关的工作。一些其他地区、城市,甚至整个社会可能都在竞相效仿,希望以地下水为赌注,赶上拉斯维加斯市。

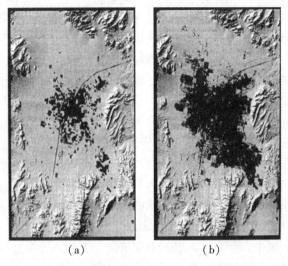

（a）　　　　　　　　　（b）

图 1.20　内华达州拉斯维加斯市 1973 年和 1992 年的市区范围

（这些年中，市区范围在盆地中迅速扩大。两张图都可以看到当地地形，

如周围的山脉。所显示的该市宽度约 77 km）（Auch 等供稿，2004）

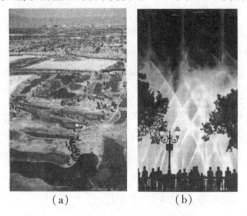

（a）　　　　　　　（b）

图 1.21　使用处理水浇灌的拉斯维加斯市高尔夫球场（a）

和壮观的百乐宫酒店（Bellagio）喷泉（b）

（（a）图照片由 Lynn Betts 拍摄，2000，由美国农业部自然资源保护局供稿；

（b）图照片由 Claire Kann 拍摄）（http：//www. wetdesign. com/clientbellagio/

index. html）

　　阿利坎特宣言从多方面论述了地下水资源可持续性,宣言发布后在全球地下水业界得到广泛认同。该宣言是在 2006 年 1 月 23～27 日在西班牙召开的《国际地下水可持续性论坛》(ISGWAS)上经过讨论形成的行动纲要。该宣言呼吁负责任地使用、管理和支配地下水资源,其全部内容如下(ISGWAS,2006;http://aguas.igme.es/igme/ ISGWAS):

　　水是生命的基本要素。地下水是所有水资源的一部分,其储量占全球非冻结淡水储量的 95%。由于地下水储量巨大、地理分布广、总体质量良好、可随季节变化、去污能力强,现在和未来都是世界可付得起且安全的水。地下水是优势巨大的可再生资源,如果管理得当,可以保证长期供水,满足社会经济增长的需求,减轻预计的气候变化的影响。通常,地下水开发的投资比地表水开发更小,时间更短。

　　近几十年来,地下水以饮用、农业灌溉和工业发展等直接形式和以生态和河道水流维持等非直接形式为社会创造了巨大效益。开发地下水可为人们提供负担得起的水,迅速减轻贫困,保障食品安全。了解地表水与地下水的互补性,实施全面的水资源综合管理战略有助于人们提高用水效率,延长供水期。

　　地下水开发管理和土地利用的不当无疑已经影响了地下水,造成水质退化、水生态系统破坏、地下水位下降等负面影响,导致地面沉降、湿地干枯等问题。由于保护地下水比恢复地下水成本更低,效果更好,所以加强水管理将减少以上问题并节省资金。

　　为使地下水优势变成现实,需要负责任地使用、管理和支配地下水,尤其是需要受惠于地下水的用水户、决策者(选出的和非选出的)、民间社会团体和协会、科学家共同采取行动,科学家应呼吁科学用水,更好地管理水。

　　最后,宣言的签署人推荐了以下行动纲领:

　　(1)在充分认识地下水在水文循环中重要性的基础上,制定综合的水资源管理、土地利用和能源开发战略。这就要求更好地描述地下水流域、地下水和地表水与生态系统的相互联系,更好地了解整个水文系统对自然和人为压力作出的响应。当只有不可再生的地下水和咸水可利用时,则需对这类水给予更多关注。

（2）加深对地下水水权、法规、政策和利用的全面了解，这方面的信息包括促进目前水资源管理的社会力量和激励机制。这将有利于政策的制定，促进社会和环境稳定的地下水管理，尤其是当地下水问题涉及不同文化、不同政治或不同国家边界时。

（3）制定以维持和恢复水文平衡为目标的长期区域水管理战略。这要求水管理者作出决策，将水文循环中水的损失降到最小，鼓励高效用水，确保公平地分配人类用水和生态需求用水，考虑用水的长期可持续性。水文、生态、经济和社会评估应是任何水管理战略不可缺少的内容。

（4）提高发展中国家的科技、工程技术水平。要做到这一点，需要进行科学决策，开展"南—北"合作和"南—南"合作。另外，鼓励投资设计、生产群众可负担、耗能低的用水设施和灌溉设施以及对大众进行宣传也很重要。

（5）继续建立协调的地表水和地下水监测项目。收集资料是水管理战略不可缺少的组成部分，使水管理战略可以反映社会经济、环境和气候变化。相关资料对所有相关利益人应是透明的，且使用方便。

（6）建立地方机构，改善可持续地下水管理。这要求更高级的权力部门善于接受地方的要求，鼓励建立强有力的，由用水户和民间社团组成的机构。

（7）确保居民认识到地下水在他们生活中的重要作用及负责任地使用地下水的重要性。这要求科学技术为教育服务，扩大服务范围，让更多的人了解整个水文系统及水文系统对全球当代人和未来子孙的重要性。

参考文献

[1] ADB (the Asian Development Bank), 2004. Water in Asian cities. Utilities′ performance and civil society views. 97 p. Available at: http://www. adb. org/Documents/Books/ Water_for_All_Series/Water-Asian_Cities/water_asian_cities. pdf.

[2] AFP (Agence France-Presse), 2005. India faces severe water crisis in 20 years: World Bank. New Delhi (AFP), Oct 05, 2005. Available at: http://www. terra-

daily. com/ news/water-earth-05ze. html.

[3] Allan, J. A. , 1996. Policy responses to the closure of water resources. In: *Water Policy: Allocation and Management in Practice.* Howsam, P. , Carter, R. , editors. Chapman and Hall, London.

[4] Allan, J. A. , 1998. Virtual water: A strategic resource. Global solutions to regional deficits. *Ground Water*, vol. 36, no. 4, pp. 545-546.

[5] Amarasinghe, U. A. , Mutuwatta, L. , and Sakthivadivel, R. , 1999. *Water Scarcity Variations Within a Country: A Case Study of Sri Lanka.* International Water Management Institute, Colombo, Sri Lanka.

[6] Amarasinghe, U. A. , Sharma, B. R. , Aloysius, N. , Scott, C. , Vladimir Smakhtin, V. , and de Fraiture, C. , 2005. Spatial variation in water supply and demand across river basins of India. Research Report 83. International Water Management Institute, Colombo, Sri Lanka, 37 p.

[7] Anderson, M. T. , Woosley, L. H. , Jr. , 2005. Water Availability for the Western United States—Key scientific challenges. U. S. Geological Survey Circular 1261, Reston, VA, 85 p.

[8] Auch, R. , Taylor, J. , and Acevedo, W. , 2004. Urban growth in American cities: Glimpses of U. S. urbanization. U. S. Geological Survey Circular 1252, Reston, VA, 52 p.

[9] Available at: http: // www. iwmi. cgiar. org/waterpolicybriefing/index. asp. Accessed September 3, 2007.

[10] Barker, R. , et al. , 2000. Global water shortages and the challenge facing Mexico. *International Journal of Water Resources Development*, vol. 16, no. 4, pp. 525-542.

[11] Brown, L. R. , 2006. *Plan B 2. 0 Rescuing a Planet Under Stress and a Civilization in Trouble.* Earth Policy Institute, W. W. Norton & Co. , New York, 365 p.

[12] Bryant, N. (BBC), 2007. Big dry takes toll on Australia's farmers. BBC News, New South Wales, Australia, May 22, 2007. Available at: http: // news. bbc. co. uk/2/hi/asiapacific / 6679845. stm.

[13] Bukharov, A. A. , 2001. *Baikal in Numbers.* Baikal Museum, Siberian Branch of the Russian Academy of Sciences, Moscow, 72 p.

[14] CBD (Convention of Biological Diversity), 1992. *United Nations Convention on Biological Diversity.* Basic text. Secretariat of the Convention of Biological Diver-

sity, Montreal, Canada.

[15] Center for Biological Diversity, 2007. Save the verde. Available at: http://savetheverde. org/verde/action. html/. Accessed September 5, 2007.

[16] Central Water Commission, 2007. Water data book: Water sector at a glance. Central Water Commission, Ministry of Water Resources, Government of India. Available at: http://cwc. nic. in/cwc_website/main/webpages/dl_index. html. Accessed August ,14, 2007.

[17] CGWB (Central Ground Water Development Board), 2006. Dynamic ground water resources of India (as on March 2004). Ministry of Water Resources, Government of India, 120 p. Available at: http://cgwb. gov. in/download. htm. Accessed August 4, 2007.

[18] Chapagain, A. K., and Hoekstra, A. Y., 2004a. Water footprints of nations. Volume 1: Main report. Value of Water Research Report Series No. 16. UNESCO-IHE Institute for Water Education, Delft, the Netherlands, 76 p.

[19] Chapagain, A. K., and Hoekstra, A. Y., 2004b. Water footprints of nations. Volume 2: Appendices. Value of Water Research Report Series No. 16. UNESCO-IHE Institute for Water Education, Delft, the Netherlands.

[20] Chapagain, A. K., Hoekstra, A. Y., and Savenije, H. H. G., 2005. Saving water through global trade. Value of Water Research Report Series No. 17. UNESCO-IHE Institute for Water Education, Delft, the Netherlands, 36 p.

[21] China Daily, 2004. Cities raise water price. Updated: 2004-12-25 09:35. Xinhua News Agency. Available at: http://www. chinadaily. com. cn/english/doc/2004-12/25/ content_403306. htm.

[22] Clarke, R. and King, J. 2004. *The Water Atlas.* The New Press, New York, 128 p.

[23] CNNPolitics. com, 2007. Accessed November 1, 2007. Available at: http://www. cnn. com/ 2007/POLITICS/11/01/drought. politics. ap/index. html.

[24] Cosgrove, W. J., and Rijsberman, F. R., 2000. *World Water Vision: Making Water Everybody's Business.* World Water Council, Earthscan Publications Ltd., London, 108 p.

[25] CSD (Commission on Sustainable Development, United Nations), 2004. *Sanitation: Policy Options and Possible Actions to Expedite Implementation.* UN Economic and Social Council, New York.

[26] CSIS (Center for Strategic and International Studies) and Sandia National Laboratories, 2005. *Global Water Futures. Addressing Our Global Water Future.* Center for Strategic and International Studies, Washington, DC, 133 p.

[27] Davis, T., 2007. The battle for the Verde. *High Country News*, vol. 39, no. 9. Available at: http://www. hcn. org/servletS/hcn. PrintableArticle? article_id =17001. Accessed June 4, 2007.

[28] EEA (European Environment Agency), 1995. *Europe's Environment.* The Dobris Assessment. European Environment Agency, Copenhagen.

[29] EEA (European Environment Agency), 1998. *Europe's Environment.* The Second Assessment, European Environment Agency, Copenhagen.

[30] EEA (European Environment Agency), 1999. *Groundwater Quality and Quantity in Europe.* European Topic Centre on Inland Waters (ETC/IW). European Environment Agency, Copenhagen, 123 p.

[31] EEA (European Environment Agency), 2005. Sustainable use and management of natural resources. EEA Report No. 9. European Environment Agency, Copenhagen, 68 p.

[32] Environment Australia, 2000. Water in a dry land—Issues and challenges for Australia's key resource. Environment Australia, Canberra, 6 p. Available at: http://www. environment. gov. au / water / publications / index. html#groundwater.

[33] Environment Canada, 2007. Municipal water use 2004 statistics. Environment Canada, Ottawa, Ontario, 12 p.

[34] ETC/IW (European Topic Centre on Inland Waters), 1998. The reporting directive: Report on the returns for 1993 to 1995. (France S) ETC/IW Report to DGXI, PO28/97/1.

[35] Eurostat, 1997. Water abstractions in Europe. Internal working document, Water/97/5. Luxembourg.

[36] Falkenmark, M., 1989. Freshwater as a factor in strategic policy and action. In: *Population and Resources in a Changing World.* Davis K., Bernstam M., and Sellers H., editors. Morrison Institute for Population and Resource Studies, Stanford, CA.

[37] Falkenmark, M., and Widstrand, C., 1992. Population and water resources: A delicate balance. Population Bulletin. Population Reference Bureau, Washing-

ton, DC.

[38] FAO (Food and Agriculture Organization of the United Nations), 2002. World agriculture: Towards 2015/2030. Summary Report. FAO, Rome, 97 p.

[39] FAO (Food and Agriculture Organization of the United Nations), 2003. Review of world water resources by country. Water Reports 23. FAO, Rome, 110 p. Available at: ftp: // ftp. fao. org / agl / aglw / docs / wr23e. pdf.

[40] FAO-AQUASTAT, 2007. AQUASTAT main country database. Available at: www. fao. org/ ag/agl/aglw/aquastat/main/.

[41] Gardner-Outlaw, T. , and Engleman, R. , 1997. *Sustaining Water*, *Easing Scarcity*: *A Second Update*. Population Action International, Washington, DC.

[42] GIWA (Global International Waters Assessment), 2004. Lake Chad Basin. Regional Assessment 43. University of Kalmar, Kalmar, Sweden. Published on behalf of United Nations Environment Programme, 129 p.

[43] Glazovsky, N. F. , 1995. The Aral Sea basin. In: Kasperson, J. X. , Kasperson, R. E. , and B. L. Turner II, editors. United Nations University Press, Tokyo. Available at: http: // www. unu. edu/unupress/unupbooks/uu14re/uu14re00. htm#Contents

[44] Gleick, P. H. , 1994. Water, war, and peace in the Middle East. Environment, vol. 36, no. 3, p. 6.

[45] Gleick, P. H. , 1996. Basic water requirements for human activities: Meeting basic needs. *Water International*, vol. 21, no. 2, pp. 83-92.

[46] Gleick, P. H. , 2006. *Water Conflict Chronology*. Pacific Institute for Studies in Development, Environment, and Security, Oakland, CA. Available at: www. worldwater. org/ conflictchronology. pdf.

[47] Gollehon, N. , and Quinby, W. , 2006. Irrigation resources and water costs. In: *Agricultural Resources and Environmental Indicators*. Wiebe, K. , and N. Gollehon, editors. United States Department of Agriculture, Economic Research Service, Economic Information Bulletin 16, p. 24-32. www. ers. usda. gov.

[48] Green, C. , 2000. If only life were that simple: optimism and pessimism in economics. *Physics and Chemistry of the Earth*, vol. 25, no. 3, pp. 205-212.

[49] Groombridge, B. , and Jenkins, M. , 1998. *Freshwater Biodiversity*: *A Preliminary Global Assessment*. World Conservation Monitoring Centre (UNEP-WCMC)—World Conservation Press, Cambridge, UK, 104 p. and various maps.

[50] Harrison, P. , Pearce, F. , and Raven, P. H. , 2001. *AAAS Atlas of Population and Environment*. American Association for the Advancement of Science and the University of California Press, Berkeley, CA, 215 p.

[51] Herdendorf, C. E. , 1982. Large lakes of the world. *Journal of Great Lakes Research*, vol. 8, pp. 379-412.

[52] Hoekstra, A. Y. , 2006. The global dimension of water governance: Nine reasons for global arrangements in order to cope with local water problems. Value of Water Research Report Series No. 20. UNESCO-IHE Institute for Water Education, Delft, the Nether-lands, 33 p.

[53] Hoekstra, A. Y. , and Hung, P. Q. , 2002. Virtual water trade. A quantification of virtual water flows between nations in relation to international crop trade. Value of Water Research Report Series No. 11. IHE Delft, Delft, the Netherlands, 66 p. and Appendices. http://www. epa. gov/waterinfrastructure/pricing / index. htm.

[54] Hutson, S. S. , Barber, N. L. , Kenny, J. E, Linsey, K. S. , Lumia, D. S. , and Maupin, M. A. , 2004. Estimated use of water in the United States in 2000. U. S. Geological Survey Circular 1268. Reston, VA, 46 p.

[55] ICWE, 1992. The Dublin Statement and report of the conference. In: *International Conference on Water and the Environment: Development Issues for the 21st Century*, January26-31, 1992, Dublin, Ireland.

[56] IHE Delft and World Water Council, 2003. Session on Virtual water trade and geopolitics (brochure). In: *3rd World Water Forum*, March 16-23, 2003, Kyoto, Japan. UNESCOIHE Institute for Water Education, Delft, the Netherlands, 8 p.

[57] Isiorho, S. A. , and Matisoff, G. , 1990. Groundwater recharge from Lake Chad. *Limnology and Oceanography*, 35(4), p. 931-938.

[58] Isiorho, S. A. , Oguntola, J. A. , and Olojoba, A. , (2000). Conjunctive water use as a solution to sustainable economic development in Lake Chad Basin, Africa. In: *10th World Water Congress*, Melbourne, March 12-17, 2000.

[59] IWMI (International Water Management Institute), 2000. *World Water Supply and Demand: 1995 to 2025*. IWMI, Colombo, Sri Lanka.

[60] IWMI (International Water Management Institute), 2007. Does food trade save water? The potential role of food trade in water scarcity mitigation. Water Policy Briefing Series, Issue 25. IWMI, Colombo, Sri Lanka, 8 p.

[61] Jin, M. , Liang, X. , Cao, Y. , and Zhang, R. , 2006. Availability, status of development, and constraints for sustainable exploitation of groundwater in China. In: Sharma, B. R. , Villholth, K. G. , and Sharma, K. D. , editors, 2006. *Groundwater Research and Management: Integrating Science into Management Decisions. Groundwater Governance in Asia Series*-1. International Water Management Institute, Colombo, Sri Lanka, pp. 47-61. Proceedings of IWMI-ITP-NIH International Workshop on Creating Synergy Between Groundwater Research and Management in South and Southeast Asia, Roorkee, India, February 8-9, 2005.

[62] Komives, K. , Foster, V. , Halpern, J. , and Wodon, Q. , 2005. *Water, Electricity, and the Poor. Who Benefits from Utility Subsidies?* The World Bank, Washington, DC, 283 p.

[63] Krinner, W. , et al. , 1999. Sustainable water use in Europe: Part 1: Sectoral use of water. European Environment Agency, Environmental Assessment Report No. 1, Copenhagen, 91 p.

[64] Lawrence, P. , Meigh, J. , and Sullivan, C. , 2002. The water poverty index: An international comparison. Keele Economics Research Papers, KERP 2002/ 19. Department of Economics Keele University, Keele, United Kingdom, 17 p.

[65] LCBC (Lake Chad Basin Commission), 1998. Integrated and sustainable management of the international waters of the Lake Chad Basin. Lake Chad Basin Commission, Strategic Action Plan.

[66] Li, L. , 2007. China sets water-saving goal to tackle looming water crisis. Worldwatch Institute, Washington, DC. Available at: http://www. worldwatch. org/ node/4936. Accessed August 14, 2007.

[67] Li, Z. , 2006. China issues new regulation on water management, sets fees for usage. Worldwatch Institute, Washington, DC. Available at: http:// www. worldwatch. org/ node/3892. Accessed August 14, 2007.

[68] Liu, Y. , 2006. Water table to drop dramatically near Beijing. Worldwatch Institute, Washington, DC. Available at: http://www. worldwatch. org/node/4407. Accessed August 14, 2007.

[69] McNeill, D. , 1998. Water as an economic good. *Natural Resources Forum*, vol. 22, no. 4, pp. 253-261.

[70] Meigs, P. , 1953. World distribution of arid and semi-arid homoclimates. In: *Reviews of Research on Arid Zone Hydrology*. United Nations Educational, Scientif-

ic, and Cultural Organization, Arid Zone Programme-l, Paris, pp. 203-209. A-vailable at: http: // pubs. usgs. gov/gip/deserts/what/world. html. Accessed July 17, 2007.

[71] Minard, A., 2007. Shrinking Lake Superior Also Heating Up. National Geo-graphic News, August 3, 2007. Available at: http: // news. nationalgeographic. com/news/2007/08/ 070803-shrinking-lake. html. Accessed August 7, 2007.

[72] Ministry of Water Resources, Government of India, 2007a. National water re-sources at a glance. Available at: http: // wrmin. nic. in. Accessed August 28, 2007.

[73] Ministry of Water Resources, Government of India, 2007b. Annual report, 2005-2006. Available at: http: // wrmin. nic. in. Accessed August 28, 2007.

[74] Molden, D., Amarasinghe, U., and Hussain, I., 2001. Water for rural devel-opment: Back-ground paper on water for rural development prepared for the World Bank. Working Paper 32. International Water Management Institute (IW-MI), Colombo, Sri Lanka, 89 p.

[75] Morris, B. L., et al., 2003. Groundwater and its susceptibility to degradation: A global assessment of the problem and options for management. Early Warning and Assessment Report Series, RS. 03-3. United Nations Environment Programme, Nairobi, Kenya, 126 p.

[76] Murray-Darling Basin Commission, 2007. Murray River System drought update no. 9 August 2007, 3 p. Available at: http: // www. mdbc. gov. au/_data/ page/1366/ Drought_Update9_AugustO71. pdf.

[77] Murray-Rust, H., et al., 2003. Water productivity in the Syr-Darya river basin. Research Report 67. International Water Management Institute (IWMI), Colom-bo, Sri Lanka,75 p.

[78] Nace, R. L., 1960. Water management: Agriculture, and groundwater supplies. Geological Circular 415. United States Geological Survey, Washington, DC, 12 p.

[79] NASA (National Aeronautic and Space Administration), 2007a. Earth observato-ry. Available at: http: // earthobservatory. nasa. gov. Accessed December 10, 2006.

[80] NASA(National Aeronautic and Space Administration), 2007b. Visible earth. A catalog of NASA images and animations of our home planet. Available at: http:

// visibleearth. nasa. gov. Accessed August 8, 2007.

[81] Nixon, S. C. , et al. , 2000. Sustainable use of Europe's water? State, prospects and issues. European Environment Agency, Environmental Assessment Series No 7, Copenhagen, 36 p.

[82] NUS Consulting Group, 2006. 2005-2006 International Water Report & Cost Survey: Excerpt. Available at: http://www. nusconsulting. com/p_surveys_detail. asp? PRID = 33.

[83] Pereira, L. S. , Cordery, I. , and Iacovides, I. , 2002. Coping with water scarcity IHP-VI, Technical Documents in Hydrology No. 58. UNESCO, Paris, 269 p.

[84] Perry, C. J. , Rock, M. , and Seckler, D. , 1997. Water as an economic good: A solution, or a problem? Research Report 14. International Irrigation Management Institute, Colombo, Sri Lanka.

[85] Pigram, J. J. , 2001. Opportunities and constraints in the transfer of water technology and experience between countries and regions. *Water Resources Development*, vol. 17, no. 4, pp. 563-579.

[86] Postel, S. , 1997. *Last Oasis: Facing Water Scarcity*, 2nd ed. W. W. Norton & Company, New York, 239 p.

[87] Priscolli, J. D. , 1998. Water and civilization: Conflict, cooperation and the roots of a new eco realism. A Keynote Address for the 8th Stockholm World Water Symposium, August 10-13, 1998. Available at: http://www. genevahumanitarianforum. org/docs/Priscoli. pdf.

[88] Purl, S. , editor, 2001. Internationally shared (transboundary) aquifer resources. Management, their significance and sustainable management. A framework document. International Hydrological Programme, IHP-VI, IHP Non Serial Publications in Hydrology. UNESCO, Paris, 71 p.

[89] Raskin, P. , Hansen, E. , and Zhu, Z. , 1992. Simulation of water supply and demand in the Aral Sea region. *Water International*, vol. 17, pp. 15-30.

[90] Raucher, R. S. , et al. , 2005. *The Value of Water: Concepts, Estimates, and Applications for Water Managers.* American Water Works Association Research Foundation (AwwaRF), Denver, CO, 286 p.

[91] Reilly, W. K. , and Babbit, H. C. , 2005. *A Silent Tsunami: The Urgent Need for Clean Water and Sanitation.* The Aspen Institute, Washington, DC.

[92] Revenga, C. , and Cassar, A. , 2002. Freshwater trends and projections: Focus

on Africa. World Wide Fund for Nature (WWF) , Global Network/World Wildlife Fund.

[93] Riviere, J. W. M. , 1989. Threats to the world's water. *Scientific American*, vol. 261, no. 9, pp. 80-94.

[94] Salman, S. M. A. , editor, 1999. Groundwater, legal and policy perspectives. In: *Proceedings of a World Bank Seminar*, November 1999. Washington, World Bank. WBTP 456.

[95] Sandia National Laboratories, 2005. *Global Water Futures. Addressing Our Global Water Future.* Center for Strategic and International Studies (CSIS) , Sandia National Laboratories, Sandia, NM, 133 p.

[96] Seckler, D. , 1993. Designing water resources strategies for the twenty-first century. Discussion Paper 16. Water Resources and Irrigation Division, Winrock International, Arlington, VA.

[97] Sengupta, S. , (The New York Times) , 2006. Water crisis grows worse as India gets richer. *International Herald Tribune/Asia-Pacific*, September 28, 2006. Available at: http://www. iht. com / articles / 2006 / 09 / 28/news/water. php.

[98] Shiklomanov, I. A. , editor, 1999. World water resources: Modern assessment and outlook for the 21st century. (Summary of *World water resources at the beginning of the 21st century*, prepared in the framework of the IHP UNESCO). Federal Service of Russia for Hydrometeorology & Environment Monitoring, State Hydrological Institute, St. Petersburg. Available at: http://espejo. unesco. org. uy/index. html.

[99] SIWI, IFPRI, IUCN, IWMI, 2005. Let it reign: The new water paradigm for global food security. Final Report to CSD-13. SIWI (Stockholm International Water Institute) , Stockholm, Sweden, 40 p.

[100] Smith, Z. A. , 1985. Federal intervention in the management of groundwater resources: Past efforts and future prospects. *Publius*, vol. 15, no. 1, pp. 145-159.

[101] Streeten, P. , 1994. Human development: Means and ends. *American Economic Review*, vol. 84, no. 2, pp. 232-237.

[102] The World Bank, 1992. *World Development Report 1992: Development and the Environment.* Oxford University Press, New York.

[103] The World Bank, 2000. *Entering the 21st Century, World Development Report 1999/2000.* Oxford University Press, New York.

[104] The World Bank, 2002. *World Development Indicators. Development Data Group.*

[105] The World Bank, 2003. Sudan: stabilization and reconstruction—Country economic memorandum. Prepared jointly by the Government of Sudan and Poverty Reduction and Economic Management 2, Africa Region. Report No. 24620-SU.

[106] The World Bank, 2005. India's water economy. Draft report. 95 p. Available at: http:// www. world bank. org. in/WBSITE / EXTERNAL/COUNTRIES/ SOUTHASIAEXT/INDIAEXTN. Accessed August 5, 2007.

[107] Thieme, M. L. , et al. , editors. 2005. *Freshwater Ecoregions of Africa: A Conservation Assessment.* World Wildlife Fund-, Island Press, Washington, DC. 483 p.

[108] U. S. Department of Agriculture, National Agricultural Statistics Service, 2004b. *Farm and Ranch Irrigation Survey* (2003). Volume 3, Part 1, Special Studies of 2002 Census of Agriculture, AC-02-SS-1.

[109] U. S. Senate Select Committee on National Water Resources, 1960. National water resources and problems: Corom. Print 3, 42 p.

[110] UN (United Nations) and WAPP (World Water Assessment Programme), 2003. *UN World Water Development Report: Water for People, Water for life.* UNESCO and Berghahn Books, Paris, 688 p. Available at: http: // www. unesco. org/water/wwap/wwdrl/ table_contents/index. shtml.

[111] UN (United Nations), 1999. World population prospect: 1998 revision. UN Department of Policy Coordination and Sustainable Development, New York.

[112] UN (United Nations), 2001. Population, environment and development 2001. Population Division, Department of Economic and Social Affairs, New York.

[113] UN HABITAT, 2003. Slums of the World: The face of urban poverty in the new millennium? Monitoring the Millennium Development Goal, Target 11-Worldwide slum dweller estimation, Working Paper, Nairobi, Kenya, 90 p.

[114] UN Water/Africa, 2006. African water development report 2006. Economic Commission for Africa, Addis Ababa, Ethiopia, 370 p.

[115] UNCSD (United Nations Commission for Sustainable Development), 1999. *Comprehensive Assessment of the Freshwater Resources of the World.* UN Division for Sustainable Development, New York.

[116] UNEP (United Nations Environment Programme), 1992. Glaciers and the Environment, 1992. UNEP/GEMS Environment Library No. 9, p. 8. UNEP Nairobi, Kenya.

[117] UNEP (United Nations Environment Programme), 2002. *Africa Environment Outlook—Past, Present and Future Perspectives.* UNEP, Nairobi, Kenya, 448 p.

[118] UNEP (United Nations Environment Programme), 2007. Vital water graphics. An overview of the state of the world's fresh and marine waters. Available at: http://www. unep. org / dewa / assessments / ecosystems / water / vitalwater / index. htm. Accessed August 2, 2007.

[119] UNEP/GRID-Arendal, 2002. Chronology of change: Natural and anthropogenic factors affecting Lake Chad. UNEP/GRID-Arendal Maps and Graphics Library. Available at: http://maps. grida. no/go/graphic/. Accessed August 4, 2007.

[120] UNESCO (United Nations Educational, Scientific and Cultural Organization), 2006. Water, a Shared Responsibility. The United Nations World Water Development Report 2. UNESCO, World Water Assessment Programme (WAPP), Paris, and Berghahn Books, New York, 584 p.

[121] UNESCO-WWAP (World Water Assessment Program), 2003. *Water for People, Water for Life: The UN World Water Development Report.* UNESCO and Berghahn Books, Barcelona, Spain.

[122] UNFPA (United Nations Population Fund), 1997. *Population and Sustainable Development: Five Years After Rio.* UNFPA, New York, pp. 1-36.

[123] Untersteiner, N., 1975. Sea Ice and Ice Sheets and their Role in Climatic Variations in the Physical Basis of Climate and Climatic Modelling. Global Atmospheric Research Project (GARP). World Meteorological Organisation/International Council of Scientific Unions. Publication Series 16, pp. 206-224.

[124] USEPA (U.S. Environmental Protection Agency) and NARUC (National Association of Regulatory Utility Commissioners), 1999. Consolidate water rates: Issues and practices in single-tariff pricing. U.S. Environmental Protection Agency, Office of Water, Washington, DC., 110 p.

[125] USEPA (U.S. Environmental Protection Agency), 1995. Benefits and costs of prevention: Case studies of community wellhead protection. Volume 1. EPA/813/B-95/005. Washington, DC.

[126] USEPA (U.S. Environmental Protection Agency), 2007a. Great Lakes fact

sheet. Available at: http://www. epa. gov/glnpo/statsrefs. html. Accessed August 7, 2007.

[127] USEPA (U. S. Environmental Protection Agency), 2007b. Terms of environment: Glossary, abbreviations and acronyms. Available at: http://www. epa. gov/OCEPAterms/. Accessed July 14, 2007.

[128] USEPA(U. S. Environmental Protection Agency), 2007c. Water and wastewater pricing. Available at: USGS (United States Geologic Survey), 2007b. Water science glossary of terms. Available at: http:// ga. water, usgs. gov/edu/dictionary. html. Accessed March 2, 2007.

[129] USGS (United States Geologic Survey), 2007c. Earthshots: Riyadh, Saudi Arabia. Available at: http:// earthshots. usgs. gov/Riyadh/Riyadh. Accessed January 27, 2007.

[130] USGS (United States Geological Survey), 1998. Strategic directions for the U. S. Geological Survey Ground-Water Resources Program—A report to Congress. November 30, 1998, 14p. ,

[131] USGS (United States Geological Survey), 2001. Earthshots: satellite images of environmental change, Lake Chad, West Africa. Available at: http:// edc. usgs. gov/ earthshots/slow/LakeChad/LakeChad. Accessed January 2003.

[132] USGS (United States Geological Survey), 2007a. Lake Baikal—A touchstone for global change and rift studies, USGS Fact Sheet. Available at: http://pubs. usgs. gov/fs/ baikal/index. html. Accessed August 7, 2007.

[133] Van der Zaag, P. , and Savenije, H. H. G. , 2006. Water as an economic good: The value of pricing and the failure of markets. Value of Water Research Report Series No. 19. UNESCO-IHE Institute for Water Education, Delft, the Netherlands, 28 p.

[134] Vordzorgbe, S. D. , 2003. Managing water risks in Africa. In: *Reports and Proceedings of the Pan-African Implementation and Partnership Conference on Water* (*PANAFCON*), December 8-13, 2003, Addis Ababa. UN-Water/Africa, Economic Commission of Africa, Addis Ababa, Ethiopia, pp. 3-27.

[135] Wax, E. , 2006. Dying for water in Somalia's Drought. Amid anarchy, warlords hold precious resource. *Washington Post Foreign Service*, April 14, 2006. Available at: http:// www. washingtonpost. com / wp-dyn / content / article / 2006 / 04 /13 / AR2006041302116. html.

[136] Williams, M. B. , and Fenske, B. A. , 2004. *Demonstrating Benefits of Well-head Protections Programs*. AWWA Research Foundation and American Water Works Association, Denver, CO, 90 p. and appendices on CD-ROM.

[137] WMO (World Meteorological Organization),1997. *Comprehensive Assessment of the Freshwater Resources of the World*. WMO, Geneva, p. 9.

[138] WRI (World Resources Institute), 1998. *World resources* 1998-99. *A Guide to the Global Environment*. Oxford University Press, New York, 384 p.

[139] WSAA (Water Services Association of Australia), 2007. The WSAA Report Card for 2006/07. Melbourne, Sidney, 20 p. Available at: www. wsaa. asn.

[140] WSAA (Water Services Association of Australia), 2007. The WSAA report card for 2006/07—performance of the Australian urban water industry and projections for the future. Melbourne, Sidney, 20 p. Available at: www. wsaa. asn.

[141] Zan, Y. , 2006. China's groundwater future increasingly murky. Worldwatch Institute, Washington, DC. Available at: http://www. worldwatch. org/node/4753. Accessed August 14, 2008.

第 2 章　地下水系统

　　水资源管理与修复理念的要点在于将可开采的地下水作为相联系的统一体来考虑。传统水文学通常将某一时期单一含水层作为研究单元,很少在所研究的范围考虑含水层、滞水层和地表水之间的相互关联性。但是,当从单个含水层大量抽水时,可能会影响相邻含水层和地表水并改变水平衡。如图 2.1 所示,位于佐治亚州圣玛丽斯(St. Marys)的杜兰戈造纸公司(Durango Paper)的工业供水停止从上佛罗里达(Upper Floridan)含水层抽水后,不仅该含水层地下水位回升,而且在其上层的浅层含水层和其下层的含水层中地下水位也上升了,这说明含水层间有着水量交换(见图 2.2)。

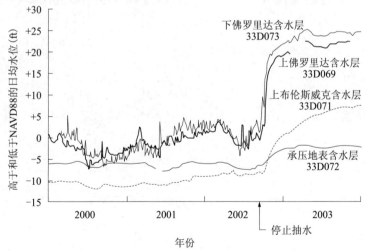

图 2.1　佐治亚州卡姆登县 2000~2003 年圣·玛丽井群流量过程线
(33D071,33D072 和 33D073)及其附近国家公园供水井(33D069)(Peck 等,2005)

　　停止抽水后,佐治亚州卡姆登(Camden)县的地下水开采量减少了1.347 亿 L/d(3 560 万 gal/d)。如图 2.3 所示,抽水量减少后,对上佛

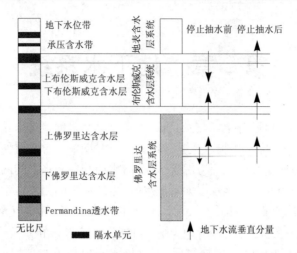

图 2.2　圣·玛丽含水系统杜兰戈造纸公司停止抽取地下水前、后垂直地下水流

罗里达含水层影响范围以抽水点为中心 24 km(15 mi)。圣·玛丽地区许多水井自 20 世纪 40 年代工厂开工以来首次开始出水(见图 2.4)。

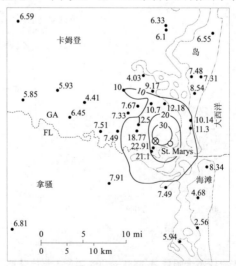

图 2.3　2001 年 9 月至 2003 年 5 月实测的佐治亚州姆登县和佛罗里
达州纳梭县井中实测水位变化情况

(等值线表示等水位变化,以 ft 计;圆圈表示杜兰戈造纸公司抽水中心)(改编自 Peck 等,2005)

图 2.4　大规模开采地下水前在佐治亚州沿海区随处可见的喷水井

(Barlow,2003;USGS 供图,1942)

在停止抽水前的 2002 年 10 月初,上佛罗里达(Upper Floridan)含水层抽水中心的地下水位约为海拔以下 49.4 m(162 ft)。2002 年 10月间工厂停止运行后,所有含水层地下水位回升,改变了表层与上布伦斯威克(Upper Brunswick)含水层之间的垂直水力梯度和流向。上布伦斯威克(Upper Brunswick)含水层的地下水位回升到封闭的表层含水层之上,致使这两个含水层的垂直水力梯度反向(见图 2.2)。停止抽水前,由于水位降落,与表层和上佛罗里达(Upper Floridan)含水层相联系的上布伦斯威克(Upper Brunswick)含水层中的地下水位较低,这是因为该含水层中的地下水有可能被挤出(Peck 等,2005)。

在很多情况下,当缺少对各地区地下水系统的长期监测时,历史与现状的地下水位下降对整个地下水系统的影响是无法知道的。因而,重要的是:①确定这一系统的全部组成部分;②根据每个组成部分储存水量估算整个系统储水量;③定量分析这些组成部分之间的地下水流速;④确定系统回灌与排泄的整体条件和速率。

2.1　定　义

2.1.1　含水层(Aquifer)

含水层是地下水系统的基本单元,定义为一个地质层,也就是一组有着水力联系的地质层,储存和输送大量可饮用地下水。

这一词汇出自两个拉丁词:auqa(水)和 affero(携带、给予)。在此定义中的两个关键词"大量"和"可饮用"不易量化。一般理解为含水层应该不只是能向单个井提供每分钟几加仑或几升的水,并且水中溶解固体物应该小于 1 000 mg/L。例如,一口井出水 2 gal/min 对一个家庭的用水可能是足够的。但是,如果这一数量是一个含水层通过单井所能提供的极限数量,那么这样的"含水层"就不能被考虑为大量公用供水的水源。另外是地下水的水质。如果天然地下水中溶解固体物含量很高,比如 5 000 mg/L,无论其出水量有多大,一般认为作为饮用水主要供水水源是不合格的。但是,应用水处理技术,例如逆向渗透,已越来越多地开发地下微咸水含水层。

2.1.2　滞水层(Aquitard)

这是一个与含水层(Aquifer)紧密相关的词语,出自拉丁词 aqua(水)和 tardus(缓慢)或 tardo(减缓、阻碍、延迟)。滞水层确实可以储存水,并且能够输送水,但水的流速比含水层的低很多,所以不能够指望井或泉能提供大量饮用水。在地下水系统中确定滞水层的性质和作用对于供水和水文地质污染研究都是非常重要的。当勘察信息表明,在不到 100 年时间内,水和污染物有很大可能穿过滞水层时,该滞水层就称为透水滞水层。当水和污染物穿过滞水层需要数百甚至上千年时,该滞水层称为有效滞水层。本章后述部分将详细介绍含水层和滞水层。

2.1.3　不透水层(Aquiclude)

不透水层是另一个相关的术语,目前,在美国一般不常用,但在其他地区用得较多(拉丁词 claudo 意思是限制,close 意思是不能进入)。不透水层相当于渗透性很低的滞水层,在实际地层中,形成地下水流的隔水层(要注意的是,仍有一些地下水储存在不透水层里,但流动得"非常非常慢")。美国有少量学者和一些公益机构(如 USGS,Lohman等,1972)更愿意使用这个术语来限定基床渗透滞水层。美国地质调查局建议,规定另用一个修饰词来更接近地解释有关隔水层(即滞水层、不透水层)的性质,比如"微透水"或"中等透水"。

　　图 2.5 所示为根据含水层水头(流体压力)和特性划分的含水层类型,这种划分与其上层含水层边界相关。非承压含水层饱和带顶面称为地下水位。地下水位处的水头为大气压,由于回灌会随时变化,饱和带的厚度和地下水位的位置也因而随时变化,但地下水位处的水头总是等于大气压。需要注意的是,在地面和地下水位之间,可能在局部分布有低透水层,比如黏土层,但只要在地下水位以上存在非饱和(包气)带,该含水层就是非承压的。

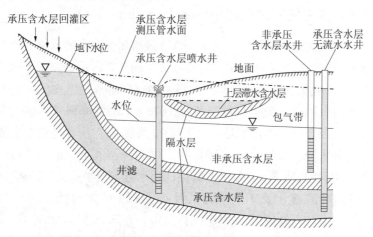

图 2.5　根据含水层中水头位置(即测压管水面或地下水位)
划分的主要含水层类型示意图(改编自 USBR,1977)

　　主地下水位之上有限范围的不透水或弱透水基床可能会引起地下水增加,并形成较薄的饱和带,称为上层滞水含水层。由于地表水回灌,上层滞水含水层中的地下水最终可能会流过不透水基床边界并继续向下流入主地下水位,或者可能通过泉眼排出,如果承压基床与地表相交时也可能渗出。

承压含水层之上一定有一个滞水层(封闭层),在其整个层内因完全充满地下水而饱和。承压层内的水头,也称为测压管水位,比其顶部接触面位置高。承压含水层顶面同时也是上部封闭层的底面。承压含水层内的地下水是有压的,因此密封后仅穿过承压含水层水井中高于含水层顶面·定高度的静水位。如果这种水井中的水位高于地面,则称其为自流井或喷水井,这样的含水层有时称为喷水含水层。可通过测量封闭在承压含水层中的水井水位确定承压含水层的假想水面线。另外,非承压含水层的地下水位不是假想水面线,它是含水层顶面,同时也是饱和带的顶面,在其下部的孔隙中都充满了水。半承压含水层从相邻含水层流入地下水或流出地下水到相邻含水层,它与相邻含水层间有渗漏滞水层相隔。

2.1.4　水文地质结构(Hydrogeologic Structure)

水文地质结构是用于定义地下水系统排出和回灌的术语。地下水排出和回灌与地表水和地下水特性有关。图2.6所示为以下4种基本类型:①开敞式水文地质结构。回灌带和排出带都是已知的。回灌发生在系统(含水层)整个区域范围,此区域水石直接暴露在地表。系统的排出点或者是与不透水基层的接触点(案例a1),或者是沿着主要浸蚀面的如大的河流或岸线(案例b1)。②半开敞式水文地质结构。排出带是明确的,地下水系统的局部由弱透水或不透水覆盖层隔离,回灌带的大部分或部分已知(分别为案例a2和b2)。③半封闭式水文地质结构。回灌带已知或部分已知,而排出带只有部分已知(案例a3)或未知(案例b3)。④封闭式水文地质结构。地下水系统(含水层)完全由不透水的地质单元隔离,不能接收回灌。实际上,这样的含水层只有钻井才能发现,在抽水期间地下水位大量连续下降,表明其缺少有效的回灌(从地表或相邻含水层)。

在某些情况下,有的含水层可能确实"与世隔绝"。这样的含水层

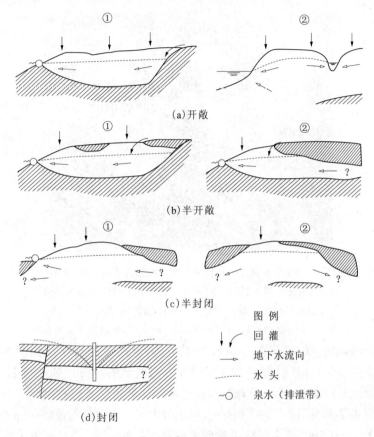

（a）开敞

（b）半开敞

（c）半封闭

图 例

↓⌒ 回灌

→ 地下水流向

---- 水 头

~○ 泉水（排泄带）

（d）封闭

图2.6 水文地质结构四种类型

内储存有淡水，表明其过去的水文地质结构与现在的有很大不同，那时的含水层接受一源或多源天然回灌，如降雨、地表水体或相邻含水层等得到回灌。后来经各种地质运动，包括断裂与褶皱，可能导致其完全被隔离。这样的含水层称为化石含水层或不可再生含水层。

一般而言，形成地下水系统之一的任何含水层，只要其不接受天然回灌，无论其水文地质结构是怎样形成的，都称为是不可再生的。典型的例子是位于干旱区的含水层和地下水系统，这些地区少有或没有降水，也没有地表水（见图2.7）。

在这张非洲撒哈拉沙漠（Sahara Desert）阿卡库斯－阿姆萨克

图 2.7　2000 年 8 月 25 日,用中分辨率成像光谱仪(MODIS)拍摄,
非洲撒哈拉沙漠地区包括阿尔及利亚与利比亚边界南部影像图
(图中箭头表示某些古河床,NASA 图片馆,2007;意大利
罗马(Luca Pietranera, Telespazio, Rome, Italy)提供影像)

(Acacus-Amsak)地区的卫星影像图中,古老河床的枝状结构清晰可见。据多学科研究(包括古气候学和古植物学),在最近的冰河期,这一地区是湿润的,生长着森林和野生动物。考古学家已在该地区岩石上发现了大量石画和雕刻——世界上最古老文明之一的模糊印迹。大约 12 000 年前,猎人们很快学会了圈养水牛和山羊,并且开发了首个符号艺术体系。大约 5 000 年前,这里开始极度干旱,导致地表河流和文明本身的消失(NASA, 2007)。

除含水层和滞水层(可简单地称为孔隙媒介)外,为便于管理,需要定义和量化地下水系统中的许多其他组成部分,简要说明如下(在本章后续部分详细讨论):

(1)系统几何形状。系统中所有含水层和滞水层的范围及厚度,包括回灌区和排泄区。

(2)水储存。能让水储存的孔隙类型,储存的水量,包括储水量随时间的变化。

（3）水平衡。所有天然和人工的输入（回灌）水以及输出（排泄）水，包括储水量随时间的变化。

（4）地下水流。水流方向、流速和流量。

（5）边界与初始条件。系统内外边界的水力学与水文学条件，包括系统中水头的三维分布及其随时间的变化。

（6）水质。储存在系统中和流经系统的地下水天然水质，任何进入系统的人为污染物的化学特性。

（7）污染物的状况与输移和演变。污染物通过孔隙媒介输移和演变，有很多因素影响其在地下水中的浓度。

（8）系统弱点。抽取地下水导致水质退化和储水量枯竭的风险，人为污染地下水的风险，与气候变化有关的风险。

2.2 地下水系统的几何形状

地下水系统的空间分布特性如图2.8所示。回灌区为地表，降雨和地表径流下渗流入地下水系统，或者由地表水体（如河流和湖泊）直接补给地下水系统。但作为地下水系统一部分的一个含水层，接受从相邻含水层（包括通过滞水层）流入的地下水时，相邻含水层与地下水的联系通常不能称为回灌（或排泄）区。更合理地，应该称为从相邻系统的侧向或垂直回灌（排出）区。排泄区是系统向地表排出水量的地区，比如直接排泄到地表水体（河流、湖泊、湿地、海洋）或者通过泉眼排出。

在地下水位很浅的非承压含水层中，地下水也可通过蒸发和作物根系的蒸腾作用直接排出，如果沿河岸的植物茂盛，通过这一途径的损失可能会很大。汇集地表径流，最终在回灌地下水系统后耗尽集水的区域称为集水或汇水区。系统范围可简单描述为其全部极限的外包线。重要的是，要理解系统的几何形状总是三维受限的，应该表述为横断面和二维地图都有深度变化。理想的是，在水文地质学研究中，研制了地下水系统几何形状的三维计算机模型，为后续建立数学模型进行地下水系统评估和管理奠定了基础（见图2.9）。

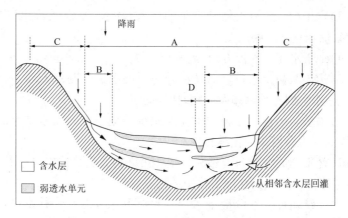

A—范围；B—回灌区；C—入渗（排水）区；D—排泄区

图2.8　地下水系统的空间分布特性

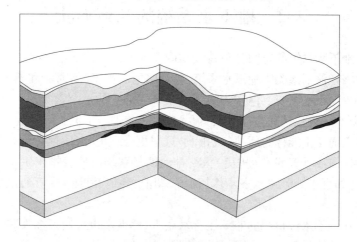

图2.9　不同地层的三维场所模型（可转换后为地下水数字模型）

（改编自 Oostrom 等）

　　除在开敞式水文地质结构中形成的一些简单的冲积物非承压含水层外，系统汇水（集水）区、系统范围和回灌区通常是不相同的，根据地质与限制层状况的不同而有不同的形状。一些大面积承压含水层相对于其范围而言可能有着很小的回灌区，也就是说，这些含水层可能缺少自己的地表回灌区，只是通过其上覆滞水层或非承压含水层接受有限的回灌。

　　总之,在多数水文地质研究中,定义含水层或地下水系统的几何元素是最重要的。现在正在寻找如下有关地下水问题的答案:"它从哪里来?"(汇水区),"它从哪里进入地下水系统?"(回灌区),"它流向哪里?"(贯穿含水层范围),"它从地下水系统排向哪里?"(排泄区)。

2.3　地下水储存

2.3.1　孔隙与有效孔隙

　　在确定地下水的储存与流动时,多孔媒介(沉积物和普通岩石)的孔隙特性是要考虑的最重要的因素。描述地下水系统中水和污染物(如果有)"生命周期"的很多量化参数都直接或间接地通过孔隙率确定。下面仅举几个例子:降雨向地下入渗,岩石(沉积物)的透水性,地下水流速,可从地下水系统抽取的水量,污染物在多孔媒介固体中扩散。

　　孔隙率(n)定义为在整个岩体(包括实体与空洞)中空洞(充填着水或空气)所占的百分比,即

$$n = \frac{V_v}{V} \times 100\% \qquad (2.1)$$

式中　V_v 为岩石空洞的全部体积;V 为岩石的全部体积,按地质术语,岩石指土壤、非固化或固化沉积物等任何普通岩石的全部。

　　假定水的比重为1,可以用4种不同的方式以百分数表达总孔隙率(Lohman,1972):

$$n = \frac{V_i}{V} = \frac{V_w}{V} = \frac{V - V_m}{V} = \left(1 - \frac{V_m}{V}\right) \times 100\% \qquad (2.2)$$

式中　n 为孔隙率,以单位体积百分数表示;V 为总体积;V_i 为空洞总体积;V_m 为矿物(实体)颗粒总体积;V_w 为饱和样中水的体积。

　　孔隙率也可表达为

$$n = \frac{\rho_m - \rho_d}{\rho_m} = \left(1 - \frac{\rho_d}{\rho_m}\right) \times 100\% \qquad (2.3)$$

式中　ρ_m 为矿物颗粒平均密度(颗粒密度);ρ_d 为样品干密度(容重)。

　　空洞的形状、数量、分布和相互联系性决定了岩石的透水性。另外,空洞也取决于固化和非固化沉积岩的沉积机制,以及其他在成岩期间和成岩后影响所有岩石的地质作用。主要孔隙是岩石本身成岩期间形成的孔隙,比如沙粒之间的空隙、坚硬(固化)岩石,或沉积岩层中矿物之间的孔隙。次生孔隙是在成岩以后,主要由于构造作用(断裂和褶皱)而形成的,在地质构造作用下,在实体岩石中形成微—大裂隙、断裂、断层和断裂带。主孔隙和次生孔隙都有可能在形成后相互转换多次,因此完全改变了岩石孔隙的原始特性。这些变化有可能导致孔隙率减小、增加,或在不大量改变全部空洞体积的情况下,改变空洞相联的程度。

　　Meinzer(1923)提出的如下论点和相应的图(见图2.10)或许是对岩石孔隙率最精辟的解释,很难再有超越。

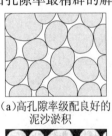
（a）高孔隙率级配良好的泥沙淤积

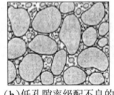
（b）低孔隙率级配不良的泥沙淤积

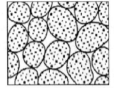
（c）低孔隙率级配不良的泥沙淤积

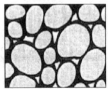
（d）级配良好的泥沙淤积,由于空隙中淤积有矿物质,孔隙率减少

（e）岩石由于溶解呈现的孔隙

（f）岩石由于断裂呈现的孔隙

图 2.10　几种岩石空隙和岩石结构与孔隙率关系示意图(Meinzer,1923)

　　沉积堆积体的孔隙率主要取决于:①其组成的颗粒形状和排列;②其颗粒种类多少;③自其沉积后已受到的胶结和挤压;④在渗流作用下矿物质析出情况;⑤岩石断裂,导致节理和其他开裂情况。一方面,

当没有胶结的砾石、沙或粉粒组成的沉积物级配良好时,无论其组成为大颗粒或小颗粒,都有大的孔隙率。但是,如果组成物质级配不良,小颗粒占据了大颗粒间的空间,而且更小颗粒占据了这些小颗粒之间的空间,如此等等,结果致使孔隙率大量减少((a)和(b))。泥砾是冰碛物的混合物,颗粒粒径变化很大,级配不良,其孔隙可能很低。而冰水沉积的沙砾,来自同一源头,但在水流作用下分级,则可能有多的孔隙。级配良好的无胶结砾,可能由本身存在孔隙的细砾组成,因而这样的沉积物孔隙率很高(c)。级配良好的多孔隙砾、沙或粉粒的空隙间,可能逐渐被渗透水流溶出的矿物质填充,在极端条件下,可能会变成实际上不透水的砾岩或孔隙率非常小的石英岩(d)。另一方面,较易溶解的岩石,比如石灰岩,尽管其本来是致密的,但在渗流的作用下,其中部分物质被溶出后,形成空洞(e)。另一方面,坚硬、易脆岩石,如石灰岩,坚硬砂岩,或多数火成岩与变质岩,在岩石收缩即变形中,或在其他机制作用下,发生断裂后形成大量孔隙(f)。溶蚀通道和断裂可能会很大,而且实际重要性也很大,但其量不会大到足以让致密岩石反过来变成多孔隙岩石。

　　因为松散沉积物(砾、沙、粉粒和黏土)的固体部分是松散的碎屑细粒,其孔隙率通常被定义为粒间孔隙率。当这样的沉积物固化后,它之前的粒间空隙称为母孔隙。一般而言,母孔隙这个术语用于所有固化(坚硬)岩石的主孔隙,比如花岗岩、片麻岩、板岩或玄武岩中矿物颗粒(矿物质)之间的孔隙。一些没有固化或轻度固化(半固化)岩石可能含有裂隙或断裂,在此情况下,那些没有断裂部位的全部孔隙也称为母孔隙。例如,断裂的黏土和冰碛在后来的泥沙或残积物沉积后,在断裂或层面中保留了原岩的组构。有时候,相对于大的裂隙和断裂来说,岩石中较细小的裂隙也被认为是母裂隙的一部分。一般情况下,同时含有母裂隙和断裂孔隙的岩石称为双孔隙媒介。这一特性对于地下水流非常重要,因为地下水在断裂和溶蚀槽中与在整块岩石中的流动特征是很不相同的。这对分析污染物输移很重要,尤其是在污染物浓度很高并扩散进入岩石母裂隙(在母裂隙中可停留很长时间)情况下,研究这一特性更为重要。图 2.11 和图 2.12 所示为各种岩石的平均孔隙率和孔隙率范围。

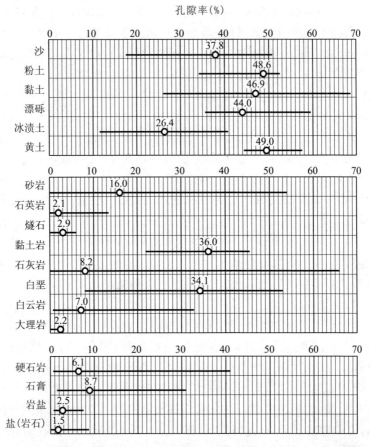

图 2.11　非固化和固化沉积岩的孔隙率范围(横道线)及平均孔隙率(圆圈)

(Kresic,2007a;版权属 Taylor 和 Francis 集团有限责任公司;授权印制)

　　在为地下水管理分析孔隙率时,很重要的一点是分清岩石的总孔隙和有效孔隙。有效孔隙定义为能够让地下水自由流动的相互串通的空洞体积。Meinzer(1932)提出的如下谱型论点说明了区分总孔隙和有效孔隙的重要性。

　　但是,为了确定地下水流,必须考虑第三个因素——有效孔隙率。在很多断面上可以发现有岩石和水,水由分子的吸附作用吸附在岩石

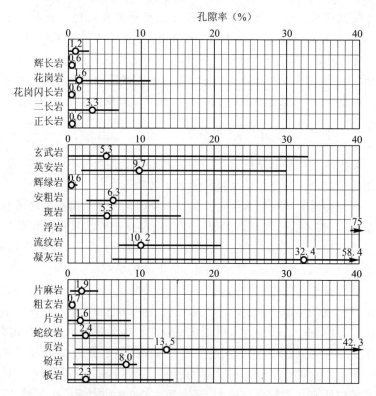

图 2.12　火成岩和变质岩的孔隙率范围(横道线)和平均孔隙率(圆圈)

(Kresic,2007a;版权属 Taylor 和 Francis 集团有限责任公司;授权印制)

面上。因此,流过这种断面的水比流过含水材料断面的水要少,或许只占后者的一小部分。粗略地讲,干净的砾石只有大的孔隙,其有效孔隙率或许与其实际孔隙率(即空洞)所占百分比相同;但在细粒或不良级配材料中,吸附水的影响可能很大,有效孔隙率比其实际孔隙率可能要小得多。黏土孔隙率可能很大,但有可能是完全不透水的,因而其有效孔隙率为零。很细小颗粒材料的有效孔隙率对确定总的地下水流一般没有多大意义,因为水在这些材料中的流速很低,无论假定什么样的有效孔隙率,计算的流量都很小,甚至可忽略不计。然而,在研究既不是很细也不是很粗或干净的含水材料总水流时,确定有效孔隙率,区别于实际孔隙率,是非常重要的。到目前为止,在用流速法确定流量方面的工作还做得很少。一般没有对实际孔隙率和有效孔隙率进行鉴别区分，常用 33.33% 这样一个系数，很明显，甚至没有进行孔隙率试验。可以肯定地讲，不同含水材料的有效孔隙率变化范围很大，如果要可靠地确定流量，至少要确定流速。每项现场流速试验都应该补充室内有效孔隙率试验，可以采用 Slichter(1905)设计的试验仪器进行这项试验。

2.3.2　单位给水量与储水系数

　　非承压含水层和承压含水层中地下水排泄有两种不同的机制。分别用两个定量参数单位给水量和储水系数描述。

　　孔隙材料的单位给水量定义为空洞中可以由水位降落而自流自由排泄的水量，不能自流排泄而保留在孔隙媒介中的水量称为单位持水量。单位给水量与单位持水量的总和等于媒介（岩石）的总孔隙率。图 2.13 所示为从非承压含水层抽取地下水的情况。

　　空洞排水需要很长时间，在细粒沉积物中尤其如此，当通过各种实验室试验或现场试验确定单位给水量时，由于试验时间有限，试验值可能比实际值偏小。长期含水层抽水试验或者连续观测由已知的回灌导致水头增加，是确定单位给水量的唯一可能的可靠方法，而单位产水量是确定地下水可开采量的关键参数之一。通过这些试验可以得出地下水系统中所有孔隙媒介对抽水（或回灌）总的水动力响应。当然，从这些试验中得出的单位给水量并不能清楚地说明与有效孔隙率的关联性，但研究人员通常将这两个参数取为相同的。将单位给水量与有效孔隙率这两个参数混淆使用的主要问题是，有效（和总的）孔隙率的数值是在实验室通过小样试验得出的，必须换算（扩大比尺）到实际的现场条件，即换算到大得多的含水层体。单位给水量与有效孔隙率概念的一个主要区别是，单位给水量与能在含水层自由排泄的水量有关，而有效孔隙率与地下水流速和通过相连空洞流动有关。在很多情况下，正如 Meinzer(1923)在其一本经典著作中所指出的，采用总（而不是有效）孔隙率计算地下水可开采量是完全错误的。

　　饱和岩石提供的水量作为供水水源时，其可供水量的大小取决于岩石的单位给水量而不是孔隙率。黏土岩层和粉土岩层可能含有大量

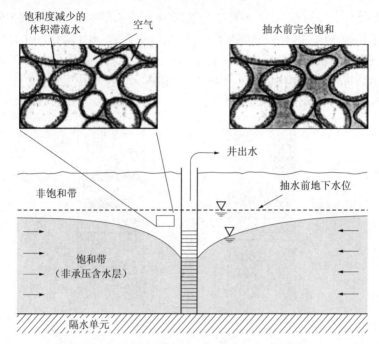

图 2.13　非承压含水层抽水期间水自流溢出情况,由于自流延迟,在水位下降漏斗内(受水位下降影响的含水层体积)的水并不全部迅速溢出,部分水可永久滞留(改编自 Alley 等,1999)

的水,但产水量不高,对供水是毫无意义的,而压实的但有断裂的岩石可能含水量少得多,但产水量却很高。为了估算从某一沉积物能获得的每英寸地下水位下降时的水量,或者估算在回灌期所能获得的每英寸地下水位上升时的回灌水量,必须确定单位供水量。只根据孔隙率而不考虑材料的储水能力可能是完全错误的。

出现粉土和黏土之类的细粒沉积物时,即使数量较小,也会在很大程度上较少沙砾的单位给水量(和有效孔隙率)。非承压含水层单位给水系数一般为 0.05 ~ 0.3,不过更低或更高的值也是可能的,尤其是在较细粒及较不均匀的材料(更低值)中和均匀粗沙与砾石(更高值)中。

非承压含水层储水变化的另一个机制是饱和带中水和含水层固体

的压缩性。一方面,在大多数情况下,非承压含水层中由压缩性减少的水量是很小的,在实际中可忽略不计;而另一方面,承压含水层中储水量则完全取决于水和固体的压缩性和膨胀性,也就是其弹性。图 2.14 所示为承压含水层中的相互作用力:作用在含水层单位面积上的总荷载(σ_T),其一部分由承压水承担(ρ),一部分由含水层骨架(固体)承

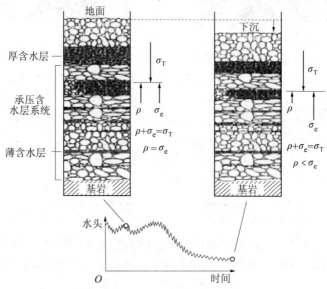

图 2.14　左图为在承压含水层系统中上覆岩石和水的总重量(σ_T)由孔隙液体压力(ρ)和粒间有效应力(σ_e)平衡情况,右图为地下水开采减少液体压力(ρ)。因为总应力基本上为常数,部分荷载从承压液体转移到含水层骨架,增加了有效应力(σ_e)并引起一定压缩(孔隙率减少)。低水头时间延长可能导致骨架不可逆的压缩和地面沉降。地面沉降是由滞水层的永久压缩引起的,这种沉降可通过缓慢抽水延缓(改编自 Galloway 等,1999)

担(σ_e)。假定作用在含水层上的荷载为常数,如果由于抽水使得 σ 减小(译者注:σ 应该为 ρ),那么含水层骨架承受的荷载将增加。这将引起材料颗粒间的压实(变形),意味着这些颗粒将占据原来由水占据的空间,水会被挤出(见图 2.15)。同时,水也会在其弹性范围内膨胀。相反,如果停止抽水后,ρ 增加,(测压管)水头又会上升,并逐渐恢复到

其原来的高度,水本身经历了轻微收缩。随着 ρ 的增加,σ_e 随之下降,含水层骨架材料的颗粒恢复到其原来的形态。这样又腾出空间,由流入部分岩层的水占据,这些岩层之前受到过压缩影响（Ferris 等,1962）。

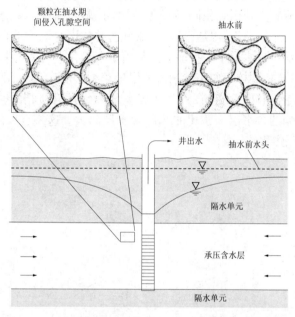

图 2.15　随着承压含水层在抽水期间水头的下降,储存水的水压力也减小,固体颗粒侵入（减少孔隙率）导致水被挤出。含水层仍是全饱和的,其骨架（固体颗粒）因承担更大的上覆荷载而发生轻微压缩

　　承压含水层的储水性（储水率）用储水系数确定。尽管还不能确定严格的范围,但承压含水层的储水系数可能范围一般为 0.000 01 ～ 0.001。较密实的含水层材料一般储水系数较小。需要着重强调的是,承压含水层储水系数值可能不直接取决于含水层材料的空洞量（孔隙率）（USBR（美国垦务局）,1977）。承压含水层单位给水量（S_s）是孔隙媒介单位体积、含水层单位面积由于垂直于该面水头的单位变化而排泄（或储存）的水量。单位给水量的单位是长度 $^{-1}$（如 m^{-1} 或者 ft^{-1}）,所以用单位给水量与含水层厚度（b）相乘时,可得到储水系数（S）,这

是一个无量纲数:$S = S_s b$。单位给水量计算式为

$$S_s = \rho_w g (\alpha + n\beta) \tag{2.4}$$

式中　ρ_w 为水密度;g 为重力加速度;α 为含水层骨架压缩系数;n 为总孔隙率;β 为水的压缩系数。

　　如果所有其他因素相同,如井中的抽水流量、非抽水区水力梯度、初始饱和含水层厚度、渗透系数等都相同,井的影响半径在承压含水层中比在非承压含水层中大得多。这是由于承压含水层孔洞中排出水的弹性作用,从相同体积中实际抽取的水量较小。换句话说,假定两种含水层的初始饱和厚度相同,当单井出水量(水的体积)相同时,承压含水层受影响的含水层面积比非承压含水层的大。这一点可用图 2.16和图 2.17 说明。

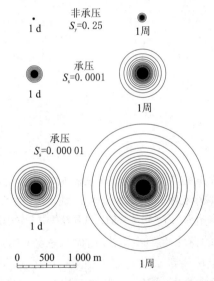

图 2.16　日采水量 3 600 m³/d(即 42 L/s)的全穿透单井影响半径的扩展
(图中非承压含水层(顶行)和承压含水层(下面两行)渗透系数(5 m/d)与初始饱和厚度均相同。非承压含水层单位产水量为 0.25,承压含水层单位储水量为 0.000 1 m⁻¹(中等)和 0.000 01 m⁻¹(最低)。等势线的等值间距为 0.1 m)

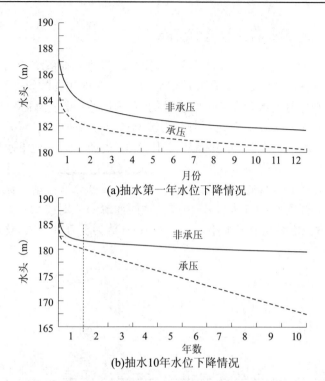

(a)抽水第一年水位下降情况

(b)抽水10年水位下降情况

图 2.17 图 2.16 所示的承压和非承压含水层中抽水井中水位随时间变化情况
（非承压含水层单位产水量为 0.25,承压含水层单位储水量为 0.000 1 m^{-1})

　　非承压含水层初始饱和厚度为 90 m,在模拟 10 年时间内厚度达 90 m 的承压含水层保持饱和状态。两种含水层都不接受任何回灌,不管是侧向的还是垂向的。两种含水层渗透系数均为 5 m/d。计算机模拟结果表明,在导水系数和抽水流量相同的情况下,非承压含水层随时间变化的影响半径(见图 2.16)比承压含水层的小得多。图 2.17 表明,随着时间推移,在没有任何回灌的情况下,承压含水层内水位呈线性下降,并且下降速率比非承压含水层的快得多。但是,这种差异并不是很快显现的,从图中 1～10 年的比较中可以看到这一点。这一分析说明了储水参数在估算地下水开采影响中的敏感性和重要性,以及在地下水管理中长期监测的重要性。

2.3.3　地下水储存与地面沉降

　　地下水是从孔隙媒介储水中开采的,而与地下水系统的回灌情况没有关系。换句话说,开采地下水前,水必须储存在孔隙媒介孔洞中,也就是要有地下水储存。一些误导的情况是,将"储水消耗"只与"不可持续的地下水开采活动"相联系,或与长期开采地下水而无有效的含水层回灌(如多年干旱)相联系。图 2.18 说明了天然地下水的一些重要概念。天然回灌引起的饱和带变化部分为动态储水。对于承压含水层,动态储水由测压管水面的自然变化来表征。这一动态储水量随时间的大幅度变化与季节、降雨或其他回灌源的长期波动有关。在多年时期里,经历数个丰水年与干旱年,并且认为没有开采时,这部分动

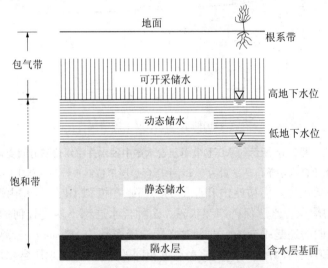

图 2.18　非承压含水层中各种储水组成示意图
(地下水在动态和静态出水层中都是流动的)

态储水完全可考虑为是可再生的。多年地下水位以下的那部分饱和带中的地下水储水量是不变的,因而可以看作是长期的或静态的储水,尽管地下水在其中常常是流动的。在有人工开采地下水时,如果开采量大于动态储水量,长期动态储水量就会减少,这种情况称为含水层开

采,其迹象为水头连续过量降低或者泉眼流量减少(见图 2.19)。

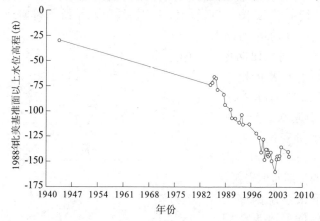

(a) 美国马里兰州海空站 Pautuxent 河 Aquia 含水层 SM Df1 号监测井水位,1943 ~2006 年,标出了至少 1946 年开始至 1974 年地下水开采超过 378.54 万 L/d(100 万 gal/d)、1975 ~1991 年约 378.54 万 L/d(100 万 gal/d)、1992 ~1999 年 3.07 万 L/d(0.810 0 万 gal/d)和 2000 ~2005 年 2.69 万 L/d(0.710 0 万 gal/d)等相应的水位下降(改编自 Klohe 和 Kay,2007)

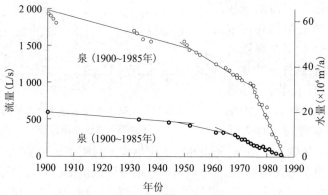

(b)20世纪突尼斯主要泉流逐渐枯竭（源自Margat等，2006；
版权属UNESCO）

图 2.19　含水层开采例子

如果开采量与动态储水量相等,则静态储水量就会保持不变。相反,在临近地表水体附近抽取地下水引入天然回灌时,可再生动态储水也会增加。这样的抽水可能会引起水力梯度倒置,其结果是地表水向地下水系统流动,如图 2.20 所示。同时,地下水系统不再向地表河流补水,这也可增加动态储水。

很明显,对任何储水单元进行有意义的定量评价,都需要有水头变化,以及引起水头变化和相应储水量变化的各种系统输入(回灌)和输出(排泄)的长期监测资料。

地下水系统的储水量毫无疑问受到大范围开采地下水的影响。如图 2.14 所示,由于抽水导致含水层系统内的水头下降,一些之前由填充在沉积物孔洞内的承压水承担的上覆材料荷载转到由含水层系统颗粒骨架承担,这样就增加了粒间压力(荷载)。沙砾沉积物压缩性较小,增加的粒间荷载对这些含水

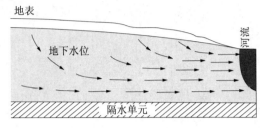

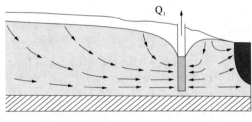

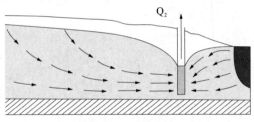

图 2.20　地表水体附近地下水开采引起的导入性含水层回灌

层材料的影响小。但是,黏土和粉土层形成了封闭单元和层间隔层,由于抽水使水力梯度发生变化,水从这些地层中被挤出后,可能呈现很高的压缩性。当水头长期下降导致增加后的粒间荷载超过之前的最大荷载时,黏土和粉土层结构颗粒会出现大的重新排列,导致不可逆的含水层系统压缩和地面沉降。压缩量为黏土与粉土层厚度、垂直渗透系数、黏土和粉土类型与结构等的函数。由于黏土和粉土层的渗透系数很低,在含水层中水位稳定后,这些土层的压缩还会持续数月或数年。含有大量黏土和粉土层的承压含水层,在进行大规模地下水开采时,从不

可逆的压缩层中排出的水量通常为总抽水量的 20% ~ 30%。这说明一次开采储存的地下水会导致含水层系统储水能力的永久减少(Alley 等,1999;Galloway 等,1999)。

美国首次确认的由地下水开采引起含水层压缩导致的地面沉降发生在加利福尼亚州的圣克拉拉谷(Santa Clara Valley,现在称为"硅谷")。其他一些著名的地下水开采导致大量地面沉降的地区有亚利桑那州中南部盆地填充含水层、内华达的拉斯维加斯峡谷和得克萨斯的加休斯顿－尔维斯顿(Houston-Galveston)地区。世界上,墨西哥的墨西哥城地面沉降是最典型的含水层开采出现的负面影响例子。但是,没有什么能与图 2.21 所示的承压含水层过度开采及其相关后果相比。加利福尼亚的圣华金河谷(San Joaquin Valley)开采地下水发展农业,致使该地区成为世界最发达的农业生产区之一,而同时又成为人为造成的地面最大改变之一。1970年,当进行最后一次地面沉降综合勘测时,沉降值超过龄 0.3 m(1 ft),受影响的灌溉土地面积超过 13 468 km^2(5 200 mi^2),为圣华金河谷总面积的一半。门多塔

图 2.21　USGS 的 Joseph Poland(图片中)通过研究发现的最大地面沉积附近,电线杆上的标识牌写有 1925 年、1955 年和 1977 年的地面大致标高,该电线杆位于加利福尼亚的门多塔(Mendota)西南圣华金河(San Joaquin)流域

(Mendota)附近最大沉降超过 8.5 m(28 ft)。正如 Galloway 等(1999)所分析,圣华金河谷地面沉降造成的经济影响还不广为人知。目前对

沉降造成的直接损失已有认识,有些也作了定量估算。对于沉降造成的间接损失,比如洪水与长期环境影响,还需要进一步评估。直接损失有含水层储水量减少、河渠及与之相连的桥梁和管道过河设施等部分或全部淹没、水井衬砌倒塌、汇排渠及灌溉渠断裂。保守估计,这些损失达 2 500 万美元(EDAW-ESA,1978)。在这些估值中还没有考虑美元币值的变化,以及没有充分考虑没有上报的水井维修和更换需要的费用。当计入由报废造成的财产价值、有关的灌溉土地和沉降区灌溉管道与水井更换等的损失费时,以 1993 年美元价格计算,圣华金河谷沉降的年损失额粗略估计可达 1.8 亿美元(G. Bertoldi 和 S. Leake,USGS,书面交流,1993 年 3 月 30 日;Galloway 等,1999)。

2.4　水平衡

Healy 等(2007)详细解释了对地区和全球进行水平衡定量分析的重要性和需要分析的各个方面,包括地表水与地下水在其通常的水文周期内的相互交换。

水平衡是评估供水可得性和可持续性的一种方法。水平衡简单描述一个地区(如一个流域)储存水量的变化速度与水流入和流出这一地区的速度是平衡的。了解水平衡及其内涵的水文过程是进行有效的水资源和环境管理的基础。可以利用一个地区在一段时间内水平衡变化的观测资料来评价气候变化和人类活动对水资源的影响。比较不同地区的水平衡后,可以定量评价各种因素,如地质、土壤、植被和土地利用等对水文周期的影响。为开发农业而改变土地利用性质,例如建设灌排系统,导致了下渗、径流、蒸发和作物蒸腾速率等的改变;城市地区的建筑物、道路和停车场可增加径流而减少入渗;大坝减少了很多地区的洪水。水平衡为评估天然的或人为导致水文周期中一部分变化如何影响其另一部分的变化提供了基础。

可应用于任何水系统的水平衡方程最常用形式如下:

$$输入水量 - 输出水量 = 储水量变化值 \qquad (2.5)$$

水平衡方程可以用水量(一个固定时段)、流量(单位时间水量,如 m^3/d 或 acre-ft/a)和径流模数(单位时间、单位土地面积水量,如 mm/d)

等表达。图 2.22 所示为地下水系统水平衡要考虑的一些因素。地下水
回灌通常是供水研究的焦点,第 3 章回灌及其各种量化方法作了详细说

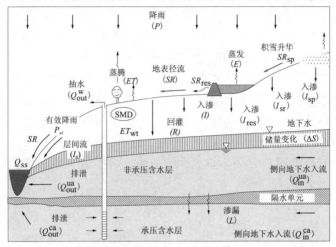

图 2.22　地下水系统水平衡

明。水平衡分析中的大多数因素,包括地下水回灌有一个共同点,那就
是都不可直接量测,需要通过量测相关的量(参数)以及估算其他因素
后才能估算。例外的情况是可以直接量测降雨和河川径流,泉眼流量
和井的抽水流量。其他可直接量测并作为各种方程组成部分用于水平
衡分析的重要参数有地表水和地下水的水头(水位)和土壤含水量。

　　水平衡中的术语常常互换使用,有时会引起混淆。一般而言,入渗
是指从地表向地下流动的任何水流。有时称这部分水为潜在回灌,因
为可能只有其中一部分最终到达地下水位(饱和带)处。现在越来越
多地使用实际回灌这个术语,以避免任何可能的混淆:它是到达含水层
的那部分水,是根据地下水研究确定的。地下水回灌可以完全得到肯
定的情况是地下水位(水头)上升。有效(净)入渗,或者深层入渗,是
指水流渗入作物根系以下,通常与实际回灌相同。在水文学研究中,有
效降水量这个术语是指通过直接地表漫流或浅表渗流(表层流)到达
河川的那部分降水量。超渗雨量是指产生地表径流的那部分降雨,这
部分雨量不入渗地下。截留雨量指在到达地表前被植被截留的那部分

雨量,这部分雨量既不参加入渗,也不形成地表径流。净回灌这个术语用于区分如下两种水流:从非饱和带垂直向下流到地下水位处的回灌和从地下水位向上流动的蒸发("负回灌")。面(或散)回灌是指由降雨和大面积、很均匀的灌溉形成的回灌,而集中回灌是指静水(蓄水)或流动的地表水(海滩、湖泊、回灌盆地、河流)渗入地下。

水平衡分析的复杂性取决于所研究区域内存在的很多天然的和人为的因素,例如气候、水文地理和水文、地质和地貌特性、地表土壤的水文地质特性和地表孔隙媒介、地表植被与土地利用、人工地表水水库的分布与运行、为供水与灌溉进行的地表水抽水和地下水开采以及废水管理等。图 2.22 所示各因素之间的关系,这些关系可用于定量分析此系统的水平衡,即

$$
\begin{aligned}
I &= P - SR - ET \\
I &= I_{sr} + I_{res} + I_{sp} \\
R &= I - SMD - ET_{wt} \\
P_{ef} &= SR + I_{fl} \\
Q_{ss} &= P_{ef} + Q_{out}^{ua} + Q_{out}^{ca} \\
Q_{out}^{ua} &= R + Q_{in}^{ua} - L \\
Q_{out}^{ca} &= Q_{in}^{ca} + L - Q_{out}^{w} \\
\Delta S &= R + Q_{in}^{ua} - L - Q_{out}^{ua}
\end{aligned}
\tag{2.6}
$$

式中 I 为总入渗量;SR 为地表径流量;ET 为蒸腾量;I_{sr} 为地表径流入渗量;I_{res} 为地表水库入渗量;I_{sp} 为积雪与冰川入渗量;R 为地下水回灌量;SMD 为土壤缺水量;ET_{wt} 为地下水蒸腾量;P_{ef} 为有效降水量;I_{fl} 为表层流(浅表渗流)量;Q_{ss} 为地表河川径流量;Q_{out}^{ua} 为非承压含水层直接排泄量;Q_{out}^{ca} 为承压含水层直接排泄量;Q_{in}^{ua} 为地下水向非承压含水层的侧向入渗量;L 为非承压含水层向下伏承压含水层的渗出量;Q_{in}^{ca} 为地下水向承压含水层的侧向入渗量;Q_{out}^{w} 为承压含水层水井抽水量;ΔS 为非承压含水层储水量变化量。

如果该地区有灌溉,还要增加两个因素:灌溉水的入渗和径流(退水)。

从概念上讲,必须确定上述关系式中的大多数参数,以便完全量化

约束地下水系统水平衡的过程,包括其中储存的水量和三种普通水库的地表水、包气带和饱和带之间流动的水。当然,这么多水平衡因素中只要有一项因素变化,就会引起"连锁反应",从而影响其他所有因素。这些变化多少会有所延迟,具体情况视水的实际流动和三种普通水库的水力特性而定。图 2.23 所示为系统的一个部位局部回灌引起远离这个部位处的迅速反应,接着在新的入渗水开始流动时,回灌区和排泄区出现平缓变化的例子。出现这样的迅速反应是因为进水压力通过系统传播,不过这一特例只是说明大断裂和喀斯特地区溶槽的特性,同样的机制也可在一定程度上应用于其他类型含水层。在任何情况下,考虑地下水系统随时空动态地和不断地变化是很重要的。

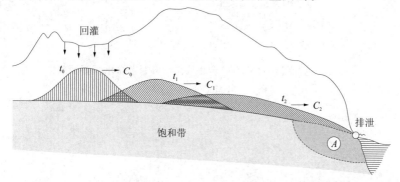

图 2.23　局部回灌引起地下水"波浪"的形成和传递

(波速在 t_0 时为 C_0,在 t_1 时为 C_1,在 t_2 时为 C_2,由于水力梯度是下
降的,$C_0 \geqslant C_1 \geqslant C_2$。$A$ 为由回灌引起的"老水"在泉涌处排出
的水体(改编自 Yevjevich,1981))

　　如上所述,水头是水平衡分析中使用的参数之一,可以直接量测。这一参数也是计算地下水流量和流速的关键参数。图 2.24 ~ 图 2.27 说明了当饱和含水层的厚度和单位给水量为已知(估算)时,如何用水头(水位)变化值计算含水层储水量变化和地下水可利用量。根据地下水位等深线(见图 2.24)和含水层底层等深线(见图 2.25)确定任一时刻饱和含水层的厚度,根据图 2.27 监测单井中的水头(地下水位)长期观测资料计算饱和厚度随时间而变化(见图 2.26)。 任何时刻储

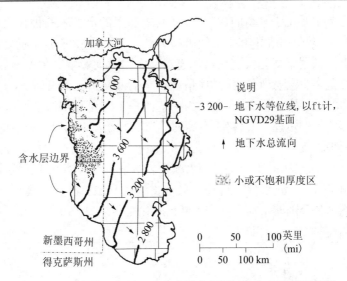

说明

-3 200- 地下水等位线,以ft计,
NGVD29基面

↑ 地下水总流向

小或不饱和厚度区

图 2.24　高原(High Plains) 含水层南部开采前含水层基面高程
（改编自 McGuire 等,2003）

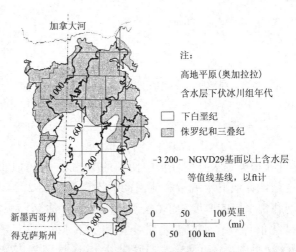

注:

高地平原(奥加拉拉)

含水层下伏冰川组年代

□ 下白垩纪

侏罗纪和三叠纪

-3 200- NGVD29基面以上含水层

等值线基线,以ft计

图 2.25　高地平原含水层南部含水层等值线基线高程
（改编自 McGuire 等,2003）

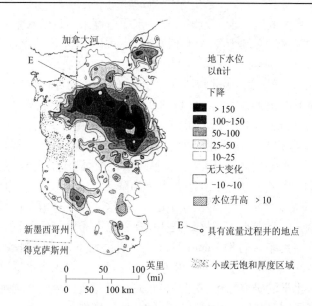

图 2.26　高原(High Plains)含水层南部地下水位变化,开发前至 2000 年,
选定的有流量过程井的地点(改编自 McGuire 等,2003)

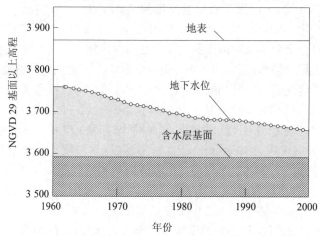

图 2.27　得克萨斯州卡斯楚县(Castro County)E 地区监测
井流量过程线(改编自 McGuire 等,2003)

存在含水层中的地下水量为该时刻含水层厚度乘单位给水量。

　　图中所示的实例为美国奥加拉拉(Ogallala)含水层的南部,这是世界上研究最多且利用最多的含水层之一。这一含水层也称为高原(High Plains)含水层,为非承压含水层,由非固化的冲积泥沙组成。该含水层地下面积448 070 km²(17.3 万 mi²),延伸到8个州——科罗拉多州、堪萨斯州、内布拉斯加州、新墨西哥州、俄克拉荷马州、南达科塔州、得克萨斯州和怀俄明州。含水层所在地区气候环境在半干旱至干旱和湿润至半湿润之间变化,有着平缓的平原、肥沃的土地、充足的阳光,少河流,多风。尽管该地区有中等的降水量,但大部分范围的降水量不足,不能为作物生长提供充足的水分,这些作物有紫花苜蓿、玉米、棉花、高粱、大豆和小麦。该地区30年平均年降水量约为西部的356 mm(14 in)到东部的813 mm(32 in)。通过地下水农业灌溉,该含水层所在地区成为世界上主要的农业生产区之一。对该含水层可开采水量及其水化学的研究始于20世纪初,并一直持续至今。对选定区域还做了更多研究,包括估算水位降落影响,评估增加含水层可开采水量的方法。在高原含水层所在地区,1940年开始,农民利用地下水灌溉。1940~1989年,该区灌溉面积迅速增加,但1980~1997年灌溉面积没有大的变化(McGuire等,2003)。从开发前(1940年前)至2000年,储存在高原含水层的水量减少约2 467亿 m³(2亿 acre-ft),大约为开发前该含水层总储水量的6%(McGuire等,2003)。这一变化随地区与州的不同而情况大不一样,取决于含水层回灌条件(包括灌溉退水)、地下水开采流量和单位给水量。在内布拉斯加州,由于从含水层以上的地表河川径流引水回灌,并且气候条件更有利,地下储水量增加了49.3亿 m³(400万 acre-ft),而在得克萨斯州,地下储水量减少了1 529.5亿 m³(1.24亿 acre-ft)。在堪萨斯州和得克萨斯州等一些州的局部地区,含水层厚度减少50%以上,剩下的含水层厚度和储水量不足以支撑开采足够地下水量用于灌溉与供水。

　　下面的案例研究说明了美国另一个大含水层由于20世纪农业与灌溉变化引起的水平衡变化情况。美国环境保护署已宣布位于爱达荷州产水量很高的蛇河平原(Snake River Plain)含水层为该地区唯一的水源含水层,因为该地区超过30万人饮用水几乎完全依赖这一含水层。该含水层发育于溢流玄武岩及相关层间沉积物,面积大约为 2.59 万 km²(10 000 mi²)。这是一个地表水与地下水之间在封闭流域互相补给的主要例子,所有利益相关者都越来越意识到,只有实现地表水资源和地下水资源的一体化管理,才能解决在常规、有限水资源的各种开发利用中出现的不断增长的需求紧张问题。

案例研究——美国爱达荷东蛇河平原含水层水平衡

本研究中采用的资料来源为爱达荷国家实验室(Idaho National Laboratory(INL))、辐射控制处(Radiation Control Division)(2006)及爱达荷大学(University of Idaho)爱达荷水资源研究院出版的报告(2007)。

东蛇河平原含水层的历史与这一广袤的半干旱荒漠地区(年降水量小于 254 mm(10 in))灌溉史息息相关,现在这一地区已成为农业最发达的地区之一。凯里法案(Carey Act)(1894)和其他联邦立法鼓励开发干旱的东蛇河平原,这些法律规定向开发灌溉从事农业生产者以划算的价格为政府提供土地。到 1938 年,由私人和联邦投资建设了 7 座大型水库,并建设了渠道网引蛇河及其支流的水。尽管自 20 世纪 20 年代起在东蛇河平原的一些地区就已开采地下水灌溉(见图 2.28),但直到有了动力充足和效率高的电动水泵后,才大量和不断

图 2.28　双瀑布县(Twin Falls County)自流井市(Artesian City)灌溉井,约 1910~1920 年(爱达荷州历史学会,Bisbee 收集、授权印制)

增加对地下水的开采利用,导致很多农民弃用地表水而使用地下水。目前,地表水灌溉面积为 49.78 万 hm^2(123 万 acre),地下水灌溉面积为 37.64 万 hm^2(93 万 acre),地下水和地表水联合灌溉面积为 4.45 hm^2(11 万 acre)。

漫灌是效率较低的灌溉方式。采用现代灌溉方法以前,引入旱地和水田的灌溉水量有时多达作物需水量的 7 倍。但是,灌溉期间的所有这些超灌水量(有时多达 3.66 m(12 ft))回灌了含水层。这些水量被储存并为后期所利用,有些地区地下水位出现明显回升。如 1907～1959 年,金柏莉(Kimberly)和布利斯(Bliss)附近地区地下水位上升了18.29～21.34 m(60～70 ft),而在 Twin Falls 附近地区水位上升达 61 m(200 ft)。整个含水层的平均水位上升约为 15.24 m(50 ft)。蛇河沿岸泉水流量增加很明显说明含水层水位上升。随着灌溉用水转向地下水,并采用更有效的方式使用地表水灌溉,向地下含水层回灌水量减少,而抽取的水量增加,导致泉眼流量减少和含水层中地下水位降低(见图 2.29 和图 2.30)。

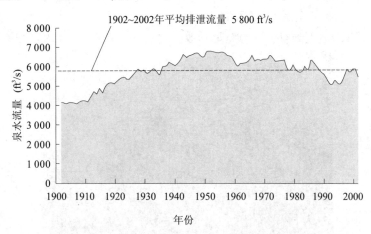

图 2.29　1900～2000 年千泉流量变化
(改编自 Idaho National Laboratory(INL),2006)

天然含水层回灌主要发生在平原的北部和东部,总体上,地下水从南至西南流向蛇河(见图 2.30),如下为主要回灌水源。

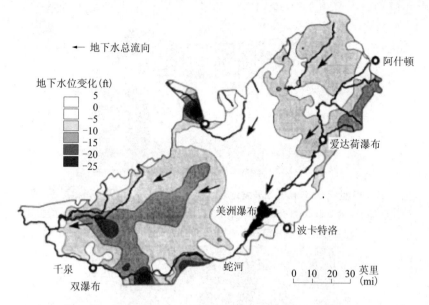

图 2.30　1980 年和 2002 年东蛇河平原含水层地下水位变化

　　(1)支流流域的地下水流,即为从支流流域沿着平原分水岭流向含水层的地下水。这些回灌水源包括蛇河支流亨利河(Henry Fork)与南河(South Fork)、伯奇克河(Birch Creek)流域、大小洛斯特河(Lost River)、大小伍德河(Wood River)、波特尼夫(Portneuf)和拉夫特(Raft)河流域以及其他更小的流域。大洛斯特河是直接向含水层补水的河流的例子。这条河流发源于蛇河西北分水岭山区河谷,并通过平原透水熔岩渗漏后消失。

　　(2)水从蛇河爱达荷瀑布北部一些河段的河床入渗,这些河段的河床位于含水层地下水位以上,河水穿过河床回灌含水层。在一年时间内,根据河流水文条件和灌溉取水情况的不同,有些河段在含水层地下水位较低时向含水层回灌,而当地下水位高于河床时又接受地下水补给。在作物生长期,尤其是干旱年份,由于灌溉引水,蛇河在流入位于米尔纳(Milner)水库下游 48.28 km(30 mi)的著名肖松尼(Shoshone)瀑布前几乎干枯(见图 2.31 和图 2.32)。

图 2.31 19 世纪 80 年代开始开发地表水灌溉前,1871 年拍摄的肖松尼瀑布照片
(照片可能为 Timothy O'Sullivan 拍摄, USGS, Wheeler 勘测, 1871 年版, 美国地
质勘察图片馆; http://libraryphoto. or. usgs. gov.)

图 2.32 2006 年拍摄的肖松尼瀑布照片(Densise Tegtmeyer 提供照片)

含水层自然排泄主要发生在蛇河的两个河段:①美洲瀑布(American Fall)附近河段,该河段泉涌总量约为 73.58 m^3/s(2 600 ft^3/s);②金柏莉(Kimberly)至国王山(King Hill)河段(有成千泉眼,见图 2.33),总的排泄流量为 147.16 m^3/s(5 200 ft^3/s)。在夏季,位于米尔纳(Milner)水库灌区引水的蛇河径流的大部分水来自泉眼出流。蛇河流域分布有美国规模最大的 65 个泉眼(泉涌量大于 2.83 m^3/s(100 ft^3/s))中的 15 个,很多泉眼用于水力发电、供水和水产养殖(如世界上最大的鲑鱼养殖场水源就是含水层的泉水)。

图 2.33　蛇河 Hagerman 河谷千泉排泄,1910～1920 年

(爱达荷州历史学会,Bisbee 收集、授权印制)

图 2.34 为 1980 年含水层水平衡,图示说明,回灌含水层的最大水源来自灌溉水。该年从含水层排出的水量大于回灌总水量,致使储水量减少 1.97 亿 m³(16 万 acre-ft),这一趋势一直延续至今。

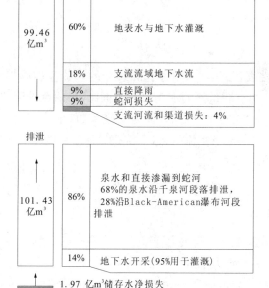

图 2.34　1980 年东蛇河平原含水层水量平衡图(INL,2006)

2.5　地下水流

　　饱和带内的地下水总是流动着,这种流动是三维的。当水流流动方向主要为一个或两个方向时,为简化起见,可采用一维或二维水流方程进行定量分析。当需要分析全部流场时(通常研究污染物输移和演变时),三维地下水模型是唯一可行的定量分析工具,地下水三维分析方程组很复杂,通常无法获得解析解。

2.5.1　达西定律

　　约束地下水流的三个主要参数为:①水力梯度,是水流驱动力;②渗透系数,反映孔隙媒介的传送特性和流体(水)的水力特性;③水流的断面面积。达西定律定义了这些参数之间的关系(达西是一名法国土木工程师,在为 Dijon 市设计水过滤设施时,首次定量分析了流过沙的水流;他的发现于 1856 年公布,是现代所有对流过孔隙媒介流体进行研究的基础):

$$Q = KA \frac{\Delta h}{L} \tag{2.7}$$

　　这一线性表达式表明,通过孔隙媒介的水流量(Q)与流过的横断面面积(A)和两点间量测的水头损失成正比,与两点量测的距离(L)成反比。K 为表达式的比例常数,称为渗透系数,单位与流速单位相同。毫无疑问,在表征地下水流时,这个常数是最重要的量化参数。达西方程的其他常用形式如下:

$$v = K \frac{\Delta h}{L} \tag{2.8}$$

$$v = Ki \tag{2.9}$$

式中　v 为达西流速;i 为水力梯度。

2.5.1.1　水头和水力梯度

　　水头和水力梯度的原理如图 2.35 所示。1# 监测井底部的滤水管与饱和带是相通的,含水层在该点总的势能(H)即水流驱动力为

$$H = z + h_p + \frac{v^2}{2g} \tag{2.10}$$

式中　z 为海拔以上高程,海拔一般指以平均海平面作标准的高度,但也可取任何参照水平位置;h_p 为该点以上流体(地下水)压力引起的压力水头;v 为地下水流速;g 为重力加速度。

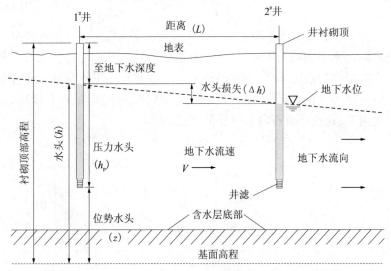

图 2.35　确定非承压含水层中水头和水力梯度关键因素示意图

(Kresic,2007a;版权属 Taylor&Francis 集团有限责任公司,授权印制)

由于多数情况下地下水流速很低,式(2.10)右边第三项因子在实际工作中可忽略不计,这样式(2.10)可简化为

$$H = h = z + h_p \tag{2.11}$$

式中　h 为水头,也称为测压管水位。

压力水头(h_p)为含水层常密度(ρ)流体在该点的压力(p),即

$$h_p = \frac{p}{\rho g} \tag{2.12}$$

实际工作中,通过量测观测井或测压管从管井衬砌顶部观测位置到地下水位处深度来确定水头。

$$h = 管井衬砌顶部高程 - 至井中水位的深度 \tag{2.13}$$

当地下水从 $1^\#$ 井流到 $2^\#$ 井时,由于地下水粒子与孔隙媒介的摩擦作用而损失势能。损失的势能等于两井之间测得的水头差:

$$\Delta h = h_1 - h_2 \qquad (2.14)$$

水力梯度(i)为两井之间的水头差除以两井之间的距离(L):

$$i = \frac{\Delta h}{L}(无量纲) \qquad (2.15)$$

地下水总是从水头较高处流向水头较低处(与地表水中的情况完全相同:"水不能向上流动")。重要的需要理解的是,除在含水层中非常有限部位的情况外,并没有严格意义上的水平地下水流动。在含水层以回灌为主的地区,水垂直向下和向侧向排泄区流动;在排泄区,如地表河流,这些水流有向上的分量(见图2.36)。

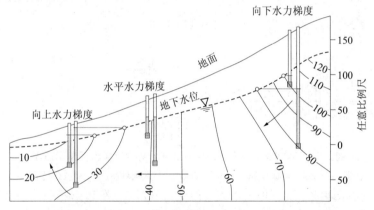

图 2.36　非承压含水层中地下水流动情况表明垂直水力梯度和
水平水力梯度都很重要(改编自 Winter 等,1998)

2.5.1.2　渗透系数与透水性

除渗透系数外,在孔隙媒介流体研究中使用的另一个定量参数为固有渗透性(或简称为透水性)。其定义为,流体可流过孔隙媒介的情况。换句话说,透水性是空隙媒介传送流体(水、油、气等)的能力特性。透水性一般只与孔隙媒介的物理性质有关,如颗粒粒径、颗粒形状和排列,或空洞大小与连通性。而渗透系数与孔隙媒介和流体都有关系。透水性(K_i)与渗透系数(K)之间的关系由下式表达:

$$K_i = K \frac{\mu}{\rho g} \qquad (2.16)$$

式中　μ 为流体的绝对黏度,也称为动态黏度,或简称黏度;ρ 为流体密度;g 为重力加速度。

流体的黏度与密度通过运动黏滞系数(ν)相关联:

$$\nu = \frac{\mu}{\rho} \qquad (2.17)$$

将运动黏滞系数带入式(2.16),由于只需从表或图中获得一个值(ν 值),可稍稍简化透水性计算(注意:在大多数实际分析中,重力加速度为 9.81 m/s^2,常取为约等于 10 m/s^2)。

$$K_i = K \frac{\nu}{g} \qquad (2.18)$$

尽管从一致性和在其他公式中易于使用看,最好将透水性以面积(m^2 或 cm^2)表达,但通常是以达西表达(这是对达西定律的贡献),即

$$1 \text{ 达西} = 9.87 \times 10^{-9} \text{ cm}^2 = 9.87 \times 10^{-13} \text{ m}^2$$

当实验室通过试验得出以达西(或 m^2)表达的透水性时,可用如下两式确定渗透系数:

$$K = K_i \frac{g}{\nu} \text{ 或 } K = K_i \frac{\rho g}{\mu} \qquad (2.19)$$

水文影响水的密度黏度,因而渗透系数与水温相关性极强。水温 20 ℃时水的运动黏滞系数约为 1×10^{-6} m^2/s,取重力加速度约等于 10 m/s^2,有如下透水性(m^2)与渗透系数(m/s)转换关系式:

$$K = K_i \times 10^7 \qquad (2.20)$$

有效孔隙率是影响孔隙媒介透水性的主要因素,根据岩石类型不同,其变化幅度很大,渗透系数和透水性的变化范围亦很大,如图 2.37 所示。石灰岩如同其孔隙率变化情况一样,其渗透系数在所有岩石中变化幅度最大。多孔玄武岩是平均渗透系数最高的岩类,渗透系数很高,但就平均情况而言比中粗沙和砾石的透水性小。纯黏土和新鲜火成岩渗透性一般是最低的,不过已经确认,一些成规模的层状盐体的透水性为零(Wolff,1982)。这也是有些国家将盐丘作为辐射核废料潜在储存地的原因之一。

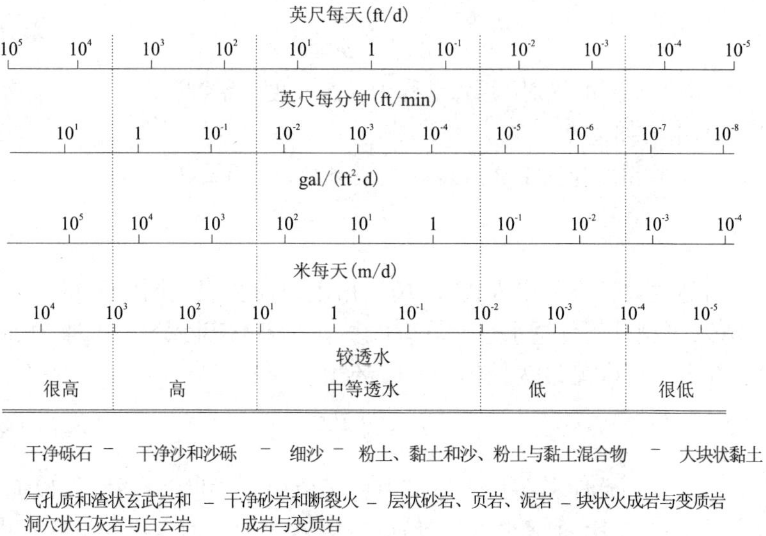

图 2.37　不同岩石类型渗透系数变化范围（USBR,1977）

　　除稀少的均匀和非层状的均质非固化沉积物外,由于岩石的不均匀性和各向异性,在同一岩体内的渗透系数和透水性在空间和不同方向上是变化的。大多数研究人员将复杂的三维渗透系数张量拆分为两个主要分量:水平渗透系数和垂直渗透系数,以简化孔隙媒介的这些固有特性。不幸的是,在实际工作中似乎总是不加区别地应用一些"经验法则",例如垂直渗透系数比水平渗透系数小 10 倍,而不试着去了解下伏地层的水文地质特性。在各项异性很强的岩石中,这两个方向的渗透系数差别可达很多个数量级,在很多情况下,把这个概念放在一起用是完全不合适的:高透水性的断裂或喀斯特溶槽在任何深度可能有任何的形状和分布范围。

2.5.2　地下水流的类型和计算

　　确定地下水流的类型和对其进行定量分析时一般要考虑 3 个因素:①含水层内水力学条件;②水流流过的空间(断面面积);③时间。地下水流可能是承压的或非承压的(水力学条件),而且沿水流方向其承压条件可能是随时空变化的。在承压条件下,水流在含水层任一给定地点流过的断面面积是常数,与时间无关,这就是为什么描述承压水流的方程一般简单一些。与此相反,非承压含水层水位通常由于回灌条件的变化而随时间变化,其饱和带厚度因而也随时间变化。这意味着,任一给定地点水流流过的横断面面积自然也是随时间变化的。如果水头和水力梯度均不随时间变化,这样的水流为恒定流(承压和非承压条件都是如此)。恒定流的条件很少有完全满足的,除非在某些不可再生的含水层中,其天然的长期平衡不受人工开采地下水的干扰。为简化起见,对短时期内的地下水流通常采用恒定流方程描述。准恒定流这个术语用于描述对一定外力作出初始响应后水头处于明显稳定状态,比如开采井中水位降落的稳定。之所以能维持稳定,可能是由于有额外的水流进入系统,比如从附近地表河流流入,或者开采井的影响半径不断增加,导致影响范围内孔隙媒介中的水排出后进入系统。当抽水流量大量超过补给流量(从任何方向的回灌)时,很明显就不能用准恒定流计算。实际上,区分恒定地下水流和非恒定地下水流方程的"最安全"的方式是看有没有储水参数(非承压水的为单位给水量,承压水的为储水系数)出现。如果出现这些参数,水流就是非恒定的(随时间变化)。当需要全面描述系统中地下水流时,比如为水资源管理或含水层修复目的而进行的分析,唯一有效的方法是应用非恒定流方程。非恒定流方程计入了水流随时间变化的参数,包括全面描述水头(水力梯度)随时间的变化。

图 2.38 为估算非承压和承压条件下恒定地下水流量的案例。在这两种情况下,水流是二维的,在不透水的水平基面上流过面积为常数的矩形断面。渗透系数在空间上为常数(含水层为均质的),水力梯度也为常数。式(2.21)和式(2.22)描述了这些简单的条件。在承压水流情况下,由于饱和含水层厚度(b)不沿程改变,关系式是线性的。式(2.22)描述了非承压水流条件下,包括可能存在的回灌流量(w),是非线性的,因为饱和厚度(水位的位置)确实会在 $h_1 \sim h_2$ 变化。

$$Q = 800 \times bK \frac{h_1 - h_2}{L} \tag{2.21}$$

$$Q = 800 \times K \frac{h_1^2 - h_2^2}{2L} + w\left(x - \frac{L}{2}\right) \qquad x > 0 \qquad (2.22\text{a})$$

$$Q = 800 \times K \frac{h_1^2 - h_2^2}{2L} + w\,\frac{L}{2} \qquad x = 0 \qquad (2.22\text{b})$$

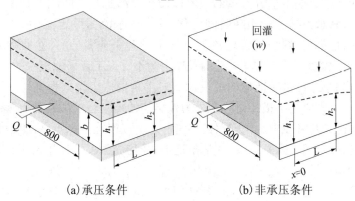

(a)承压条件   (b)非承压条件

图2.38   恒定二维水流,分别用式(2.21)和式(2.22)计算
两种情况800个单位(ft、m)宽度的含水层地下水流量

实际水流条件会更复杂,包括含水层厚度不断变化,承压流与非承压流转换,基面并非水平,孔隙媒介各向异性,回灌在不同方向随时变化。各种不同的水流条件有不同的分析方程,在水文地质学教科书中都有描述(如Freeze和Cherry,1979;Domenico和Schwartz,1990;Kresic,2007a)。尽管这些方程仍被用于地下水流量快速估算,但在描述地下水系统时已改用地下水数字模型作为定量分析工具。

各种地下水流量计算中的一个关键参数是孔隙媒介的透水率。为实用起见,将其定义为含水层厚度(b)与渗透系数(K)的乘积:

$$T = bK \qquad (2.23)$$

由此可得出,含水层渗透系数和厚度越大,透水能力越大(流过的水更多)。尽管有很多实验室和现场测试方法用以确定含水层的渗透系数和透水率,但最可靠的是现场抽水试验,可以反映系统中所有孔隙媒介的水力响应。含水层试验不是本书要解决的重点问题,读者可参见介绍和分析含水层试验(包括抽水试验)的各种普通及专业书籍,如美国地质调查局(Ferris等,1962;Stallman,1971;Lohman,1972;Health,

1987）、美国环境保护署（Osborn,1993）、美国垦务局（1977）、美国试验与材料协会（ASTM,1999a,1999b）等出版的指导文件,Driscoll(1989),Walton(1987),Kruseman 等(1991),Dawson 和 Istok(1992),以及 Kresic(2007a)等的专著。

图 2.39 所示为全透水抽水井的恒定径向地下水流最简单的情况。该井位于厚度为常数的均质含水层中,基面为水平和不透水,没有相邻含水层或滞水层的垂直回灌（渗漏）。采用 Thiem 公式（Thiem,1906）计算地下水流量,该公式是一位德国工程师于 1906 年根据野外现场试验提出,并以其名字命名,当时这位德国工程师为捷克共和国（当时为奥地利帝国的一部分）的布拉格（Prague）市寻找供水水源,作为勘察的一个部分做了这个现场试验:

$$Q = \frac{2\pi T s_{\mathrm{w}}}{\ln R / r_{\mathrm{w}}} \tag{2.24}$$

式中的符号解释见图 2.39。

有关 Thiem 公式及其应用的详细解释见 Wenzel(1936)的专著。

尽管在现实情况中这些条件很少都能满足,但在初步评估中,对于计算恒定抽水流量或分析管井抽水试验结果等几种情况,例如当水位降低和管井影响半径不随时间变化时,还是适用的。这些情况包括在与含水层有水力联系的大河流或湖泊附近,或者在有大河部分环绕并完全受大河水力影响的地点抽水。抽水开始后不久,抽水井的影响半径到达边界,随后水位降低并保持为常数。

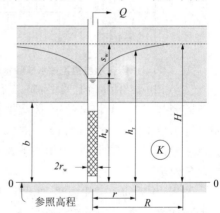

Q—井抽水流量；r_{w}—井半径；h_{w}—井内水头；h_{r}—距离r处水头；H—初始水头；b—含水层厚度；R—井影响半径；s_{w}—井内水位降落；K—渗透系数

图 2.39　承压含水层中流向全穿透井的地下水元素

　　如果可以从相距一段距离的至少两个观测井获得恒定("稳定的")水位下降观测资料,就可以采用 Thiem 公式估算含水层透水率。图 2.40 为半对数图,可在根据两个监测井资料绘制的直线上找到单对数周期水位下降落差(Δs),并用于下式:

$$t = \frac{0.366Q}{\Delta s} \qquad\qquad (2.25)$$

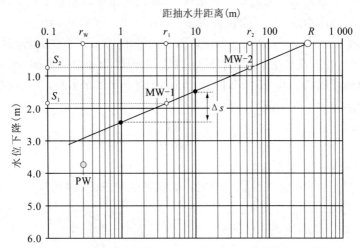

图 2.40　承压含水层恒定抽水试验水位下降与距离关系的半对数图
（图中标出了两个监测井 MW－1 和 MW－2 以及抽水井 PW）

　　监测井 MW－1 和 MW－2 距离抽水井的距离分别为 r_1 和 r_2,其记录到的水位下降分别为 s_1 和 s_2。式(2.25)是从初始表达式(2.24)演化而来的,包括为了方便,利用关系式 lg10 ＝1,将自然数转变为以 10 为底的对数。

　　图 2.40 中的关系线表明,抽水井内记录到的水位下降值并没有落在两个监测井监测值的直线连线上;其位置在直线下方,表明该井由于水头损失而使水位下降增加。井损在任何井中是必然的,第 7 章将有详细说明。简言之,这是各种因素(如在钻井时)对井附近媒介的扰动、不当(不足)地掘井、设计不良的碎石包裹层和(或)井滤层以及(或)流过过滤层的紊流等所造成的。由于存在井损,为能合理应用

Thiem 公式,必须要有两口观测井。只用抽水井与一个观测井的水位下降值将会导致错误的结果。

恒定流管井影响半径(R)为观测井水位降落与零降落连线的截距。用含水层透水率除以其厚度得到含水层孔隙媒介的渗透系数($K = T/b$)。

对于非承压二维流的情况也是类似的,非承压含水层中向管井的径向流采用稍复杂的方程式表达,这是因为含水层顶部与抽水水位有关。换句话说,离含水层越远,含水层厚度越大。假定含水层的不透水基面是水平的,参考水位定在基面,水头等于水位,有如下表达式:

$$Q = \pi K \frac{h_2^2 - h_1^2}{\ln(r_2/r_1)} \tag{2.26}$$

式中 h_2 为离抽水井较远、距离为 r_2 的监测井中的恒定(稳定)水头;h_1 为离抽水井较近,距离为 r_1 的监测井中的水头。

采用与承压含水层中类似的步骤,可得到渗透系数(K)表达式如下:

$$K = \frac{0.733Q}{\Delta(H^2 - h^2)} \tag{2.27}$$

式中 H 为离抽水井较远处的水位;h 为离抽水井较近处的水位。

需要注意的是,图 2.40 中,y 坐标不是水位下降(s),而是半对数轴,表示 $H^2 - h^2$。

2.5.2.1 Theis 公式

Theis 公式(Theis,1935)表达的是承压含水层流向全透水井的非恒定(随时间变化)地下水流,是大多数抽水试验分析方法的基础。当假定水位降落,含水层透水率和储水系数取某一值时,这一公式也常用于计算井的抽水流量。此外,从一口观测井取得数据就足够了,这一点与恒定流计算是不同的,在恒定流计算中,需要至少两口观测井。Theis 公式假定抽水开始后任何时间发生水位降落(s):

$$s = \frac{Q}{4\pi T} W(u) \tag{2.28}$$

式中 Q 为试验期间抽水常流量;T 为透水率;$W(u)$ 为井函数 u,也称为 Theis 函数。

无量纲参数 u 表达式如下：

$$u = \frac{r^2 S}{4Tt} \qquad (2.29)$$

式中　r 为实测水位发生降落处离抽水井的距离；S 为储水系数；t 为抽水开始后的持续时间。

参数 u 对应的 $W(u)$ 值列入附录 A，在地下水文献中也容易找到。Theis 典型曲线为 $W(u)$ 与 $1/u$ 的对数关系，见图 2.41，常用于拟合现场观测的资料。

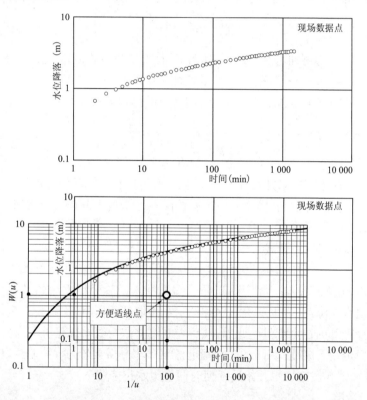

图 2.41　点绘在对数 － 对数图上的监测井水位下降现场数据与时间关系
（比尺与理论 Theis 曲线的相同，并叠绘在该理论曲线上）

　　式(2.28)没有定解,Theis 介绍了一个图解方法,当其他参数为已知时,可求得 T 和 S。将从现场监测井观测的水位降落(s)与时间关系分别以与理论曲线相同的比尺点绘在对数图上。保持两个曲线坐标轴相互平行,为现场资料与典型曲线配型。一旦找到满意的配型,在重叠的图上选择拟合点。这个拟合点由四个坐标值定义,在两张图上读取的数值:典型曲线图上的 $W(u)$ 和 $1/u$,现场观测图上的 s 和 t。拟合点可以是两张重叠图上的任何点,即不一定要在配型曲线上。图 2.41 为在曲线以外选择的拟合点,以方便读取 $W(u)$ 和 $1/u$,分别为 1 和 100。用式(2.28)和拟合点的坐标值 s 和 $W(u)$ 计算透水率:

$$T = \frac{Q}{4\pi s} W(u) \qquad\qquad (2.30)$$

　　用式(2.29)、拟合点坐标计算储水系数、$1/u$ 和 t,以及前面计算的透水率计算储水系数:

$$S = \frac{4Ttu}{r^2} \qquad\qquad (2.31)$$

　　Theis 在求解其方程时做了大量假设,了解其局限性是很重要的。如果试验的含水层和试验条件与这些假设差异过大(实际上在现实中常常如此),应该采用应用了适当分析方程的其他分析方法。Theis 公式假定:含水层是承压、均值和各向同性的,等厚度,抽水不影响其外边界(考虑含水层范围为无限);含水层不接受任何回灌,井出水量全部来自含水层储水,抽水流量为常数,抽水井为全透水(从含水层整个厚度内接纳水量),井是 100% 有效的(没有井损),水头下降的同时,立刻有水从含水层排出;井的半径无限小(井中的储水可忽略不计);初始(抽水前)静水面是水平的。当抽水试验资料由于"畸"形不能与 Theis 理论曲线配型时,应对可能的水文地质原因进行评估,因采用更为合适的方法分析抽水试验资料。图 2.42 所示为现场试验资料偏离 Theis 理论曲线(虚线)的几种情况。

　　各种解决这样或那样复杂问题的分析方法已不断研发成功,这些复杂的问题如下:

　　(1)出现渗漏含水层,这些含水层可能有或没有储水,可能位于抽

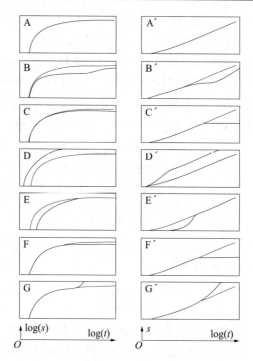

A 和 A'—承压含水层；B 和 B'—非承压含水层；
C 和 C'—渗透（或半承压）含水层；D 和 D'—部
分穿透影响；E 和 E'—井孔存水（大直径井）影响；
F 和 F'—回灌边界影响；G 和 G'—不透水边界影响

图2.42　水位降落与时间关系的对数－对数和半对数曲线

（摘自 Griffioen 和 Kruseman，2004）

水含水层的上方或下方（Hantush，1956，1959，1960；Hantush 和 Jacob，1955；Cooper，1963；Moench，1985；Neuman 和 Witherspoon，1969；Streltsova，1974；Boulton，1973）。

（2）非承压含水层中自流排水延迟（Boulton，1954；Boulton，1963；Neuman，1972；Neuman，1974；Moench，1996）。

（3）其他"非常规情况"，如大直径水井和在井壁出现孔皮（Papadopulos 和 Cooper，1967；Moench，1985；Streltsova，1988）。

（4）含水层各项异性（Papadopulos，1965；Hantush，1966a；1966b；

Hantush 和 Thomas, 1966；Boulton, 1970；Boulton 和 Pontin, 1971；Neuman,1975；Maslia 和 Randolph,1986）。

对断裂含水层的分析方法也作了一些尝试,包括双孔隙法和带层断裂（如 Moench, 1984；Gringarten 和 Witherspoon, 1972；Gringarten 和 Ramey,1974）。但这些分析方法不可避免地作了简化处理,所有这些方法仅限用于几何形状规则的断裂,例如正交或球面断裂和单一垂直或水平断裂。

Theis 公式在稍作变化和更正后,也可应用于非承压含水层和部分透水井（如 Hantush,1961a,1961b；Jacob,1963a；Jacob,1963b；Moench,1993,1996）,包括监测井距离抽水井较近,监测井处水流不是水平的（例如,Stallman,1961；Stallman,1965）。

需要着重强调的是,合理分析含水层抽水试验资料,尤其是长期试验资料,对于地下水资源管理和修复是很重要的。含水层透水率（渗透系数）和储水参数对于计算一口井的最优抽水流量或者一口井的水源、影响半径和地下水开采对可利用资源的长期影响是至关重要的参数。对试验资料的解释很少是唯一的,需要有对地下水系统的整体特性全面了解的有经验的水文地质学专家进行分析。图 2.43 为一个例子,说明在选择的理论模型不能解释大多数的数据,并且不能解释后续的任何试验资料（即令这些资料对系统的长期响应具有很强的代表性）时,就不应该解释这些试验资料。

如上所述,地下水数字模型不但越来越多地用于系统中地下水流的定量计算,

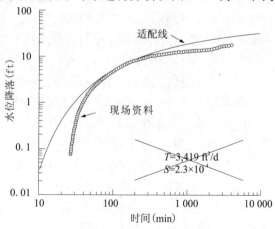

图 2.43 计算机程序用自动适线方法做出的含水层抽水试验不合理适线例子

也用于分析含水层抽水试验,因为数字模型能模拟非均质、各向异性和各种系统几何形状,以及任何地下水流边界。在数字模型中可以改变和测试各种水文地质参数,直到与现场试验数据吻合,选择为最终的概念模型。有些软件提供了多种理论模型,以在含水层试验分析评估中自动拟合曲线,包括手工拟合。HydroSOLVE(2002)编制的软件 AQTE-SOLV 就是其中之一,这个软件已在广泛使用、验证和经常更新。

2.5.2.2　断裂岩石和喀斯特含水层中的水流

由于孔隙性质的原因,对水断裂岩石尤其是喀斯特含水层中的水流进行定性分析和定量计算都是非常困难的。水在岩体格架、大小断裂、喀斯特溶槽和地下河中流动,计算这些媒介中的地下水流量所需的参数值很不相同,这些参数包括渗透系数、透水率、储水性质和水头。事实上,为研究粒间孔隙媒介提出的渗透系数概念不能应用于断裂与溶槽(地下河)中的水流。尽管这是“水力学”事实,在尝试解决这些复杂系统的定量计算问题时,很多专业人员用了所谓的等效孔隙媒介(EPM)方法,在水文地质工作中用的主要是这一方法。该方法假设含水层中所有孔隙媒介在一定程度上表现相似,总体水流情况近似服从达西定律。但在许多实际应用中,EPM 法不能得出正确答案,不能用作地下水管理和修复。例如,在预测大型喀斯特泉水流量,计算雨后水头变化时,或者预测污染物输移与演变包括污染物地下扩散路径和到达研究地点(如公用供水井)的时间时,就明显不适合用这一方法。

现在已经提出了各种方程、分析方法和数学模型,并应用于断裂岩石和喀斯特含水层的地下水流问题及污染物输移与演变。在分析最复杂同时又是实际发生最多的情况中,采用方程组计算岩阵水流(达西流)的地下水流量,这些方程组包含各种描述断裂、管道和河槽水流的水力学方程。这一集合,或者说 4 种不同水流形态之间的相互连通,可能是确定的,也可能是随机的,或者是确定与随机的某种组合。通过直接转换现场测量的实际断裂几何参数,如倾滑与阻滑(方向)、缝隙,以及同一断裂带中断裂间距等,估算确定的连通性,然后对其他断裂带也同样这样做。对洞穴,也通过测量每个洞穴的几何参数,以同样的方式连通。最后,根据现场测量和测绘,将所有非连续体(断裂和洞穴)连通起来。这一方法中包含很多不确定性和假定("你走过并测量了这个洞穴,但如果在附近还有你根本不知道的类似洞穴怎么办?")。对于随机相互连通性的计算,是采用一些统计和(或)概率方法,根据断裂(通道)的现场测量参数,随机模拟一些断裂或通道。定量与随机方法相结合的一种情况是,用已知的主要参照水流的路径(如断层或洞穴)复核计算机模拟(概率或随机)的断裂带。

　　除用均值、各向同性、等效孔隙媒介法等较简单的分析计算外,大多数断裂岩石和喀斯特地下水流计算的定量方法都要包含某种程度的模拟。更多有关各种分析方程和模拟方法的论述,包括详细的定量演算,可参见 Bear 等(1993),Faybishenko 等(2000),以及 Kovacs 和 Sauter(2007)。图 2.44 所示为地下水专业人员在定量分析喀斯特含水层地下水流时面对的一些复杂情况,首先是回灌率("有多快和多少雨水流到饱和带"),接下来是计算流过岩阵和不规则、"粗糙"、因溶蚀扩大的断裂中的流量,最后是计算岩阵和断裂之间的水量交换率。

图 2.44　喀斯特含水层双空隙媒介例子

(箭头为断裂和岩阵之间的水交换,溶蚀引起断裂缝扩大,爱尔兰
西北部地貌)(George Sowers 摄,Francis Sowers 授权印制)

　　喀斯特含水层,根据其位置和均匀性的不同,输送地下水的能力有低有高。一个好的实例是,Dettinger(1989)对南内华达州碳酸盐含水层的分析。狼泉谷(Coyote Spring Valley)含水层透水性在一口主要开

采井处非常高,达 18 600 m²/d(约为 200 000 ft²/d),该井在水位降落仅 3.66 m(12 ft)时的出水流量为 214.5 L/s(3 400 gal/min)。但根据其他 33 口井的试验资料,在中廊(Central Corridor)地区的其他地方,透水性为 464.5 ~ 1 021.9 m²/d(5 000 ~ 11 000 ft²/d),在水头降落 25.9 m(85 ft)时,井的平均含水层出水量约为 1 722.4 L/d(455 gal/d)。同样的研究表明,该井 16 km(10 mi)范围内的泉眼,含水层透水率比更远地区的高 25 倍。这些是地下水流汇集的区域,局部流量高,多类型水流即便不是起决定性作用,也起着主要作用。

当断裂岩石或喀斯特含水层通过大型泉眼排水时,泉眼涌水流量是采用普通水力学参数进行任何区域地下水流计算的最好参考点。简单定量分析泉眼水流水文过程,包括水流与降雨(或其他水输入)的自相关和互相关后,可得到水流可能形态和含水层储量的一些线索。

2.5.3　地下水流速

所有描述流体流动方程中,无论其研究的科学(工程)领域如何,都有如下有关水流流量(Q)、流速(v)和横断面面积(A)的普通而基本关系式:

$$Q = vA \qquad (2.32)$$

达西定律中有一种形式表达了地下水流速为孔隙媒介的渗透系数(K)与水力梯度(i)的乘积:

$$v = Ki \qquad (2.33)$$

但是,这一称为达西流速的流速并不是水粒子流过孔隙媒介的真实流速。首次从试验中提出的达西定律,假定地下水流在包含孔洞和颗粒的试样(孔隙媒介)的全断面流动(在俄国文献中,达西流速被称为"涂抹流速")。由于水实际流过的断面面积比全断面面积小(水只从空洞中流过),本书引入另一个术语来考虑这一减小值——线性地下水流速(v_L)。由式(2.32)可知,线性流速一定比达西流速大:$v_L > v$。可用于描述水流面积减少的现成参数是有效孔隙率(n_{ef}),定义为岩石全部孔隙中能让地下水自由流过的那部分孔隙。同样地,线性地下水流速用下式表示:

$$v_{\mathrm{L}} = \frac{Ki}{n_{\mathrm{ef}}} \tag{2.34}$$

　　线性地下水流速适用于估算地下水流动时间,达西流速适用于计算流量。但两者都不是地下水真实流速,真实流速是水粒子穿过空洞沿着其九曲回肠的实际路径流动的时间。很明显,真实流速在实际工作中是不好测量或计算的。

　　流过孔隙媒介的单个水粒子上有两个主要作用力:运动水粒子间的摩擦力和水粒子与环绕孔洞的固体间的摩擦力。在这些摩擦力作用下,单个水粒子的运动速度是非均匀的:有些粒子运动得快一些,有些则比粒子组的平均速度慢一些(见图 2.45)。这一现象称为机械弥散,在定量分析溶解于地下水的污染物输移(有关污染物输移与演变详见

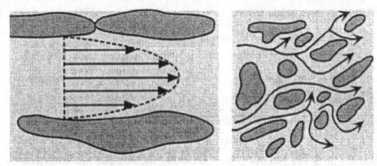

图 2.45　水粒子流速变化引起的物理扩散和孔隙媒介颗粒间
迂回曲折的流径示意图(Franke 等,1990)

第 5 章)中是非常重要的。由于存在机械弥散,单个水粒子(或溶解污染物)在所有三个主要方向(纵向、横向和垂向)扩散,这三个方向与地下水总体流向一致。因此,如果要精确计算水和污染物粒子的运动时间,就必须计算弥散现象。同时,如果没有大范围的现场试验,包括跟踪、精确定量计算弥散几乎是不可能的。

　　如前所述,断裂岩石和喀斯特含水层中的地下水流在性质上与粒间孔隙中的不同。充满水的大断裂和溶槽与"连续介质"的表现是不一样的,不能应用渗透系数和有效孔隙率的概念。如果不专门针对目标特定的断裂或溶槽进行广泛的现场勘察,计算这些断裂与溶槽中的

地下水流速是没有意义的,这样的现场勘察对任何类型的工程都是非常昂贵的事情。在评价断裂岩石和喀斯特含水层中的地下水流速时,染色示踪和环境同位素示踪一直是可选择的勘察技术(Benischke 等,2007;Geyh,2000)。

由于喀斯特溶岩中孔隙媒介的独特性质,地下水流速大小变化可相差很多数量级,即使在同一含水层中也是如此。因此,应该非常谨慎地做出如"喀斯特中地下水流速非常高"之类的(很常见的)陈述。尽管喀斯特含水层和大断裂中的地下水流可能确实是这样的,但喀斯特含水层在相当大的范围内流过小裂缝及岩阵中的地下水流速(层流)就比较低。而大多数喀斯特中的染色示踪试验是为了分析已知(或怀疑)的地表水渗入地点与地下水流出(泉眼)地点之间的可能连通性。因为这样的连通通道中存在一定程度的流径(渗泉型)优选,根据染色示踪资料计算的流速通常偏高。

2.5.4　各向异性和非均匀性

沉积物和其他岩石在所考察的一定代表范围内可以是均质的或者非均质的。由粒径基本相同的纯石英颗粒组成的干净海滩沙就是一种均质岩石(非固化沉积物)。如果除石英颗粒外,还有其他矿物颗粒但都均匀地混合着,没有任何形式的组分,那么这样的沉积物还是均匀的。各种可能尺度,比如几厘米到 10 m,很难满足代表含水层或滞水层的岩体。为简化起见,当同一岩石内不同组分的矿物或者一处淤积体内不同粒径的沉积物中地下水流特性类似时,那么这样的块体可认为是均质的和有代表性的。但在实际情况中,所有含水层和滞水层或多或少都是非均质的,只是为了方便,或各利益相关者之间协商同意,将勘察中的某部分地下考虑为均质的。同时,适于研究普通供水的含水体简化不一定完全适合于研究污染物输移和演变。图 2.46 表明了这一点。冲积含水层几乎总是含有各种比例的砾石、沙、粉粒和黏土,以层状或透镜状沉积,厚度各异。当含水层中以砾石和沙为主间有薄夹层状的细粒组成时,也可考虑为一个连续体,透过井的全部过滤网向其供水。但当含水层受到污染时,溶解污染物更快地流过透水性较强的孔隙媒介,这样的孔隙媒介可能以离散的间隔,形成相当迂回的优选流径,这些流径相交于抽水井。探测这样的流径,尽管很困难,但对于成功补救地下水是很关键的,而对为供水定量计算地下水流量就不那么重要了。

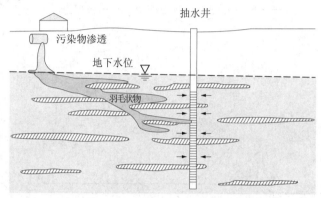

图 2.46　主要由砾石和沙组成的含水层从全部过滤段向井内供水,同时溶解污染物可能只是以几个分离的流层进入水井

非均匀性的一个重要方面是地下水流方向在渗透系数明显不同的岩石(沉积物)间边界上变化,如图 2.47 所示,如光线进入不同密度媒介,如从空气进入水时产生折射。不同密度媒介边界使光线产生折射,形成不同的两个角,即入射角和折射角(离开角)(入射角为边界直角线与入射光线之间的夹角,折射角为边界垂线与离去光线之间的夹角)。唯一例外的是光线垂直于边界,在此情况下,这两个角相同,即 90° 角。如图 2.47 所示为入射角(α_1)与折射角(α_2)之间的数学关系,和两种媒介渗透系数 K_1 与 K_2 的关系相关。只要两种媒介之间有清晰明确的边界,这一图形在平面和断面视角上都是适用的。渗透系数的不均匀性是造成地下水系统宏观弥散的主要原因,在分析开采井的"捕获"带和污染物输移时尤为重要。图 2.48 为同一口井的两个"捕获"带,抽水流量相同,只是在研究含水层时,一个(图(b))用的是均匀渗透系数,另一个(图(a))用的是非均匀渗透系数。类似地,一缕溶解污染物的形状在很大程度上受孔隙媒介非均匀性的影响。

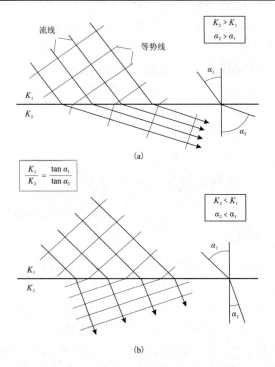

图 2.47　在较大渗透系数(a)边界和较小渗透系数边界(b)
地下水流线折射

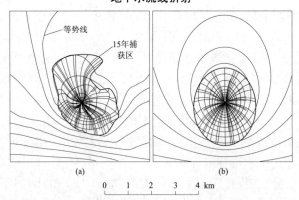

图 2.48　采用均匀媒介的平均渗透系数的半承压含水层模拟 15 年捕获区
的流线(b)及同一水井在含水层非均值渗透系数的捕获区流线(a)

　　孔隙媒介的各向异性是影响地下水流和污染物输移方向的另一个非常重要的因素。它是由于组成含水层和滞水层的岩石中的所谓地质组构形成的。地质组构是指组成岩石的所有元素(例如沉积岩的颗粒、岩浆岩和变质岩的组成结晶体)之间的空间与几何关系。组构也指岩石中的非连续体,如裂缝、断裂、断层、断层带、褶皱和层理面(成层的)。如果没有水文地质方面的更详细说明,说缺少深厚地质知识的地下水专业人员(非地质学家)很难理解非均匀性和各向异性中的很多重要方面也是不为过的。

　　在水文地质中,当孔隙媒介渗透系数在各方向变化时,这样的孔隙媒介可认为是各向异性的。所有类型的含水层或多或少地存在各向异性,而断裂岩石和喀斯特含水层通常表现出最高程度的各向异性;这样的含水层中可能含有极高的渗透系数带,这种渗透带可能呈现几乎所有可想象到的形状。图 2.49 和图 2.50 所示的只是各种岩石各向异性的很多可能原因中的几种情况。重要的是要理解在所有空间方向可(通常确实)存在不同程度的各向异性。为简化和计算方便,水文地质专业人员仅在三个主要的相互垂直方向考虑各向异性:两个方向在水平面,一个方向在垂直面;在直角坐标系中,这三个方向用 x、y 和 z 轴表示。图 2.51 说明了在确定井的"捕获"区时含水层各向异性的重要性。

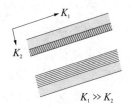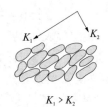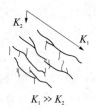

　　(a)透水率不同的沉积层　　(b)冲积淤积砾石颗粒的方向　　(c)块状岩石中两种裂隙

图 2.49　渗透系数各向异性的几种可能原因

(Kresic,2007a;版权属 Taylor&Francis 集团有限责任公司,授权印制)

图 2.50　犹他州南部剪刀状地层(Cutler Formation)中的互层砂岩
(出露岩石内的条纹是河流(冲积)淤积互层。注意:互层是如何截断
下伏岩层的,地质锤作为比尺参照物)(Jeff Manuszak 提供照片)

　　也是为了简化和便利,所研究的地下水系统或其任何部分,可以用一个包含出现的孔隙媒介中非均匀性和各向异性的"所有"重要方面的体积来代表,这样的体积有时称为代表元素体积(REV),对很多描述地下水流动和污染物输移与演变的定量参数中每个参数仅用一个值定义这个代表元素体积。例如,小于 1 m^3(几立方英尺)的岩石对量化污染物扩散进入岩阵的情况可能足够了,而对于计算断裂岩石含水层中地下水流量,这样的体积可能是完全不够的,因为断裂含水层中主要透水断裂的间距大于 1 m。确定代表体积时也要考虑获取现场资料和进行室内试验可以得到的资金和允许的时间。根据几个钻孔和监测井资料进行的外延与内插,自然与那些从数十口井资料所得到的情况是不同的。另一个常具挑战性的难题是扩大尺度。扩大尺度这一术语是指将从小体积孔隙媒介(即实验室试样)获得的参数值应用于更大的、现场尺度的问题时所作的假定。不管怎样,对每一定量参数可能要作出假定,也应尽一切努力作出最后选择,以全面描述和量化该参数的有关不确定性和敏感性。

　　下面的举例说明对反映非均匀性的两个水文地质基本参数选择两

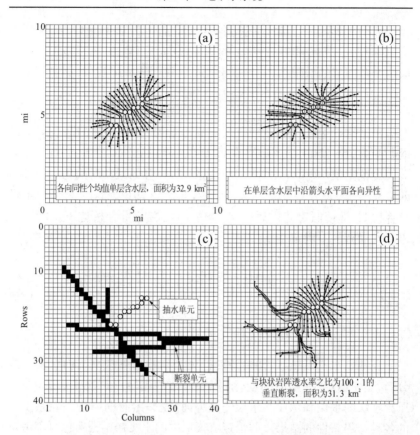

图 2.51 佛罗里达州坦帕市(Tampa)附近 Swamp 中部地区、塞浦路斯溪井场含水层各向异性和非均值对模拟捕获带的影响：(a)各向异性和非均值层含水层；(b)各向渗透系数不同,沿箭头方向渗透系数值大 5 倍；(c)和(d)垂直裂隙模拟,"裂隙"单元透水率比周围"岩阵"单元大 100 倍(改编自 Knochenmus 和 Robinson,1996)

个不同值可产生怎样不同的量化解,即使这两个选择看起来似乎是合理的。考虑如下情景：污染物入渗点和潜在的接受体相距 762 m (2 500 ft)；浅表含水层含有"细沙",根据可利用的监测井资料估算的区域水力梯度为 0.002。假定污染物不降解或吸附在固体颗粒上(即它是"保守的"并且像水一样等速运动),溶解污染物粒子在两点间运动需要多长时间？

如图 2.37 所示,细沙的渗透系数变化范围为 0.31 ~ 12.2 m/d(不足 40 ft/d)。"沙"的有效孔隙率(单位给水量)为 20% ~ 45%。假定取两个范围值的低限值,该地下水粒子的线性流速用式(2.34)计算:

$$v_L = \frac{Ki}{n_{ef}} = \frac{0.8 \times 0.002}{0.2} = 0.016 (ft/d)$$

根据这一速度,地下水(以及溶解污染物)在所研究的两点间运动的时间为 156 250 d 或约 428 年(2 500 ft 除以流速 0.016 ft/d)。如果取两个范围值(40 ft/d 和 45%)的高限值,计算的运动时间约为 14 045 d 或 38.5 年,这一差别是很大的,至少可以这样说。这一简单的定量计算说明,即使假定孔隙媒介是"均值的",在定量分析地下水特性时也存在固有的不确定性。

2.6　初始条件与边界条件

2.6.1　水头的初始条件和等势线

在地下水模拟领域,初始条件指观测到的地下水系统内水头三维分布,是非恒定流(随时间变化)模型模拟的起始点。这些水头(非承压含水层的水位和承压含水层的等势面)是一定时期内作用在系统上的各种边界条件的结果。非恒定流模拟中的水头初始分布也可用恒定流模型推算,在假定边界条件不变和储水量不变的情况下,这种推算结果与现场观测值最接近。在大的范围内,现场观测和推算的水头都可用作进一步分析(包括非恒定地下水模拟)的起始点。理想情况是,初始条件应该尽可能与所有长期自然输入系和输出系统的水平衡状态接近,尽可能少地掺入人为影响,即所谓开发前条件(见图 2.52)。然而,在很多情况下,没有足够的这种天然条件下的水头资料,在资料的外延与内插中会出现各种困难,包括与假定开发前边界条件有关的不确定性。

不管选择边界条件的情况如何,根据水头资料绘制等势线是首要步骤。在大多数水文地质调查中绘制有水位(非承压含水层)等势线图或测量管水面线图(承压含水层),这些图绘制合理时,可成为研究

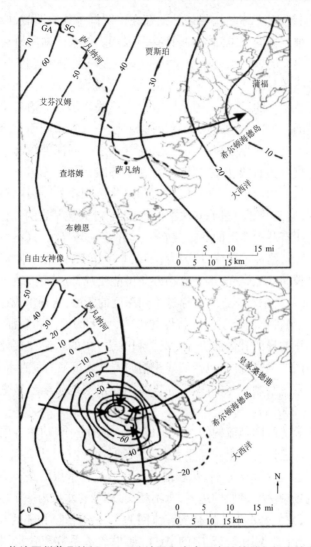

图 2.52　佐治亚州萨凡纳(Savannah)地区和南卡罗来纳的希尔顿海德岛(Hilton Head Island)上佛罗里达等势面(上图为开采前状况(基准面:NGVD 29))

含水层最有力的工具。尽管一般只是用于确定地下水流的方向,等势线图与其他资料一起使用时,也可以用于分析计算水力梯度、流速和流量、粒子运动时间、渗透系数和透水率等。此外,等势线的间距和方向

(形状)直接反映了水流边界条件的存在。解译等势线图时,应谨记这是代表三维流场的二维图,因而具有局限性。如果已知所研究的地下水系统有很大的垂直水力梯度,并可收集到足够的现场资料,至少绘制两张等势线图是明智的:一张为浅层,另一张为深层。一般地质图和水文地质图总是有的,等势线图上应该绘制一些表示水头测量位置和垂直点的横断面,并标上数据,或者更理想地,一并在横断面上绘出等势线。最不准确和误导的情况或许是,在含水层不同深度筛选的监测井数据与垂直水力梯度混在一起并绘制等势线,形成一个"平均"数据包。一个完美的例子是,含有深厚残积风化沉积物的断裂岩石或喀斯特含水层,监测井通过过滤安放在残积层内,并到达基岩的各种不同深度。如果所有井中监测的数据混在一起并绘制等势线,就不可能解释地下水实际上是往哪里流,原因为:①在非承压条件(有水位)下,残积物主要是粒间孔隙媒介,水平流动方向可能受局部(小的)地表排水特性影响;②基岩中有不连续流穿过不同深度的断裂,这种水流通常是有压的(承压条件),可能受区域特性的影响,如大的河流和泉涌。因此,两种有明显差异的孔隙媒介(残积物和基岩)中的水流在某处可能向着两个不同的常规方向,包括从残积物向着基岩很强的垂直水力梯度。给这样的系统绘制一张"平均"等势线图在水文地质学上是毫无意义的(Kresic,2007a)。

　　水头等势线图是流网的两个组成部分中的一个,均质各向同性的含水层中的流网为一组相互垂直的流线和等势线(见图2.53)。流线(即水流线)是一条想象线,代表地下水粒流过含水层的路径。两条流线形成流场中一个流段的边界,永不相交,即从含水层内一个较小的范围内观察,它们基本上是平行的。流网的主要条件是,相邻两条流线之间的流量相同(见图2.53中的ΔQ),如果渗透系数和含水层厚度已知,就可以计算含水层各部位的流量。

　　等势线是等势面的水平投影,等势面任何位置的水头均是常数。两条相邻的等势线(面)永不相交,在含水层的一个小范围内也可认为是平行的。这也是为什么在均值、各向同性的含水层里,有时将流网称作小(曲线)方格网。一般而言,绘制均值和各向同性系统的流网图时要应用如下一些简单规则(Freeze 和 Cherry,1979):①整个系统中流线与等势线必须是正交的;②等势线必须与不透水边界垂直;③等势线必须与常水头边界平行;④地质边界上满足正切定律(见图 2.47);⑤如果流网绘制后在一个地层中的某处网格是正方形,则在这个地层中的网格必须全部是正方形的,并且所有地层的渗透系数相同。不同渗透系数地层中网格为矩形。

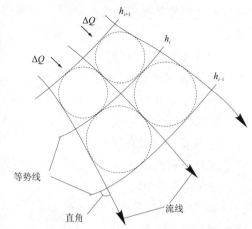

图 2.53 流网是一组相互垂直的等势线和流线
(等势线连接相同地下水势能点即水头 h,流线为地下水粒子流过含水层路径的假想线(虚线),相邻两条流线之间的流量 ΔQ 相同,含水层透水率越大,等势线间距越大)

规则④和⑤致使复杂非均值系统中的流网很难用手工精确绘制。此外,如果系统还是各向异性的,在大多数情况下,手工绘制合理的流网是不可能的。然而,手工绘制一张大致的等势线图(没有流线的流网)总是可以的,这是因为绘制等势线图时允许绘制者应用自己对各种复杂水文地质条件的理解。盲目信赖计算机程序绘制的等势线图可能会导致错误的结论,因为计算机不能识别对水文地质专业人员来说很明显的情况,例如出现的地质边界、各种孔隙媒介、地表水体影响或地下水流的原理。因此,人工绘制等势线图和人工解译计算机绘制的等势线图是必须的,并且是整个水文地质研究工作中的一部分。不过,一些倡导用计算机绘制等势线图的人员辩解说它是最"客观"的方法,因为计算机排除了人工绘制时可能存在的"偏见",很少能对下面的话再说什么:如果有些解释对水文地质是无意义的,谁或者什么造成了这种无意义的解释都无关紧要。

数学模型是绘制等势线图、跟踪流过系统的水粒子和计算地下水系统任何部位的流量的最好工具,模拟中可以在所有三维考虑和测试所有已知或推测的非均匀性、边界条件和各向异性。图2.54～图2.56所示为测试渗透系数和各向异性变化对含水层某一部位流出的粒子轨迹影响的模拟结果。

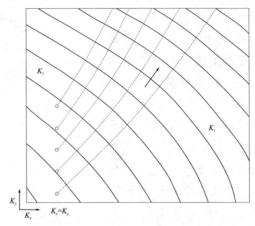

图2.54　各向异性对粒子轨迹(虚线)的影响
(x 方向的渗透系数比 y 方向的高4倍)

在分析边界条件时,为了更好地了解系统以及选择水头的"代表性"空间分布,应采用不同时期收集的一些同步数据。除测压管、监测井和其他井的记录资料外,还应尽量记录附近地表河流、湖泊、水塘和其他地表水体中的水位。水头观测前的水文气象信息对了解回灌环节对地下水流向和水头波动的可能影响也是

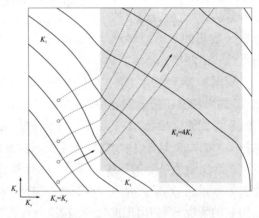

图2.55　地质边界(各向异性)对等值线和颗粒轨迹的影响(阴影部分的渗透系数比流场中的其他部分大4倍,含水层为各向同性的(在 x 方向和 y 方向渗透系数相同))

非常重要的。所有这
些信息对绘制正确的
等势线图是必须的。

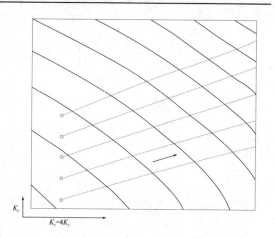

　　绘制冲积层等势
线图时,最重要的一个
方面是确定地下水与
地表水之间的关系。
用水力学的术语说,含
水层与地表水体的接
触面为等势面。对湖
泊或湿地情况,接触面
水头可近似取为相同。
对河流情况,接触面水

图 2.56　各向同性和均质均匀渗透系数
(K_1)含水层中水头等值线和粒子轨迹

头沿地下水流方向降低。如果有足够的河流水位实测资料,就较容易
绘制该河附近地下水位等势线图并终结在河流与含水层接触面。然
而,通常的情况是,只有少量的或不准确的河流水位数据,并且还要以
精度为代价,由地形图或通过外延水力梯度到与河流相交处的监测井
资料来估算这些数据。图 2.57 所示为地表水—地下水相互作用的几
个例子,这种交互作用以等势线为代表。

　　在高度断裂和喀斯特含水层中,地下水流是非连续的(主要沿着
断裂和喀斯特溶槽等优选路径流动),达西定律在这些含水层中不适
用,流网不是分析水流特性的合适方法。但很多专业人员却经常为这
样的含水层绘制等势线图,这些专业人员在尝试绘制“看起来正常”的
等势线图时,常发现他们自己剔除了某些“异常”数据。表示区域(比
如 $2.59\ km^2(1\ mi^2)$)断裂岩石或喀斯特含水层地下水流态的等势线图
也可能是合理的,因为地下水一般从回灌区流向排泄区,地下水力梯度
可反映这一简单情况。当用以解释局部流态时,往往会出现问题,如图
2.58 所示。

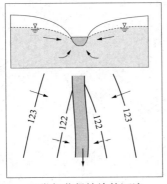 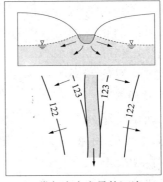

(a)常年获得补给的河流　　　　　(b)常年失去水量的河流

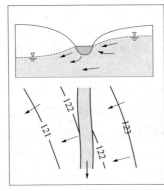 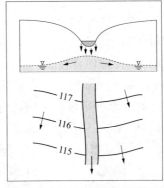

(c)常年在一岸获得补给，在另　　　(d)失去水量的河流与下伏地下
　　一岸失去水量的河流　　　　　　　水位不连接，也称为季节性河流

**图 2.57　横断面图(顶部)和水头等位线图表示的地下水
与地表水之间的基本水力学关系**

（摘自 Kresic，2007a；版权属 Taylor&Francis 集团有限责任公司，授权印制）

2.6.2　边界条件

　　在水文地质和地下水模拟中描述地下水系统的入流和出流时，通常使用三个普通的边界条件：①已知水流；②水头影响的水流；③已知水头。这些条件应用于内外边界（即水进入和离开的所有位置和表面）。系统外边界的一个例子是，从降雨入渗或灌溉水退水处接受回

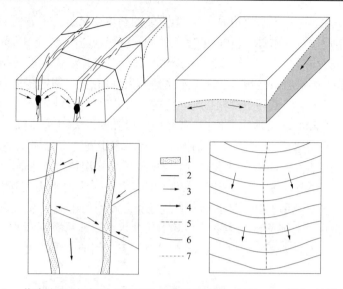

1— 优先流径(如断裂或断层带或喀斯特溶槽/暗河);2—裂隙/断层;
3—局部水流方向;4—总流向;5—水头位置(粒间含水层地下水位);
6—水头等值线;7—地下水分水岭

图 2.58 断裂岩石或喀斯特和粒间含水层中地下水流及其平面示意图

(Kresic,1991)

灌的非承压含水层的水位,这个条件有时候被忽视为外边界。这一估算或实测的进入系统的水流用作一定地表区域的回灌量。通常表达为所关注的单位时间(如日、月、年)毫米(或英寸),将它与面积相乘,就可得出以单位时间体积表示的水量。

已知水流外边界的另一个例子具有实测流量的大型泉涌,它是含水层的排水。已知水流内边界(水流离开系统)例子是有记录抽水流量的水井,抽水流量以加仑每分钟(gal/min)或升每秒(L/s)表示。很明显,水可以多种自然和人为方式进入或离开地下水系统,这种情况取决于水文地质、水文、气候和针对研究系统的人为因素。在很多情况下,不能直接实测这些水流,必须用各种方法和参数估算或计算(见 2.4 节和第 3章)。最简单的边界条件是含水层与低透水性孔隙媒介(例如"隔水层")的接触面。假定该接触面没有地下水流,称为零流边界。尽管实际情况中确实存在无水流边界条件,但重要的是不要只是为了方便而不加区别地应用这一条件。例如,非固化的冲积沉积物与周围"基岩"间的接触面,即使在任一方向均可能有一定的水流穿过边界,也常被模拟为零流边界。当没有特定现场的地下水文地质条件信息时,假定零流可能会导致对地下水流或污染物输移与演变的错误结论(计算结果)。

在实际的水文地质工作中,观测内外边界的水头,并间接而不是直接用于确定水流,是非常常见的做法。水头用于确定水力梯度,采用水力梯度与边界的渗透系数和横断面面积,可计算出该边界断面进入或流出系统的地下水。这一边界条件(用边界任一边的水头表达)和边界的导水率(即边界的透水率)称为受水头影响的水流。水头影响边界条件的一个例子是渗透系数与其下伏含水层渗透系数不同的河床淤积物的河流。如图2.59所示,含水层与河流之间的流量取决于河流附

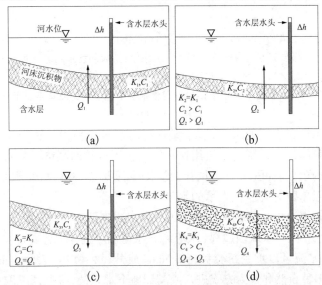

K—渗透系数;C—河床透水性;Q—含水层与河流之间的流量;Δh—含水层
与河流间的水力梯度(所有4种情况中相同)

图2.59　用水位流量表示的河流边界

((a)和(b)接受补给河流;(c)和(d)失水河流。河床沉积物较低渗透系数,
其大厚度导致透水性低和流量小)

近含水层中的水头与河水位(河流水头)之间的水头差,以及河床的导水率。河床淤积物导水率较低时,表明河床淤积物中的细粒(粉粒)含量较大和透水量较小,结果是含水层与河流(边界)之间的水流较少。河床淤积物较厚时,也有相同的情况。

当对边界的真实物理特性了解不多时,或者为简化起见,这样的边界只用水头表达:所谓已知水头,或固定水头,或等势边界。在不考虑河床(湖底)导水率时,河流或湖泊水位就是这样的边界条件。采用达西定律计算流过边界的流量(Q):

$$Q = AKi$$

式中 A 为边界的横截面面积;i 为边界(河流或湖泊)与含水层之间的水力梯度;K 为含水层孔隙材料的渗透系数。

对边界条件作这样处理后存在的一个问题是,当含水层水头减少时,由于边界上的水头固定,从边界进入系统的流量会由于水力梯度增大而增加。当进行非恒定流模拟时,要考虑可能影响系统的时间变化,这时尤其要关注这一问题。如果还是偏向于用固定水头的确定边界模拟,应根据收集到的现场资料,在模拟中对不同时期的水头作出调整。

选择三个普通边界类型主要是为了确定地下水系统的整体水平衡。通过边界进、出水量即流出系统的总水量必须与系统储水量的改变值相同。当为系统评估或管理使用地下水模型时,使用者必须确定已知边界的水流情况。对于其他两个边界类型(受水头影响的水流和固定水头),模型在计算流过边界的水流时使用的是其他指定参数——边界上的水头和系统内的水头、边界导水率和系统孔隙媒介的渗透系数。

图2.60~图2.62用一个盆地充填流域的例子,说明了各种边界条件如何影响地下水流和地下水开采。这样的流域,在半干旱的美国西部是常见的,可能含有永久(常年)或间歇性地表河流,并可能有地表水径流和周边山前地下水回灌。它们也可与相邻流域连通,形成相当复杂的地下水系统,有各种当地和区域水渗入和排出。因此,对地表和地下区域(带)确定代表性、随时间变化的边界条件是相当困难的,但对合理的地下水管理又是必须的。

　　在确定边界条件时,必须尽可能多地在时间和空间上研究水头观测资料,因为等势线的高程和形状直接影响边界上各种水的输入和输出。例如,图 2.60 所示的横断面,一个盆地与一个上位盆地和一个下

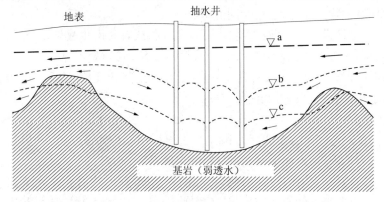

a—开采前水头;b—地下水开采初期水头;c—所有三个盆地超
采地下水后的水头,导致地下水在盆地之间停止流动

图 2.60　与上坡盆地和下坡盆地相连的简化盆地－充填盆地
(没有示出非均质性)纵断面示意图

位盆地相通,所有三个盆地都在抽取地下水用于供水。根据抽水流量和回灌的不同,地下水可能或多或少地在盆地之间流动,包括互通水流的完全停止。在盆地内各地点和各时期水头资料的详细程度将决定等势线的精度,因而可能或者不可能显示出各种边界条件的存在或影响。如图 2.61 所示,地下水从东部的上位盆地的总入流和西部下位盆地的出流,盆地含水层之间没有连通,地表河流流经盆地。图 2.62 给出了进入盆地后在离边界不远处所有水渗入含水层的两条河流(A 和 B)的影响。图中也示出了含水层与流经盆地的地表河流之间的水力联系,包括损失水量进入含水层的河段,或从含水层获得补给的河段。

　　如前所述,在地表河流的冲积盆地和洪泛平原选择边界条件时,最关键的是能精确表达地表水与地下水之间的交换。河流可能是间歇性的或者常年的,它可能在某些河段向下伏含水层补给水,在其他河段又受含水层补给,同一河段的这种补给关系还可能由于季节的不同而不同。河流与"其"含水层之间的水力联系可能是完整的,没有受河床淤

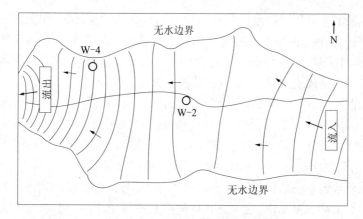

图 2.61　充填盆地水头等值线图

（盆地与流经其中的地表河流无水力联系，没有盆地边缘补给水。

箭头表示地下水总流向）

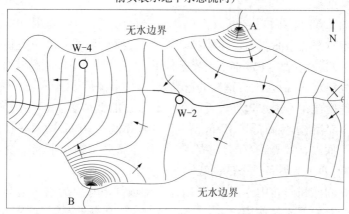

图 2.62　水头等值线图

（图中示出了两条地表河流（A 和 B）对从周边基岩区补给盆地和盆地向距
其接触面很近的下伏含水层补给水的影响。流经盆地的主要地表河流与下伏含
水层有水力联系。接受地下水补给的河段用粗线条表示。

箭头表示地下水总流向）

积层的任何干扰。但在有些情况下，可能由于沿河道分布有厚层粉土，
或者只是由于有一层低透水淤积层分布在含水层和河流之间，河流附

近的抽水井只能从河水中接受少量补给。在这种情况下,用固定水头(等势)边界代表河流直接与含水层连接是完全错误的。在数学模型中,不管实际条件如何,只要含水层中水头低于该河水位时,这样的边界基本上是代表回灌含水层(或水井)的耗之不尽的水源。

很明显,图2.61和图2.62所示的两个极端情况之间的任何组合在实际情况中都是可能的,自然包括随时间变化的边界条件。在本书中意味着河流不是常年的。不管由于什么原因,包括为了"简化"或者"筛选",假定边界条件不随时间变化几乎都会导致错误的结论,并会为地下水管理决策提供不真实的计算结果。另外,变化的边界条件引起地下水储水量变化,这一点在任何可利用地下水资源分析中都是要考虑的。换句话说,采用恒定流模型模拟地下水系统时,自然不包含储水参数,也几乎会导致错误的结论,并会为地下水管理决策提供不真实的计算结果。

图2.63说明了边界条件对估算水井长期产水量的重要性。图中水头与时间关系曲线为1年模拟期抽水,有河流和无河流为完整等势边界的两种情况。在常水头边界条件下,W-2号井中的水位在抽水2周后是稳定的,而在没有这样的边界条件时,水位是连续下降的。但其下降速度比距不透水边界较近的W-4号井的低很多。W-4号井在抽水1年后,水位降低了17 m,W-2号井降低了10 m,两口井在同样条件下抽水。需要注意的是,W-4号井在第一年抽水期间不受河流的影响,两种边界条件下的曲线完全相同。

在固化和非固化岩石中,断裂通常形成地下水流的水力边界。断层可能起如下3种作用之一:①地下水通道;②由于断层(断层带)内孔隙率增加而储存地下水;③由于断层(断层带)内孔隙率减少而阻碍地下水。Meinzer(1923)提出的如下论述说明了这一点。

断层在断裂范围、断裂深度和位移量等方面差异性很大,微小断层对于地下水没有多大意义,除非它可以像其他断层一样储存水。但大的断层,可在地表上跟踪数英里,深入地表以下很大深度,位移量达到数百或数千英尺,这对地下水的起源和循环影响重大。这些断层不仅影响含水层的分布和位置,而且其作用也像地下大坝一样拦蓄地下水,或者像水渠通达地内让深层地下水排出地表,常常出水量很大。在有些地区,存在的不是严格定义的单一断层,而是一个断层带,在断层带中,有大量小的平行断裂或碎岩体,称为断层角砾岩。这样的断层带表示有大的聚集位移,并可能提供良好的地下水通道。

断层带的主要拦蓄机制如下:①位移使不透水和透水位置改变,不透水基床移到紧靠透水基床;②岩石位移期间,摩擦和粉

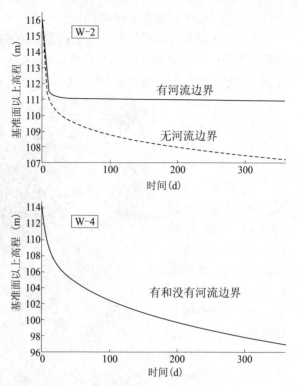

图 2.63 W - 2 和 W - 4 号井在模拟抽水的
第一年期间水头与时间关系
(两口井抽水流量相同,假定渗透系数相同。井的位置见图 2.61 和图 2.62)

碎作用形成的断层面出现断层泥(断层拦蓄效果在含有大量黏性材料的非固化岩层中是常见的);③沉淀物,如碳酸钙,通过地下水流过断层带的循环,胶结空洞;④细长扁平的碎屑翻转后形成新的排列,减少了垂直断层方向的透水性。

Mozley 等(1996)讨论了新墨西哥州阿尔巴克基(Albuquerque)流域与大倾角正断层有关的渗透系数减小情况,这些断层切割了轻度固化的沉积物。

这样的断层通常由钙胶结,胶结厚度范围为数厘米到数米,厚度大

小与断层任一侧沉积物粒径有关。

　　在主要沉积物为粗粒的部位和细粒部位的胶结厚度最大。此外，当断层带穿过粗粒沉积物时宽度最大。Haneberg 等（1999）对非固化沉积物断层带的变形机制和水力特性做了广泛的研究。

　　图 2.64 所示为加利福尼亚州南部非固化冲填盆地中主要断层例子，这些断层是地下水的不透水层。雷阿图 - 柯登（Riato-Colton）盆地周边几乎都是不透水断层阻水层，盆地内有大量地下水开采用于供水，从降雨接受的回灌可忽略不计，在遥远的西北部从莱特尔溪（Lytle Creek）侧向入渗的水量很小。相反，北边的邦克 - 希尔（Bunker-Hill）盆地也有大量地下水开采用于供水，其大多数的回灌来自大量消失的地表

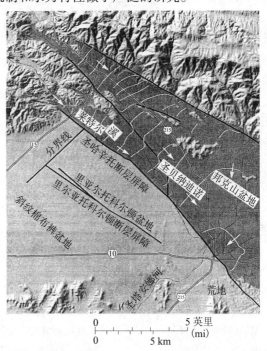

图2.64　南加利福尼亚州非固化冲积充填沉积物中发育的不透水断层分隔地下水盆地（白线为等势线；白箭头为地下水总流向；虚线为地表河流；粗黑线为主要断层）
（改编自 Danskin 等，2006）

河流，山前径流，由此导致雷阿图 - 柯登（Riato-Colton）盆地（没有在图 2.64 中示出）内的水头比邦克 - 希尔（Bunker-Hill）盆地内的水头低数百英尺。

　　如上反复阐明的，边界条件最重要的方面之一是随时间变化。根据每项特定研究目的选择合理的平均时段。当考虑降雨回灌时，对于

长期供水评估,采用季或年的时期可能就可以了。当边界水流变化较大,而且要求的预测精度较高时,描述变化边界条件的时段可能要短得多。例如,图 2.65 所示为用于模拟大河流与高透水率冲积含水层之间关系的两个时段的比较情况。哥伦比亚河在该处的水位受每日高频率水流波动影响,这种水流波动主要是由普利斯特·拉皮德(Priest Rapid)大坝为满足发电需要而泄水发电造成的。每日河水位波动的幅度超过月平均水位的季变化。在模拟期,河流水位平均 24 h 变化(24 h 最大水位与最小水位值的差值)为 1.32 m。本书对地下水位,相应于河水位作了大量修正,不过在时间上有所滞后,并减小了波动幅度,开发了二维、垂直、横断面模型域覆盖流入或流出河流的水流以及地下水与河水混合带的水流的主要波动情况(Waichler 和 Yabusaki,2005)。

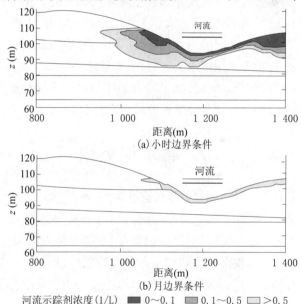

图 2.65　模拟末期河水示踪剂浓度及含水层、包气带与华盛顿州 Hanford 300 地区哥伦比亚河之间水流交换二维数字模拟

(改编自 Waichler 和 Yabusaki,2005)

用小时边界条件模拟求得流过河床的水流变化方向和变化幅度。

为作比较,对从一天内的平均小时边界条件得出的流速波动作了大量减小处理,在月平均边界条件下没有流速波动。对于河流染色示踪,也得出了类似情形,示踪水体进入含水层后经过一段时间返回到河流。依据河流示踪浓度等势线,用小时水位边界条件进行的模拟预测了从河流向内陆流入 150 m 远的含水层 – 河流水混合带。相反,根据河流和模型内边界小时水位的日平均和月平均值进行的模拟表明,预测的渗入含水层水量大量减少,导致对混合带水量估计不足。较高频率的河水位变化与大坝每日泄水计划有关,大坝泄水造成河水与地下水染色示踪大量混合,并冲刷河流附近的地下物质。这种混合作用是造成模拟中形成充分混合带的基本机制。尽管混合带的规模和位置每日变化不大,但确实会随河水位的季节性变化趋势而变化。最大的混合带发生在每年 5 ~ 6 月和 12 月至次年 1 月的最高河水位时,最小的混合带发生在每年 9 月,这时的河水位较低(Waichler 和 Yabusaki,2005)。

　　总的来讲,地下水系统水头资料、边界条件收集和研判在其定量评价中是最关键的部分。同时,如果没有地下地质与水文地质条件的深入调查,对系统的任何定量分析失败的机会都很大。

2.7　含水层类型

　　最常见的含水层类型划分是根据孔隙媒介中岩性发育情况。有 3 个主要分组:①未固化沉积物;②沉积岩石;③断裂岩石(基岩)含水层。根据特定的沉积环境(对沉积物而言)及其总体地质来源,含水层又进一步细分为在地下水流和储水方面特性相似的各种含水层类型。低渗透性的岩石不是含水层,这样的岩石主要是没有断裂的侵入火成岩、变质岩、页岩、粉砂岩、蒸发岩矿床、粉土和黏土。

　　美国地下水图集精辟地介绍了不同类型含水层及其重要特性。这本图集总结了 50 个州及波多黎各(Puerto Rico,位于西印度群岛东部的岛屿,译者注)和美国维尔京(Virgin)群岛内每种主要含水层或者可向取水井流入可利用水量的岩石单元的最重要信息。图集是美国地质调查局的区域含水层系统分析(RASA)程序的分析成果,这个程序在开发中调查了美国 24 个最重要的含水层和含水层系统,以及加勒比(Caribbean)岛的一个含水层(见图 2.66)。区域含水层系统分析程序的目标是确定每个含水层的地质和水文地质大致情况,评价系统中水流的地质化学,确定地下水系统特性,描述开发对地下水系统的影响。尽管该程序的研究范围没有覆盖整个国家,但他们编辑了对美国地下水图集中列出的地下水资源进行国家评估所需要的众多资料。但这本图集提供了美国所有重要含水层的地点、范围、地质与水文地质特性,也包括那些程序没有研究的含水层。这本图集编辑方式独特,即使读者不是水文地质和水文专业人员,也能读懂。图集在解释不同气候、地形和地质条件下地下水的出现、流动和化学水质时使用了简单的语言。图集为需要某一含水层信息的咨询人员简单介绍了地下水条件,并为立法人员和当地、州和联邦机构工作人员提供了有关区域与国家地下水资源的入门资料。用户在网上可以搜索到整个图集,也可以向美国地质调查局以一般的价格订购到带有彩图的详细印刷本。本章(Miller,1999)中包含了这本图集的摘要部分,以及其他有关含水层类型和世界范围实例。

图 2.66 所示为在美国地下水图集中包含的区域含水层系统研究范围。

2.7.1　沙和砾石含水层

非固化沙和砾石含水层可分为 4 个一般类别:①河谷含水层;②盆地填充含水层,也称为河谷填充含水层,因为含水层通常占据峡谷地形;③表层沙砾含水层;④冰积含水层。所有非固化沙砾含水层用粒间孔隙率表示其特性,并含有夹层和更细粒的沉积层(粉土和黏土),根据沉积环境的不同,这些层的厚度和空间分布是不同的。总体上,这些含水层是美国和世界上储水最丰富和利用率最高的含水层,主要表现在 3 个方面:①地下水储存在沙砾沉积物中(见图 2.67),而总体上讲,在所有含水层中,沙砾层的总孔隙率和有效孔隙率最高;②从地质上

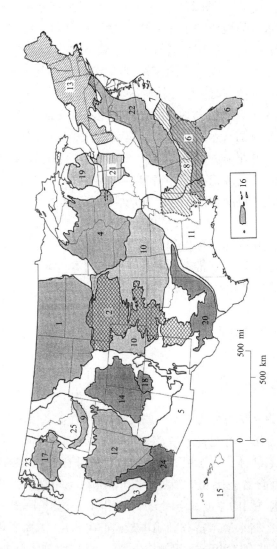

1—北部大平原;2—高原;3—加利福尼亚中央河谷;4—北部中西部;5—西南冲积盆地;6—佛罗里达;7—北大西洋沿海平原;8—东南沿海平原;9—蛇河平原;10—中原中西部;11—海湾沿海平原;12—大盆地;13—东北冰积平原;14—科罗拉多河上游盆地;15—夏威夷欧胡岛(Oahu);16—加勒比亚海群岛;17—哥伦比亚高原;18—圣胡安(San Juan)盆地;19—密歇根盆地;20—Edwards-Trinity;21—中西部盆地和弯隆;22—阿巴拉契亚契亚山谷和山前地带;23—Puget-Willamette 洼地;24—南加利福尼亚沉积盆地;25—洛基山北部山间盆地

图 2.66　在美国地下水图集中包含的区域含水层研究范围(改编自 Miller,1999)

讲,这样的含水层形成年代最少,并暴露于地表,接受降雨的直接回灌;③这样的含水层常与地表水体有直接的水力联系,这也是另一途径的地下水源。由于以上原因,世界上一些最大的公用与工业供水井场建在大河流的洪泛平原。这些井在设计上就是从河流引入增量回灌,并利用河岸过滤,这是改善流过含水层孔隙媒介的地表水水质的天然处理方法。例如,图 2.68 为萨瓦(Sava)河(塞尔维亚)洪泛平原的一部分,该洪泛平原地下分布着一个厚的冲积含水层,已开发井场用于塞尔维亚的贝尔格莱德供水。该井场是世界上此类井场中最大的井场之一,有 99 口集水井,数十口垂直井,沿河岸分布范围几乎达 50 km。

图 2.67　犹他县(Utah County)斯普林谷(Springville)以东 Provo 地层的一般分类详图(德州大学,约 1940 年)(USGS 图片馆提供照片,2007)

2.7.1.1　盆地填充含水层

盆地填充含水层由部分填充低洼地的沙砾组成,这样的洼地由断层、侵蚀或者由两者共同作用形成(见图 2.69)。夹有沙砾的粉土和黏

图2.68   位于欧洲两条主要河流——萨瓦河和多瑙河的冲积洪泛平原
（下伏有厚层富水沙砾含水层用于塞尔维亚贝尔格莱德市供水。左侧为萨瓦河，
右侧为含水层回灌盆地；多瑙河位于照片顶部）（照片由 Vlado Marinkovic 提供）

土细颗粒沉积物形成阻止地下水流动的隔水单元，在深层部位尤其如此。在含有相继沉积的深厚沉积物的盆地，沉积物受到越来越大的压力，随着深度增加，透水性减少。盆地通常受到低透水性的火成岩、变质岩或者沉积岩的约束。

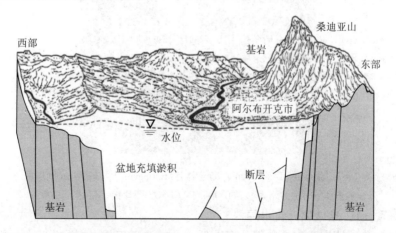

图2.69   用于新墨西哥州阿尔布开克市（Albuquerque）供水的盆地填充
含水层立体示意图（改编自 Robson 和 Banta，1995）

组成盆地填充含水层的沉积物大部分为河流冲蚀盆地临近山区岩石的冲积物。其局部可能含有风蚀的沙、粗颗粒冰川沉积、流过盆地的河流淤积冲积物。较粗的沉积物(卵石、砾石和沙)淤积在盆地边缘附近,较细的沉积物(粉土和黏土)淤积在盆地中心部位。有些盆地在其中心或者中心附近分布有湖泊或者干盐湖(干湖)。风蚀沙可能来自当地河滩或者湖岸沙丘;来自山区或高山冰积物的沉积物在局部形成透水层,冰积物是由冰融水输送的冲出物组成的沉积物。来自冲积物的沙砾常见于河流的河道中或河道附近。干旱区的盆地在其中心部位可能含有盐、硬石膏、石膏或矿化水蒸发产生的硼酸盐(Miller,1999)。

盆地填充含水层主要由河流入渗回灌,河流径流来源于盆地周边山区的降雨,这种回灌称为山前回灌,由于流入峡谷的河川径流大部分是间歇性的,因而其回灌大多也是间歇性的。当河流离开其基岩河道流过冲积扇的表面时,河川径流向冲积扇上的透水沉积物内渗透,并一直向下流到地下水位处。在干旱区的盆地内,多数入渗水由于蒸发而损失,或者由于河岸植物(河岸上或河岸附近的植物)蒸腾而损失。

开敞盆地内有河流流经,并且一般与邻近流域有水力联系。有些回灌可能以上位盆地的地表径流和地下水流(与河川径流方向一致的地下水流)进入开敞盆地,流经河流的入渗水产生回灌。开采前,盆地地下水主要是通过盆地内植物的蒸腾排泄,但也有以地表径流和地下水形式进入下游盆地。开采后,多数通过开采井抽水排出。正如本书前几节所介绍的,在美国西部早期地下水开采期间,这些盆地中的很多井为自流井,产水量很高(见图 2.70)。由于城市开发或大量农业灌溉,这样的时光在盆地内已一去不返了,但在欠开发流域,自流井的现况"还算好",如图 2.71 所示的一口井。

西南冲积盆地很多充填盆地含水层,大盆地(Great Basin)(也称为盆地与山脉地形区)、南加利福尼亚盆地(见图 2.72)、洛基山脉北部的山间盆地等,都被开发用于供水和灌溉(图 2.66 中的 5 号、12 号、24 号和 25 号)。目前是从更深层、盆地受到更多保护的那部分开采地下水,不过由于高度矿化的含盐地下水上涌侵入(垂直向上流动),这样的开采中也出现一些不希望出现的情况。这种含盐地下水埋藏很深,不受新鲜雨水冲刷。从干旱与半干旱区充填盆地开采地下水的另一个负面效果是含水层矿化,这是因为含水层缺少现今大量天然回灌(见图2.73)。

图2.70　1905年加利福尼亚圣布纳的诺县(San Bernardino County)圣布纳的诺山谷 Antll-Tract 上的自流井(USGS 图片馆提供照片)

图2.71　内华达州烟溪沙漠南部宝龙农场自流喷水井(Terri Garside 摄于1994年)

图2.72　南加利福尼亚州影像

(从 Mojave 沙漠向着 Ventura 海洋方向(远方的左侧);右前方为蒂哈查皮(Tehachapi)山脉。影像图中使用的高程数据从搭载航天飞机奋进号航天飞机雷达地形测绘(SRTM)获得。该影像是 SRTM 地形图与地球资源卫星1波段、2波段和4波段的合成图。图示宽度为43 km(27 mi),垂直比尺扩大了3倍)(NASA 提供影像图))

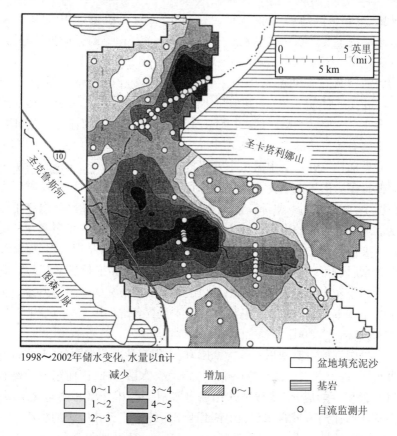

1998~2002年储水变化,水量以ft计

减少　　　　　　　　增加

0~1	3~4	0~1
1~2	4~5	
2~3	5~8	

盆地填充泥沙

基岩

○　自流监测井

图 2.73　亚利桑那州塔克松(Tucson)盆地部分地区地下储水变化例子(通过微重力测量确定)(摘自 Anderson 和 Woosley,2005; 来源:Bon Pool,USGS,书面交流,2003)

2.7.1.2　冲积沙砾含水层

非固化和半固化含水层中大部分为厚且分布广的沙砾层状沉积物,称为冲积沙砾含水层。这些含水层大多来源于山区并由沉积于低洼地的冲积淤积物组成。但是,这些含水层中也含有一些大面积的风蚀沙,如美国(奥加拉拉(Ogallala)含水层)高原(High Plain)含水层,而另外一些只含有少许冲积淤积物,大部分由滩地与浅海沙组成,如美国东南部地表含水层系统(Miller,1999)。高原含水层在八个州的部分

地区,分布范围约 450 660 km²(174 000 mi²)(见图 2.66 中的 2 号)。含水层的主要产水地质单元是中新世(Miocene age)的奥加拉拉地层,这一地层为辫状河网沉积的沙、砾、粉土和黏土等非均质混合物,这些辫状河网从古老的洛基山向东流。透水的沙丘是内布拉斯卡(州)(Nebraska)大部分地区和其他州小部分地区含水层的一部分。奥加拉拉含水层主要是非承压的,并且与沿其上流过的主要河流分布的冲积含水层有着直接的水力联系。

奥加拉拉含水层中的水主要来源于最近的冰河季,现今的回灌率要低得多。由于大强度开采地下水用于供水和灌溉,在缺少及时回灌情况下,含水层的一些部位出现严重的长期地下水位降落。饱和带厚度的减少导致井的出水量减少、抽水费用增加,这是因为水泵必须从更大深度提水,奥加拉拉含水层很多部位都出现了这种情况。尽管如此,该含水层仍可以用下面这段话来描述:"整个世界依赖奥加拉拉。它生产的小麦大部分去了俄罗斯、中国和非洲的荒漠草原。它饲养的生猪去了日本和美国超市。它的牛肉去了世界各地……"(Opie,2000;摘自 McGuire 等,2003)。

美国其他主要冲积沙砾含水层有:①得克萨斯州的西摩(Seymour)含水层,这个含水层像高原(High Plains)含水层一样,由向东流的辫状河网淤积物形成,但受侵蚀作用后分割成一些相分离的独立含水层;②密西西比河流域含水层,由密西西比河蜿蜒流经其广袤的洪泛平原时淤积的沙砾组成;③佩科斯河(Pecos River)流域冲积含水层,大部分为河相淤积的沙砾,但局部也有沙丘分布(Miller,1999)。

2.7.1.3　半固化沙含水层

由半固化的沙、粉土、黏土组成的沉积物夹有一些碳酸岩,下伏在与大西洋和墨西哥湾相邻的海岸平原。这些沉积物从长岛、纽约向西南延伸到格兰德河(Rio Grande),总体上为一个厚层楔形体,从上位边缘的薄层向海洋方向下沉和增厚。海岸平原沉积物由水流带入并在周而复始的海洋涨落期间沉积。淤积形态由冲积变成三角洲再到浅海,每种形态的确切位置取决于大陆块、海岸线和地质年代某一时期河流的相对位置。复杂的层间分布和岩相变化源自经常变化的淤积形态。

有些层很厚并延绵数十至数百英里,而另一些层则很短。因而,在这些沉积物中形成的含水层沙砾体位置、形状和数量在各地变化很大(Miller,1999)。

半固化沙含水层已被分为几组相互贯穿和互有组成的主要含水层系统(图2.66中的2号、8号和11号)。北大西洋海岸平原含水层系统从北卡罗来纳州延伸到纽约的长岛,期间分布有多达10个含水层。图2.74和图2.75所示为这一系统的概化横剖面图。密西西比州湾状含水层系统有6个含水层组成,其中5个与其西边的得克萨斯州海岸高地含水层系统相同。海岸洼地含水层系统从得克萨斯州的格兰德河穿过路易斯安那州中南部、密西西比州南部、亚拉巴马州南部和佛罗里达半岛的西部。这一含水层含有5个大范围的厚层透水带,并被大量开发用于整个地区的供水。休斯顿城市群区大量抽水已导致大家熟知的一处美国大地陷。东南沿海含水层系统主要由碎屑状的沉积物组成,这些沉积物有的出露,有的埋在密西西比州和亚拉巴马州大部分地区以及佐治亚州和卡罗来纳州小部区域的浅表层。该含水层向海洋方向延伸,覆盖有浅表含水层或隔水单元。东南沿海平原含水层系统的一些含水层和隔水单元逐渐从侧向进入与卡罗来纳州北部、田纳西州和密西西比州以及西边相邻各州的邻近碎屑含水层,有些也向东南以垂向和侧向进入佛罗里达州含水层系统。在每个含水层系统内,无数局部含水层被区域隔水单元分隔为区域含水层,这些隔水单元主要由粉土、黏土组成,但局部分布有页岩或石灰岩。组成这些含水层系统的岩石是白垩纪或第三纪的。一般而言,年代较久的岩石向内陆出露得最远,年代较近的岩石向海岸方向出露(Miller,1999)。

数十年来,海岸平原含水层支撑了大西洋和海湾沿岸地区城市的持续增长与发展。但这些含水层在很多地区遭到过度开发,由于过量抽水导致海水入侵沿岸地区的风险不断增加。

2.7.1.4 冰积含水层

美国中北部和东北部大部分区域覆盖着由几次大陆冰川进退期间沉积的泥沙。在冰川前进期间大冰原体融蚀并挟带土石碎块,在后退期间以冰裹或融水沉积或两者并存的形式重新分布这些物质。厚层冰

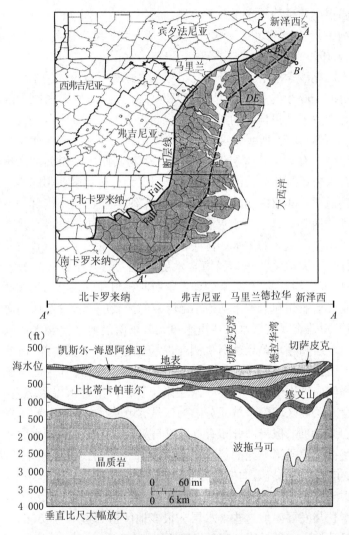

图 2.74　地图和水文地质横断面 *AA′* 示出了北大西洋沿海
平原含水层系统中的主要含水层（Servern-M. 为 Severn-Magothy
含水层）（改编自 Trapp，1992）

积物淤积在以前河流的河谷地区并切割进入岩石，而较薄层的冰积物
淤积在峡谷之间的山上。冰川的冰和冰的融化水留下几种形式的淤积

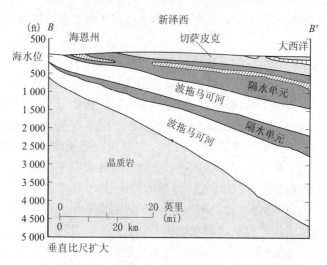

图 2.75　水文地质横剖面 *BB′* 显示了北大西洋沿海平原含水

层系统中主要含水层（横剖面线见图 2.74）（改编自 Trapped,1992）

物,总的称为冰川漂移。而由未分选和非层状物质组成的淤积物粒径从大的漂砾到黏土,直接由冰的作用淤积。大部分为层状沙砾的冰水沉积物（见图 2.76）和大部分为黏土、粉土和细沙组成的冰湖沉积物,

图 2.76　Lower Hadley Pond 东北、Asticou 以北 1 mi 成层

冰积沙砾（缅因阿卡迪亚国家公园（Acadia National Park）,

1907 年 9 月 14 日）（USGS 图片馆提供照片,2007）

是融化水淤积的。由局部沙砾组成的冰裹沉积物淤积在冰原面上或冰缝之中。

　　组成冰积含水层的无数沙砾河床和其间的黏土与粉土隔水单元夹层特别复杂。大陆冰川叶多次前进源自不同方向,根据其路径上占主导的岩石类型的不同,被冰侵蚀、输移和淤积的物质也不同。当冰融化时,粗沙和砾石冰积物在冰川前缘附近淤积,融水河流挟带较细物质逐渐在远处和下游更远处淤积。在下一次冰川前进期间,弱透水的非均质淤积物仍留在沙砾冰水沉积物的上面。小冰块或终点的冰碛堆积后阻塞融化水流,形成大的湖泊。厚层的黏土、粉土和细沙聚积在一些湖泊中,这些淤积物覆在沙砾河床上面,形成隔水单元。冰积含水层位于基岩峡谷或者以冰原状淤积在冰积平原上(Miller,1999)。

　　冰积沙砾淤积物形成局部但产水量很高的含水层。在大陆冰川形成的含水层中开凿的水井产水量高达 189.3 L/s(3 000 gal/min),这些含水层由厚层的沙砾组成。在局部地方,在位于河流附近并能从河流获得回灌补给的冰积含水层中开凿的水井产水量达到 315.5 L/s(5 000 gal/min)。爱达荷州和蒙大拿州由山区冰川形成的含水层产水量也高达 220.8 L/s(3 500 gal/min),皮吉特湾(Puget Sound)和华盛顿地区的山区冰川沉积物中的水井产水量高达 630.9 L/s(10 000 gal/min)(Miller,1999)。

2.7.2　砂岩含水层

　　美国砂岩含水层比所有其他类型固化岩石的分布范围广。尽管在一般情况下透水性弱,与表层非固化沙砾含水层相比得到的天然回灌率较低,但在美国和世界上,大面积沉积盆地内的砂岩含水层是最重要的供水水源。松散胶结的砂岩含有大量主(粒间)孔隙,而对于胶结良好和年代久远的砂岩,次生断裂孔隙可能更重要(见图2.77)。无论哪种情况,由于主要砂岩盆地厚度大,这类沉积岩的储水能力很高。

　　在很多地方,砂岩产水量很大,为所有用户提供大量的水。美国中北部的寒武纪–奥陶纪含水层系统为大规模以砂岩为主的含水层,遍布7个州。这一含水层系统由深埋并进入大构造盆地的层状岩石组成,它是典型的承压或自流系统,并含有3个含水层,按降序排列分别为圣·彼得-普雷里德欣-乔丹(St. Peter-Prairie du Chien-Jordan)含水层(砂岩夹少量白云岩)、艾恩顿-盖尔斯维(Ironton-Galesville)含水层(砂岩)和西蒙山(Mount Simon)含水层(砂岩)。透水性弱的砂岩和白云岩隔离单元将这些含水层分开。低透水性页岩和白云岩形成了上覆于最上层含水层的马科基塔(Maquoketa)隔水单元,并认为是含水层系统的一部分。寒武纪-奥陶纪含水层系统的水井与所有3个含水层都是连通的,这三个含水层在很多报告中统称为砂岩含水层。

图2.77　Bellvue以北2 mi Dakota组下层砂岩的砾岩
不整合地上覆在Morrison页岩上(科罗拉多州拉瑞莫县
(Larimer County),1922年;USGS图片馆提供照片,2007)

　　威斯康星州(Wisconsin)北部和明尼苏达州(Minnesota)东部的含水层系统岩石大面积出露。在区域上,系统内的地下水从这些地形上的高回灌区向东和东南流向密西根州(Michigan)和伊利诺斯(Illinois)盆地。在分区上,地下水流向主要河流,例如密西西比河和威斯康星河,水流流向主要地下水开采中心,如芝加哥、伊利诺斯州、格林贝(Green Bay)和威斯康星州的密尔沃基(Milwaukee)。图2.78所示为美国熟知的地下水开采最引人注目的影响之一。1864~1980 年,从寒武纪－奥陶纪含水层系统开采地下水,主要用于威斯康星州的密尔沃

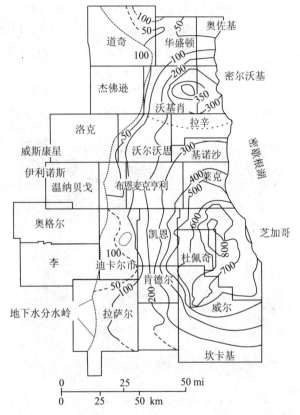

图 2.78　1864~1980 年,芝加哥和 Milwaukee 大量集中开采地下水导致寒武－奥陶纪含水层系统中地下水位下降

(等势线以 ft 计;在大致推测的地点以虚线表示)

(改编自 Miller,1999;Young,1992)

基和伊利诺斯州的芝加哥工业供水,导致密尔沃基地区的地下水位下降了 114.4 m(375 ft),芝加哥地区下降了 244 m(800 ft),抽水影响范围超过 112.6 km(70 mi)。20 世纪 80 年代早期开始,包括芝加哥市在内的一些用户转向以密西根湖为取水水源,从含水层系统的取水量

减少。1985 年开始,由于开采量减少,含水层系统的地下水位开始上升(Miller,1999)。

大部分含水层中地下水的化学水质适用于大多数用户。在含水层出露或埋藏很浅的区域,地下水矿化度不高,但地下水向下流到构造盆地时,矿化度逐渐增高。深埋部分的含水层系统含有盐水。

卡罗拉多高原(Calorado Plateau)含水层,丹佛盆地含水层系统,达科他州(Dakota,美国过去一地区名,现分为南、北达科他州——译者注)北部和南部,怀俄明州(Wyoming),蒙大拿州(Montana)的上、下白垩纪含水层,怀俄明第三纪含水层,密西根州的密西西比含水层和纽约砂岩含水层等,是另一些大规模的成层砂岩含水层,这些含水层在圆丘附近出露并上升,或者延伸进入大的构造盆地,或者两者都有(Miller,1999)。

大陆规模的砂岩含水层例子有南美的瓜拉尼(Guarani)含水层系统、非洲努比安(Nubian)砂岩含水层系统和澳大利亚的大自流盆地(Great Artesian Basin)。瓜拉尼(Guarani)含水层系统(又称博图卡图(Botucatu,巴西——译者注)含水层)分布在巴西、乌拉圭、巴拉圭和阿根廷的一些地区,具有良好水质的地下水被开发用于城市供水、工业供水、灌溉以及火电、采矿和旅游等。该含水层由于其分布范围广(约 1 200 000 km^2)、储水量大(约 40 000 km^3),是世界上最重要的地下淡水水库。按人均每天用水 100 L 计算,该含水层储水量可以供 55 亿人使用 200 年(Puri 等,2001)。这一巨大含水层位于南美南部的 Parana 与 Chaco-Parana 盆地。它发育源自三叠纪 – 侏罗纪的固化风蚀和冲积砂(现为砂岩),通常上覆有隔水程度很高的白垩纪厚层玄武岩层(Serra Geral 层)。含水层厚度从数米到 800 m。井的水位每降低 1 m,每小时出水量为 4 ~ 30 m^3/(h·m)。总溶解固体(TDS)浓度一般小于 200 mg/L。从 500 ~ 1 000 m 深水井中抽取 1 m^3 水且抽水流量为 300 ~ 500 m^3/h 时的单位生产成本为 0.01 ~ 0.08 美元,仅仅是处理和储存地表水单位成本的 10% ~ 20%(Reboucas 和 Mente,2004)。

北非努比亚砂岩含水层系统岩石(NSAS,见图 2.79),分布于埃及、利比亚、苏丹和乍得,厚度变化范围为出露区域的零米到库夫拉

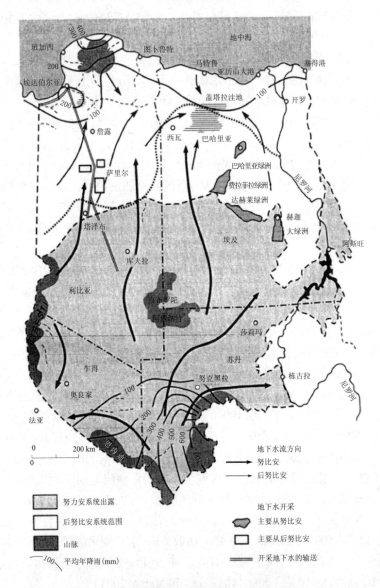

图 2.79　北非努比安砂岩含水层系统(NSAS)

(改编自 Bakhbakhi,2006)

(Kufra)和达赫莱(Dakhla)盆地中心部位的 3 000 m,地层年代从寒武纪到新第三纪。被区域隔水单元分隔的主要产水含水层有(从地表向下)中新世砂岩、中生代(努比亚)砂岩、上古生代 – 中生代砂岩和下古生代(寒武纪 – 奥陶纪)砂岩(Salem 和 Pallas,2001)。在有些地区,系统承压部分向高产水量的自流井供水,如图 2.80 所示的水井。努比亚盆地内的地下水一般水质很好。总溶解固体(TDS)变化范围为 $1/10^4$ ~ $1/10^3$,向北至地中海盐度增加,地中海地区淡水与咸水接触面穿过埃及的盖塔拉(Qattara)洼地。在利比亚,深层努比亚含水层的总溶解固体(TDS)变化范围为 160 ~ 480 mg/L,浅层含水层中为 1 000 ~ 4 000 mg/L(Khouri,2004)。

　　由于半干旱至干旱气候,努比安砂岩含水层系统的现状天然回灌可忽略不计,该地区的国家已就评价和管理这一至关重要、不可再生的供水水源达成了共识。表 2.1 为储存在系统内可恢复淡水资源总量与现状年开采量对比值(Bakhbakhi,2006)。

　　最近 40 年中,系统地下水开采量一直在增加。在此期间,埃及和利比亚从系统内开采的地下水量超过 400 亿 m^3。这样的开采已导致地下水位下降约 60 m。几乎有 3%的自流井和泉眼已用深井替换。直到最近,无论利比亚开发项目,还是埃及古老传统的绿洲,几乎所有开采的地下水都用于农

图 2.80　1961 年埃及 Kharga Oasis 自流井
(USGS 图片馆提供照片,2007)

业。随着利比亚所谓"伟大人工河"第一期工程的完工,每天从努比安

砂岩含水层系统抽出的地下水约 200 万 m^3，通过长约 2 000 km 的地下大直径钢筋混凝土管输送至北部沿海城市。其他期的工程包括从该系统以西的另一个称为西北撒哈拉含水层系统（NWSAS）的不可再生含水层开采地下水。据报道，从利比亚两个含水层开采的地下水总量为 650 万 m^3/d，用于向各类用户供水。经估算，这一特大工程的造价超过 250 亿美元（Wikipedia，2007）。估计可从 4 个国家（埃及、利比亚、乍得和苏丹）的整个含水层剩下可开采的淡水总量为 14 500 km^3（Ba-khbakhi，2006）。

表 2.1　储存在努比安砂岩含水层系统（NSAS）中的淡水和当前每个国家的开采量

地区	努比安系统		后努比安系统		总储水量（km^3）	总可恢复量（km^3）	当前自努比安开采量（km^3）	当前自后努比安开采量（km^3）	当前自 NSAS 开采总量（km^3）
	面积（km^2）	储水量（km^3）	面积（km^2）	储水量（km^3）					
埃及	815 670	154 720	494 040	35 867	190 587	5 367	0.200	0.306	0.506
利比亚	754 088	136 550	426 480	48 746	185 296	4 850	0.567	0.264	0.831
乍得	232 980	47 810			47 810	1 630	0		0
苏丹	373 100	33 880			33 880	2 610	0.833		0.833
合计	2 175 838	372 960	920 520	84 614	457 570	14 470	1.607	0.570	2.170

澳大利亚大自流盆地面积 170 万 km^2，是世界上最大的地下水盆地之一。这一盆地下伏于南澳新南威尔士的昆士兰部分地区和北领地。盆地厚达 3 000 m，含有多层承压含水层，主要含水层位于夹有泥岩的中生代砂岩中（Jacobson 等，2004）。

自 1878 年发现喷泉水以来，一直从自流井开采大自流盆地内的地下水，支撑了重要畜牧业的发展。水井最深处达 2 000 m，但平均井深约为 500 m。单井自流出水量超过 1 000 万 L/d，但大多数井的出水量要小得多。盆地内已开凿的 4 700 口自流井中约有 3 100 口井还有水自流。这些井（包括约 70 个城镇供水井，在多数情况下，地下水是唯一供水水源）总出水流量约 12 亿 L/d，与此相比，1918 年左右，约 1 500 口自流井中最大出水流量约为 20 亿 L/d（见图 2.81）。非自流井共有

20 000 口,一般为浅井,深度为数十米至数百米。据估算,这些一般由风力驱动的抽水井每口井平均日供水量为 10 000 L/d,总供水量为 3 亿 L/d。由于地下水库的弹性储水中排出了水量,自流井的高初始流量和压力减小。含水层开采已导致天然含水层排出流量的大幅度变化。由于最近 120 年间盆地很多地区开凿水井,导致泉涌水量降低,一些地区泉涌停止出流(Habermehl,2006)。

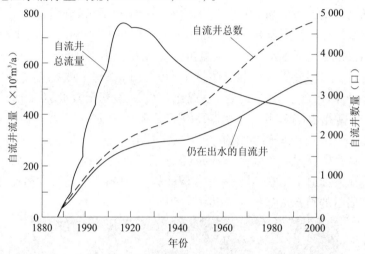

图 2.81　澳大利亚大自流盆地自流趋势(摘自 Habermehl,2006)

2.7.3　碳酸盐(喀斯特)含水层

如前所述,将喀斯特含水层与其他类型含水层进行区分是因为其独特的孔隙,常指 2 种(甚至 3 种)孔隙:岩阵孔隙、断裂孔隙以及溶蚀缝(喀斯特溶槽)。因此,喀斯特含水层的地下水流不遵循约束粒间孔隙媒介中相对直行水流(基于达西定律的准则)。喀斯特含水层与其他类型含水层在区域规模上唯一共同的特性是,由于含水层透水性和有效孔隙率中存在的水力梯度,地下水一定从含水层回灌区域流向含水层排泄区(点)。在喀斯特含水层内,这种水流可能出现很多意想不到的问题,而这些问题是不习惯在如此复杂的地下水环境工作的专业人员不希望出现的。常见的情况是,一对水井以相同时间间隔滤水,相距只有几百米远,出水量却完全不同。在很多情况下,喀斯特含水层的这种"表现"使其非常难以设计并可靠地预测喀斯特中井场的效果。

　　由于淤积形成的环境变化非常广,碳酸盐沉积物的原始节理和孔隙率差异非常大。沉积物的主孔隙率变化范围为 1% ~ 50%。压缩、胶结、白云石化和溶解等是成岩过程,这些作用在碳酸盐沉积物上,改变了其孔隙率和透水性。例如,南佛罗里达州的比斯坎(Biscayne)含水层发育于年代不久的上新世和更新世石灰岩中,由于这类岩石具有非常高的主孔隙率和喀斯特作用,含水层产水量很高(见图 2.82)。这个含水层被广泛用于包括迈阿密(Miami)市在内的供水,迈阿密市是美国仅依靠地下水供水的最大城市区。白垩纪到前寒武纪较老的碳酸盐岩石含水层主要从溶蚀缝中排出水(见图 2.83)。欧扎克高原(Ozark Plateau)含水层、志留纪 – 泥盆纪含水层、奥陶纪含水层、南明尼苏达的上碳酸盐含水层、俄克拉荷马州的阿巴克尔 – 辛普(Arbuckle-Simpson)含水层和纽约的碳酸盐岩含水层等,在局部都有高度开发价值。得克萨斯州的布莱恩(Blaine)含水层和俄克拉荷马州的类似含水层等从溶蚀缝中出水,其中一些在碳酸盐岩石中,一些在石膏和夹有碳酸盐岩石的硬石膏基床中(Miller,1999)。

图 2.82　佛罗里达迈阿密鲕状石炭岩(Biscayne 含水层)大直径岩芯,渗透系数≥304.8 m/d (1 000 ft/d)

(George Sowers 摄;Francis Sowers 授权印制)

图2.83　田纳西哈兹维尔(Hartsville)建筑工地古
生代石灰岩中大洞穴(岩阵孔隙率实测值为2%)
(George Sowers 摄;Francis Sowers 授权印制)

　　喀斯特含水层内区域地下水流的三个最重要的特征是:①松散、沉陷和干枯河流造成喀斯特含水层中天然地下水的划分常与地表水(地形)的划分不同;②含水层某些部位的实际地下水流速可能非常高,每天可达数百米级数量级甚至更高;③含水层排水集中在大的喀斯特泉眼,其地下集水面积通常大于其地表地形上的集雨面积。

　　喀斯特含水层可利用地下水特性的一个好的始点了解其区域碳酸盐岩石地层与地质背景构造。几种主要喀斯特类型与碳酸盐沉积厚度、形成年代和区域侵蚀盆地的位置紧密相关,对于地表河流和地下水流都是如此(可参见 Cvijic,1893,1918,1926;Grund,1926,1914;Herak 和 Stringfield,1972;Milanovic,1979,1981;White,1988;Ford 和 Williams,1989)。大的陆源碳酸盐大陆架台地,规模为数百至数千千米,厚度为数千米,与开敞式海洋盆地内的孤立碳酸盐台地一起,已在古生代和中生代岩层发育,并有在新生代岩层内继续发育的迹象。同时,更小的(也有数十至数百千米宽)碳酸盐台地和与内克拉通盆地相关的堆积也已发育(James 和 Mountjoy,1983)。两种类型在各时期的板块构造中重新分布和重塑形状,现在世界范围内的邻近海洋区域或大陆深处都可找到。欧洲巴尔干地区(喀斯特这个词就来自这一地区)的典型迪纳拉喀斯特是构造扰动大厚度中生代碳酸盐地层的例子,这些地区的亚得里亚海是地下水排泄形成的区域侵蚀盆地(Kresic,2007b)。碳酸盐沉积厚度达数千米,深孔在地面以下超过 2 000 m 处遇到古岩溶。

对发育于欧亚中生代板块的开发始于泉水利用,自旧大陆(地中海和中东)和欧洲的始祖文明以来就有文字记录,迄今为止,地下水仍是大部分欧洲和中东国家不可替代的水源。除现代井场外,小型和大型供水公司的公用供水仍在很大程度上依赖泉水(Kresic 和 Stevanovic,待出版)。

与欧亚板块中生代岩层一样,美国东南部(卡罗来纳州北部和南部,佐治亚州和佛罗里达州)的佛罗里达含水层也是在厚层陆缘台地内发育,但缓倾角未受扰动的碳酸盐岩台地大多上覆有弱透水碎屑状的沉积物。这一含水层主要由古新世到第三纪中新世石灰岩和白云岩组成。区域水流方向为从内陆出露处向大西洋和墨西哥湾沿大陆架分布有潜没排水带。佛罗里达州有 20 多口完整记载的大型泉水和一些没有记载的泉水。在当时海水位较低时,这些泉水为史前人类和野生动物提供水源。佛罗里达州立大学古人类学系研究人员已发现近海活动遗址的证据,这些研究人员在泉水所在近海和海岸附近进行了调查,并修复了很多燧石工具(Scott 等,2004;摘自 Faught,待出版)。尽管现在一些海岸的近海泉水可能向海水排泄盐渍水,但在较低海水位时期,这些泉水几乎可以肯定排泄的是淡水,当时史前人类占据了这些区。

在石灰岩出露于地表的地区,与佛罗里达州中北部情况一样,落水洞、大泉水和溶洞等喀斯特特征发育充分,很多大溶洞现在充满了水。通过不同类型的溶洞已探到很多这样向大型喀斯特泉水供水的溶洞。图 2.84 为墨西哥尤卡坦半岛(Yucatan)喀斯特中的大型地下通道,与佛罗里达州的特性非常类似。估计佛罗里达州有接近 700 处泉水,其中 33 处为大型泉水,平均涌水流量大于 2.83 m^3/s(100 ft^3/s)。佛罗里达州或许是全球淡水泉水最大集中地的代表。

加勒比海(Caribbean)群岛喀斯特,如波多黎各(Puerto Rico)和牙买加(Jamaica),是较小的碳酸盐岩台地例子,这些岩层上覆在弱透水层(通常为基岩)上(见图2.85)。地表喀斯特特征充分发育,包括落水洞、圆锥状山丘(波多黎各的"灰岩残丘喀斯特"和牙买加的"灰岩盆地喀斯特")。区域地下水流方向为从山地-丘陵回灌区流向海岸线,沿淡水-海水接触面分布有地下排水带。

图2.84 潜水员在探查墨西哥尤卡坦州 Ponderosa 溶洞中的地下暗河
(David Rhea 提供照片,世界水下探险家(World Underwater Explorers))

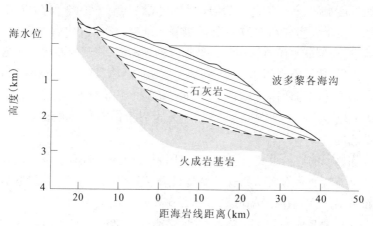

图2.85 波多黎各北部海岸石灰岩断面(Giusti,1978;
改编自 Shubert 和 Ewing,1956)

美国大多数喀斯特区部分分布有碳酸盐岩台地,现在这些岩层远离海岸线。如得克萨斯州的爱德华兹(Edwards)含水层和肯塔基州、田纳西州、弗吉尼亚州、印地安纳州和密苏里州的喀斯特。这些地区的区域地下水流向喀斯特和非喀斯特接触带最低处的大型喀斯特泉水,或者流向最低处的与碳酸盐岩层相切的常年地表河流。地下水通常是通过大泉水沿河岸排泄,排水区在天然情况下常常位于水下,或者由河流筑坝淹没在水下(见图2.86)。

 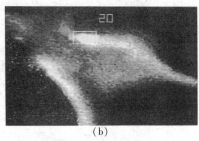

　　　　　(a)　　　　　　　　　　　　　　(b)

图2.86　美国田纳西州地下温水排入水库冷水照片(a)和热成像图(b)
(上图箭头指示为20#泉)(Frank Bogle 提供照片)

　　美国最知名的喀斯特地层或许是肯塔基州中部的大溶洞区。回灌水通过落水洞、灰岩坑和伏流河进入含水层,其中一些止于称为盲谷的洼地。由于大部分水通过溶缝很快流入地下,该地区地表河流很少。在地下,大部分水流过溶洞和其他形式的大溶缝,使密西西比石灰岩像迷宫一样,这层石灰岩下伏于肯塔基大溶洞高原(Mammoth Cave Plateau)和其南部与西南部的薄荷(Ennyroyal)平原。这些溶洞中有些形成大而范围广的大溶洞通道,大溶洞是世界上最大和研究最深入的溶洞系统之一。

　　除典型的迪纳里克(Dinaric)喀斯特外,中国西南部喀斯特地表和地下喀斯特地貌方面的壮观发育是最著名的(见图2.87)。碳酸盐岩分布范围广,面积占总幅员面积($500\,000\ km^2$)的1/3,这一地区内大山和山丘是主要地貌特征。海拔从西北部的2 500 m下降到东南部的200 m。年降水量超过1 000 mm。喀斯特特征强,降雨入渗率一般为30% ~70%。估计喀斯特含水层的储水量占中国西南部总地下水量的

40% ~70%（见表 2.2）。喀斯特含水层地下水大部分通过泉水排泄；
登记的大型泉水有 1 293 眼，涌水流量超过 50 L∕ s（见表 2.3）。

图 2.87　中国西南桂林附近的塔状喀斯特地貌

表 2.2　中国西南四省（区）喀斯特水资源

省（区）	喀斯特水资源量（km³/a）	总地下水资源量（km³/a）	比例（%）
云南	3 250	7 420	43.7
贵州	1 680	2 290	73.2
广西	4 840	7 760	62.3
四川	2 940	6 300	46.6

注：表中数据摘自 Zhaoxin 和 Chuanmao,2004。

表 2.3　中国西南三省（区）不同流量的大喀斯特泉数量

省（区）	不同流量范围（L/s）的喀斯特泉水数量（处）				总流量
	50~500	500~1 000	1 000~2 000	>2 000	
云南	648	45	35	3	731
贵州	231	20	11	1	263
广西	284	13	2	0	299
合计	1 163	78	48	4	1 293

注：表中数据摘自 Zhaoxin 和 Chuanmao,2004。

　　由于气候湿润和地表水丰富,没有像中国北方那样大范围地开发地下水用于灌溉,但其对于城镇和生活供水仍然是很重要的。大量利用喀斯特含水层和泉水的例子有省会城市昆明和贵阳,以及天津市(Zhaoxin和Chuanmao,2004)。

　　大厚度、新近碳酸盐沉积物可用作局部和集中供水的重要含水层。在牙买加、古巴、伊斯帕尼奥拉岛(Hispaniola)和加勒比海的无数其他岛、墨西哥的尤卡坦(Yucatan)半岛、百慕大群岛(Bermuda)、菲律宾的宿务岛(Cebu)石灰岩、斯里兰卡的贾夫纳半岛(Jaffna)石灰岩和印度洋的一些低洼珊瑚岛(如马尔代夫(Maldives))等都可发现这样的实例(Morris等,2003)。海岸地区和海岛新近碳酸盐沉积物渗透能力强,这意味着很少能有河流存在,地下水可能是唯一可利用的水源。这一水源在遭到过量开采地下淡水后,很容易受到咸(海)水入侵的威胁。

　　地表水通过贯穿整个渗流区大断裂和溶缝网迅速进入喀斯特地下。因而,入渗水挟带的污染物也可能很快进入地下水位处并通过喀斯特含水层扩散,在溶槽和喀斯特水道扩散的速度比在其他孔隙媒介中的快。例外的情况是均匀粗砾和一些断裂岩石含水层,其上的地表水入渗速率和其中的地下水流速也非常高。为此,美国为喀斯特、断裂岩石和砾石含水层的利用颁布了旨在保护易受破坏的公共供水新规章。这一规章名为地下水准则,由美国环境保护署于2006年颁布,有关这一规章的详细介绍见第8章。

　　在美国,砂岩和碳酸盐岩沉积物通常在大面积上呈现互层并形成混合含水层,称为砂岩与碳酸盐岩含水层。这种含水层形式大多出现在美国东半部,但也出现在得克萨斯州(Texas)和俄克拉荷马州(Oklahoma)、阿肯色州(Arkansas)、蒙大拿州(Montana)、怀俄明州(Wyoming)和南达科他州(South Dakota)。碳酸盐岩因其溶蚀和较大的开口孔缝,其地下水产水量一般比砂岩含水层产水量高。这类含水层中的地下水可能是承压的,也可能是非承压的(Maupin和barber,2005)。

2.7.4　玄武岩和其他火成岩含水层

　　在美国玄武岩和其他火成岩含水层广泛分布于俄勒冈州(Oregon)、华盛顿州(Washington)、爱达荷州(Idaho)和夏威夷(Hawaii),并延伸到加利福尼亚州(California)、内华达州(Nevada)和怀俄明州(Wyoming)等的小部分区域。火成岩的化学、矿物学、构造和水力学特性变化范围很广。这些特性变化的程度主要取决于岩石类型及其喷出与成岩方式。火成碎屑岩,如凝灰岩与火山灰沉积物,可能由气体与凝灰物的紊动混合流动带入,或者由细粒火山灰的风力沉积形成。其不变的特性是凝灰岩沉积物的孔隙率和透水特性与级配不良的泥沙淤泥物的相似;但当岩石碎片停下时的温度非常高,凝灰物可能融化并几乎不透水。像流纹岩和石英安山石之类的玄武质熔岩喷出时为大厚度、致密的岩浆流,成岩后在没有断裂时透水性很低。玄武岩岩浆流动中形成薄层岩浆流,并在顶部和底部含有大量主孔隙空洞。大量玄武岩浆相继层层重叠流动,层间通常被土层或冲积物分隔,这些土层或冲积物形成透水带。玄武岩是所有火成岩中产水量最高的含水层。

玄武岩透水性变化很大,主要取决于如下因素:玄武岩岩浆流的冷却速度、层间透水带的数量极其特性、岩浆流的厚度。当玄武岩岩浆流入水体时冷却速度最快,快速冷却时形成枕状玄武岩,球状玄武岩块体,球体的顶部和底部带有无数相互连通的孔隙。千泉村(Thousand Springs,ID)的蛇河峡谷岩壁处,从枕状玄武岩流出的大泉水流量为每分钟数千加仑(见图 2.33)。

爱达荷州东南部和俄勒冈州东南部的蛇谷平原含水层系统为玄武岩含水层的一个例子。上新世和年代更近的玄武岩含水层是蛇谷平原产水率最高的含水层。这些岩石的饱和层厚度在蛇谷平原东部部分地区大于 762 m(2 500 ft),但在平原西部厚度要小得多。第三纪中新世玄武岩中的含水层下伏于上新世和年代更近的玄武岩含水层。只在平原边缘附近地区才利用含水层作为供水水源。非固化淤积物夹有玄武岩含水层夹层,在平原边界地区的情况尤其如此(Miller,1999)。

美国其他玄武岩含水层还有夏威夷火成岩含水层、哥伦比亚高原(Columbia Plateau)含水层系统、上新世和年代更近的玄武岩含水层和第三纪中新世玄武岩含水层。玄武质火成岩、火山碎屑岩和硬化沉积岩组成了华盛顿州、俄勒冈州、爱达荷州和怀俄明州等地区的火成岩 –

沉积岩含水层。北加利福尼亚火成岩含水层由玄武岩、玄武质火成岩和火山碎屑岩组成。南内华达火成岩含水层由灰结凝灰岩、熔结凝灰岩和少量的玄武岩与流纹岩（Miller,1999）。

在世界上，印度中西部有大范围的岩浆流，其中德干（Deccan,印度南部一高原名——译者注）玄武岩覆盖面积超过 500 000 km^2。其他火成岩台地出现在中美洲、中非，而很多海岛如夏威夷、冰岛和克拉里斯（Canaries）等全部或大部分原本就是由火成岩形成的。一些较老和块体较大的岩浆岩，当有岩脉、岩床和岩颈侵入时，实际上是不透水的（如德干组）（Morris 等,2003）。

透水性高但较薄的破碎或断裂岩浆岩起着良好的通道作用，其本身的储水量很小。上覆的大厚度、多孔但弱透水火山灰具有渗透性，可能形成这一双层系统的含水层。这样的双层系统例子有哥斯达黎加（Costa Rica）和尼加拉瓜（Nicaragua）的瓦莱中心（Valle Central）及萨尔瓦多（El Salvador）的富水含水层系统（Morris 等,2003）。

2.7.5　断裂岩石含水层

属断裂岩石含水层类型的包括在结晶火成岩和变质岩中发育的含水层。大多数这样的岩石只有断裂后才会透水，一般通过几条含水非连续带（如断裂、褶皱,见图 2.88）向井内供水，水量较小,通常与一定的岩石类型有关。但是,断裂岩石可延伸很大范围,从其中也可开采到大量地下水,并且在很多地区,它们是唯一可依赖的供水水源。美国的例子有:东部的明尼苏达（Minnesota）北部、威斯康星（Wisconsin）东北部和阿巴拉契安（AppaLachian）与蓝岭（Blue Ridge）等地区的结晶岩。

在某些情况下,基岩破裂后形成一层非固化的强风化岩石并夹有弱透水黏土残积物（"风化层"、"残植土"、"残积物"）。在此区以下,岩石风化逐渐减弱并且胶结更强,直至形成新鲜断裂基岩。

案例研究——弗吉尼亚州北部蓝岭地区断裂变质岩地下水供水评价

本案例由 Robert M Cohen,Charles R Faust 和 David C Skipp 提供,GeoTrans 公司,弗吉尼亚州。

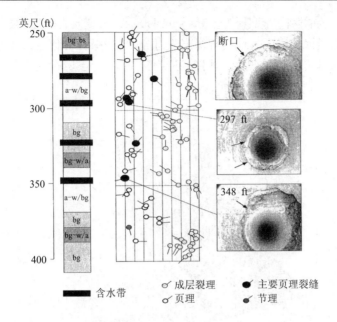

图 2.88　佐治亚州劳伦斯维尔断裂岩石含水层中地下岩性
特征和含水带钻井获得的(每个圆圈的小蝌蚪表示方位角方向;
影像图由井下照相机(电视摄像)拍摄)(改编自 Williams 等,2005)

　　劳顿(Loudoun)县位于弗吉尼亚州北部、华盛顿特区以西约 48.27
km(30 mi),自 20 世纪 80 年代以来,一直是美国发展最快的县之一。
在该县西部,城市、商业和家庭供水水源来自数千口水井中抽取的蓝岭
地质区(Blue Ridge Geologic Province)断裂变质岩含水层水井中抽取的
地下水。北北东走向的奔牛断层(Bull Run Fault)(见图 2.89)将其西
边的蓝岭区复背斜与劳顿(Loudoun)县的库尔佩珀盆地(Culpeper Ba-
sin)分开。这个复背斜的核心部位为弱至强褶皱的优质中元古界花岗
岩和非花岗片麻岩,这些岩石在格伦维尔造山运动(Grenville Orogeny)
中发生了变形和变质。Southworth 等(2006)绘制了 9 类花岗变质岩
(变质花岗岩)(体积上占基岩的 90% 以上)和 3 种非花岗基岩单元的
地质测绘图。覆盖层序为近元古代至早寒武系变质沉积岩和变质火成
岩沿着未受侵蚀的山岭不均匀地覆盖在变质岩基岩上。变质火成岩

（主要为古准平原残丘构造（Catoctin Formation）变质玄武岩）被东北走向的大量薄层近元古代变辉绿岩岩脉充填，辉绿岩岩脉在大陆漂移期间侵入基岩。在后来的阿勒格尼造山运动中，上层岩石变形并变质为绿色片岩相。

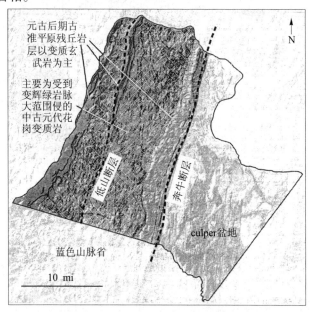

图 2.89　劳顿县地质简图（Southworth 等，2006）

　　为了掌握可利用地下水的水质与水量是否满足不断增长的县域发展的需要，1987 年实施了水文地质试验，开发了大量井的数据库，并制订了统一的水监测计划。当前正在居住区内进行水文地质试验，这个区内的下伏岩层为蓝岭岩石，试验工作包括对 50% 的拟订抽水区钻试验井，在每口试验井进行有控制的 8 h 含水层抽水试验，并安排观测井，对取自每口试验井的地下水水样进行详细的水质分析及相关资料分析。对拟定的社区供水系统，要求进行断裂节理测绘（如果露出地面的岩层需要作线状构造分析，对该地区的井区要进行地表物探、最少 72 h 的含水层抽水试验，并安排观测井，进行相关资料分析）。

（1）井数据库。

该县已为 19 000 口水井建立了包括地点、建设情况和现场信息的数据库，11 500 口水井位于蓝岭地区（其中 1 800 口为水文地质试验井）（见图 2.90 和图 2.91）。利用该数据库进行了统计分析，评价水井产水特性与岩石类型、附近线状构造、附近河流、附近断裂和其他因素之间关系的差异。采用 GIS 方法将井的资料关联到特定岩石单元，计算井与地貌、河流和断层的距离。记录的产水资料的主要依据是钻井人员在钻井期间观测的"气升"井流量，精度各异。

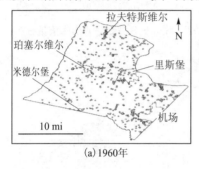

(a)1960年

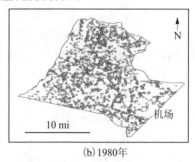

(b)1980年

图 2.90　1960 年及 1980 年劳顿县水井数量

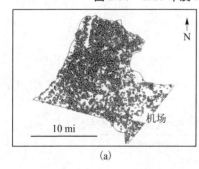

(a)

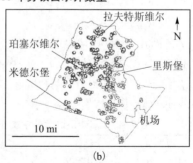

(b)

图 2.91　2006 年劳顿县水井数量(a)和水文地质研究井(b)

蓝岭地区基岩类的单井产水分布曲线见图 2.92 和图 2.93。总体上讲，变质花岗岩含水层产水分布类似，但有高于非花岗岩岩石、古准平原残丘变质玄武岩和哈珀斯千枚岩/变质石英砂岩含水层的产水分布的趋势。据报告，5% ~10% 的井产水小于 3.79 L/min(1 gal/min)，这是劳顿县生活供水井允许的最低产水流量。不到5%的水井产水流量 ≥ 189.27 L/min（50 gal/min），是理想的社区供水水源。在钻井费用一定时，需要采用科学方法（如线性构造分析和地表地质物探）为社区增钻出可靠的高产供水井。

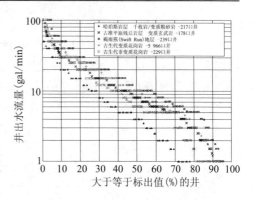

图2.92　按岩石分类划分井出水流量分布

1980 ~ 2007 年，劳顿县蓝岭地区平均将中值井深从约91.4 m（300 ft）增加到152.4 m（500 ft），钻井人员在某一特点区域在获得满意的产水流量前一般会加大钻井深度。因此，井产水流量与井深之间存在负（弱的）相关关系。表2.4列出了蓝岭地区大约1 800口水文地质研究试

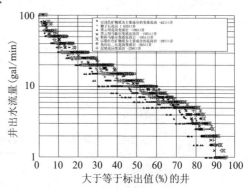

图2.93　井出水流量分布（花岗岩组）

验井每30.5 m（100 ft）钻孔间距的平均产水流量，表中数据依据记录的产水区深度和流量资料整理。

表2.4　1 800口试验井中发布的产水流量与各深度井段关系

井段(ft)	钻进(ft)	总流量（gal/min）	每井段总流量（gal/min）
100 ~ 200	182 950	5 537	3.03
200 ~ 300	160 032	6 932	4.33
300 ~ 400	107 997	4 789	4.43
400 ~ 500	73 663	2 532	3.44
500 ~ 600	45 050	872	1.93
600 ~ 700	24 660	559	2.27
700 ~ 800	12 059	123	1.02

（2）监测计划。

劳顿县与美国地质调查局和弗吉尼亚环境质量局（Virginia Department of Environment Quality）一起，于 2002 年制订了一体化水资源监测计划（WRMP），为影响水资源的土地利用决策提供了科学支撑。目前，监测河流水位和流量的站点有 10 个，记录地下水位的观测井有 11 口，降雨观测站有数个。该县最终计划在全县范围内建立 20～30 口井的监测网。

20 世纪 60 年代以来，位于短山（Short Hill）准古平原残丘地层的一口井和蓝岭地区的 6 口其他基岩井一直有地下水位监测数据。对这些监测数据的研究发现：①基岩中的水头波动小于 3.05 m/a（10 ft/a）；②深秋至早春和其他季节的大雨期间由于存在回灌而使水位上升；③在监测地点没有长期水位趋势迹象。1930 年及 1971 年以来，鹅溪（Goose Creek）和凯托克廷溪（Catoctin Creek）上的监测站一直有河川径流监测资料。河川径流表现出与降雨大小有很好的相关关系。

采用河川径流资料与流域信息估算蓝岭地区的回灌率。用河川径流退水曲线位移法（USGS RORA 程序）计算了 1973～2006 年凯托克廷流域（Catoctin Watershed）和 2002～2006 年劳顿县蓝岭地区其他 7 个较小流域的回灌率。估算的回灌率一般为 254 mm/a（10 in/a）至 330 mm/a（13 in/a），但在干旱期和大雨期，回灌率分别小于 127 mm/a（5 in/a）和大于 508 mm/a（20 in/a）。这些回灌率大大超过了劳顿县西部大片城市居民区（单区面积 ≥1.214 hm^2（3 acre））地下水抽水率。例如，一个 1.619 hm^2（4 acre）片区的生活用水为 1 136 L/d（300 gal/d），在容积上等于回灌率 25.4 mm/a（1.0 in/a）。净有效抽水率比 1 136 L/d（300 gal/d）小得多，因为大部分抽取的水从当地生活退水区回到地下水系统。抽出的水由如下方式平衡：①含水层局部水头降低（从储存水中抽水）；②从上述地点向含水层增加回灌；③从含水层向河流天然补给流量减少，或大致相似；④所有这些方式的结合。

（3）高产水井选址。

结晶变质岩输送地下水的能力在很大程度上取决于岩石裂缝密度和相互连通性。线状构造（断裂痕迹）分析（Lattman 和 Parizek，1964）

地表物探已用于在断裂变质岩区选择高产水井址。

回顾以前对结晶变质岩中水井产水量与线状构造和地形构成格局之间关系的研究后可得到一些综合成果（Yin 和 Brook，1992；Mabee，1999；Henriksen，2006；Mabee 等，2002）。劳顿县已用包括黑白航片、彩色和彩色红外照片、晕渲地貌数字高程图（DEMs）和地形图等在内的各种影像平台进行了线状构造分析。劳顿县蓝岭地区水井产水量的 GIS 分析表明，线状构造分析和"发展趋势"方法有益于高产水井选址。但在线状构造和/或峡谷附近开凿的多数水井只是有低中等产水量（≤75.7 L/min（20 gal/min））。

美国地质调查局在新罕布什尔州（New Hampshire）作了对比研究，确定几种物探方法对当地变质岩中主要含水断裂带的效能。所研究的这些方法中，二维电阻（ER）勘察得到的断裂带位置和深层断裂方向的信息量最大。劳顿县所做试验的结果与这些勘察成果相符，二维电阻断面影像已成功用于劳顿县西部许多地方的社区供水井开井地点选择。通过低电阻异常（≤400 mΩ）推断高产水断裂带。

（4）各向异性调查。

已有人（如 Drew 等，2004）对约束劳顿县蓝岭地下水流的多数主要断裂构造特性作出了如下假定：①全区域的东北向冲击，侵入较老变质花岗岩的中至陡倾角（一般倾向东南）变辉绿岩脉；②近似平行的北东走向古生代解理（片理）。在劳顿县西部也发现了中元古基岩中留有岩脉入侵和古生代解理痕迹的北西走向褶皱。

为了以更直接的方式确定含水层各向异性，在劳顿县蓝岭地区的 7 个地点进行的含水层试验期间，在很多观测井中安装了自动水位记录仪。在 22 次试验期间，在三口或更多的观测井观测到了水位下降，采用无限各向异性承压含水层非恒定地下水流帕帕佐普洛斯方程（Papadopulous Equation）分析观测到的数据，这种分析方法与在 TENSOR2D（Maslia 和 Randolph，1986）和 AQTESOLV（Beta 版，Duffield，2007）计算机程序中用的方法一样。分析结果表明，15 次试验分析成果与 AQTESOLV 分析得出的各向异性解相符，如图 2.94 所示。各向异性含水层分析表明，在 40.47～101.18 hm²（100～250 acre）不同面

积的研究区域观察到了不同的
张量方向,并且观察到的各向异
性并不总是与测绘的地质构造
特性相符。解译的张量方向变
化范围为 N70E ~ N79W。3/5
的方向在 N5E 与 N38W 之间。

　　(5)结论。

　　经弗吉尼亚州北部蓝岭地
区广泛的水文地质调查确认,该
地区断裂变质基岩非常复杂。
一般有足够的地下水可供低密
度(每片区 ≥ 1. 214 hm^2(3
acre))城市居民区使用。但为
城市(如人口密度较大的城镇)
与商业供水开发高产水量井会
遇到选址和潜在的水位下降影
响问题。基岩断裂的复杂性决

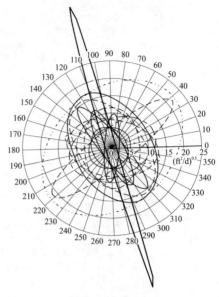

图 2. 94　7 个地点 15 个含水层试验得出的
透水率各向异性张量((ft^2/ d)$^{0.5}$)

定了要进行大量监测,以确定大流量抽水的影响。

2. 7. 6　美国主要含水层开采

　　对美国 2002 年从 66 个主要含水层开采地下水淡水用于灌溉、公
用供水和工业自供水情况进行了估算。这三类用户的地下水总开采量
为 2. 9 亿 m^3/d(765 亿 gal/d)或每年 1 058. 3 亿 m^3(8 580 万 acre-ft)。
灌溉用地下水量最大,为 2. 2 亿 m^3/d(569 亿 gal/d),其次为公用供
水,为 0. 6 亿 m^3/d(160 亿 gal/d),工业自供水 1 351. 2 万 m^3/d (35. 7
亿 gal/d)。这三类用水占美国全部用水所开采地下水淡水量的 92%。
剩下的 8% 包括家庭、水产、畜牧、采矿和火电等自供用水(Maupin 和
Barber,2005)。图 2. 95 为主要含水层地下水开采总量对比图。

　　非固化和半固化沙砾含水层中开采量最大,占所有含水层开采总
量的 80%。碳酸盐岩含水层开采量占 8%,火成岩和变质岩含水层开

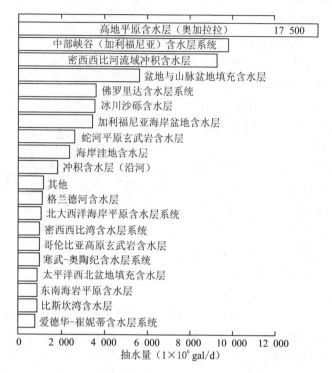

图 2.95　2000 年为美国灌溉、公用供水和自给供水提供大部分地下水的含水层
采量占 6%。从砂岩含水层、砂岩与碳酸盐岩含水层和"其他"含水层
类型的开采量各占有记录的开采总量的 2%。

　　灌溉供水、公用供水和工业自供水的地下水开采总量中的 45% 来自高原含水层、加利福尼亚中心峡谷含水层系统、密西西比河流域冲积含水层和盆地与山脉填充盆地含水层。灌溉开采地下水量中大部分来自这些含水层。高原含水层是美国开采强度最大的含水层。这一含水层为灌溉、公用供水和工业自供水提供的水量占所有含水层总开采量的 23%，占所有含水层提供的灌溉总水量的 30%。

　　用于公用供水的主要含水层为东北与北中部州、加利福尼亚海岸盆地含水层、佛罗里达含水层系统、盆地与山脉填充盆地含水层和沿海湾海岸分布的海岸洼地含水层系统等的冰积沙砾含水层。这 5 个含水层提供的公用供水量占所有含水层提供的总公用供水量的 43%。海岸洼地含水层系统、佛罗里达含水层系统和寒武纪－奥陶纪含水层系统的冰积沙砾含水层是工业自供水的主要水源,这些含水层的工业自供水地下水开采量占工业自供水地下水开采总量的46%。

2.8　滞水层

尽管滞水层在地下水系统中发挥着重要作用,但在很多情况下,只是对其进行定性分析而非定量分析。只是在最近的现场与实验室研究中将关注重点放在滞水层在地下各种污染物演变与输移方面发挥的作用。类似的研究还有将滞水层作为可用于供水的地下水储水含水层方面的具体工作。如本书前几节所列举的几个例子的情形一样,滞水层也可向受到抽水胁迫的临近含水层补给(“渗漏”)大量水;在天然情况和人工抽水情况下也可作为一个含水层向另一个含水层输水的通道。在设计含水层人工回灌和预测长期可开采地下水保有量时,了解滞水层在受水力胁迫的地下水系统中所能发挥的各种作用尤其重要。

当滞水层连续且厚度大并覆盖在储水量高的承压含水层之上时,通常将其视为脆弱的地下水资源的完美“保护层”。但是,有些专业人员认为“每个滞水层都是渗漏的”,浅表地下水污染物进入承压含水层并威胁这一水资源只是时间问题。当然,如果专业人员仅仅依靠他们的“最专业的判断”,而较少注意到“合理时期”后污染物才击穿滞水层这一特殊性,那么对任何人(即有兴趣的利益相关者)都是无助的。如果有一些现场取得的资料,如滞水层孔隙物质的厚度和渗透系数,他们可能立刻会有“最好”的回答:“观测数据并不包含流过断裂的水流,大家都知道组成滞水层的所有岩石和沉积物,包括黏土,都会在某个地方发生断裂。”此外,有很多穿过含水层和滞水层的老水井或者套管和井封退化的水井为系统中各种含水带之间提供了直接水力联系。最后一个争论点是最难解决的:“大家怎么知道滞水层是连续的? 一定有穿过其中的捷径,比如某处的一些互相联系的‘沙质’,材料透镜体。”真实的情况或许总是介于两者之间。确实有完美得足以胜任保护“职责”的滞水层,其完整性很强,浅表污染物经历数千年或更长时间也不能穿过它进入其下伏的含水层,也有一些完整性差的渗漏滞水层,它阻止污染物下渗的时间不会超过数十年。当然,如果滞水层不连续,或者在有些地方只有几英尺厚,那就不需要有什么争论。在此情况下,临近含水层的现场条件对污染物的输移起着主要作用。"最坏"情形下的这些现场条件有:从下伏承压含水层中抽水引起区域水位降落,由此导致滞水层隔开的两个含水层(浅表的和承压的)之间的水力梯度变陡。密度大的(比水的密度大)非水相液体(DNAPLs)污染物,由于能够不依赖含水层 – 滞水层 – 含水层系统中水力梯度输移,是很难评价和预测的。但意外的是,即使确定它作用对地下水修复工程的成功及其重要。很多污染物水文地质学调查未能收集到更多(或者根本没有收集到)有关滞水层的现场信息。

如果真的有水流穿过滞水层,唯一直接的确定方法是染色示踪,但这种方法并不实用,因为染色水流过滞水层通常要很长时间。利用系统中的水头观测资料和残留在滞水层中水的化学元素与同位素,可以用以在合理精度内评价穿过滞水层的地下水流速。但是,当依据来自不在滞水层的监测井水头资料时就要注意分析。在上、下两层含水层中观测到水头差,并不一定意味着地下水在其间以可观测速率流动。只能通过水力胁迫(抽水)其中一个含水层并确认其他两个单元(即包含滞水层本身)中有明显的关联水头变化,间接确定实际水流范围。在解译由抽水引起的水头变化(波动)时,应考虑所有可能的天然因素,如气压变化或潮汐影响等。

图 2.96 是一个导致错误结论的例子,其依据的是表层含水层中仅一个深度观测水头(如 MP – 4 A,水头 54.89 m(180.07 ft))和承压含水层中仅一个深度水头(MP – 4 F,水头 18.83 m(61.77 ft))。这两个水头间的垂直水头差为 36.06 m(118.3 ft),这会使人相信,在这样大的垂直水力梯度下(碰巧的是,承压含水层抽水用于供水),一定有大量向下穿过滞水层的垂直水流。但是,滞水层上方含水层中最后两口井之间以及所有多口井之间的水头差对任何实际用途没有意义:上、下差值在 0.3 m(0.01 ft)以内。这种水流"严格地"水平流动,说明缺少地下水从非承压含水层向下伏滞水层的流动程度(自由的自流)。非

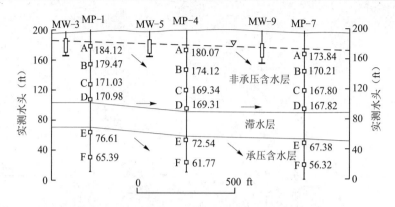

图 2.96　深入到滞水层以上和以下的多口监测井实测水头

（承压含水层用于供水的抽水井位于 MP–7 约 4 600 ft）（摘自
Kresic,2007a;版权属 Taylor&Francis 集团有限责任公司,授权印制）

承压含水层浅表层向下垂直水力梯度较大,可能原因是回灌,或许兼有
非承压含水层一些侧向抽水(边界)影响。

当收集到含水层各种深度的水头观测资料时,就可对诸如通过该
含水层的地下水流可信流量和流速得出更肯定的结论,包括由不均匀
性引起的含水层内部水头可能变化情况。图 2.97 所示为推荐的长期
含水层试验监测井安装,进行这些试验的目的是评价承压含水层和其
可能与非承压含水层互动的特性,以及滞水层的完整性。可通过井群、
多口井或两者结合等连续观测整个系统内不同深度的水头。

同任何孔隙媒介中的情况一样,在试图量化流过含水层的地下水
流的流速和流量时,主要问题是选择两个参数:渗透系数和有效孔隙
率。在考虑穿过滞水层的污染物演变和输移时,这两个参数尤其重要,
因为污染物可通过难以探测的不连续路径输移。正如 Cheery 等
(2006)所讨论过的,这样的路径在很多构造中普遍存在,包括由植物
根系和穴居动物活动形成的断裂和大孔隙(一般指直径大于 1 000 埃
(1 埃 = 1 × 10^{-8} cm)的孔隙,译者注)或大裂缝中也存在。有几种作用
可引起细粒未岩化滞水层断裂。黏土含量低的非饱和滞水层在地应力
和变形作用下尤其容易形成大范围断裂。未岩化滞水层遭受风化、沉
积物收缩和干燥时可在地下水位以上的非饱和带引发断裂。这些构造

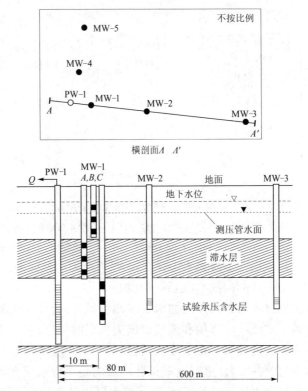

图 2.97 用于确定试验承压含水层的特性和各向异性的抽水试验监测井网示例
（包括从滞水层和含水层渗入下伏承压含水层在内的滞水层性质。MW－1 是一个
井群，其中的每口井为监测不连续的各井段装有多段井滤）

中的断裂密度随着滞水层风化部分以下深度增加而大量减少，但断裂
延伸的深度可在地下水位以下 9.1～45.7 m(30～150 ft)这个数量级。
黏土含量较高的淤积物塑性较大。如果沙或粉土没有冲进断裂中，塑
性可在稍后时间促进深处裂缝闭合(Bradbury 等,2006)。

滞水层的水力特性在很大程度上取决于其形成的淤积环境，以及
在其地质历史上任何地点是否出露于地表。例如冰湖沉积物，尽管黏
土含量高且在湖水中淤积，可能含水平层间夹沙层，使其水平渗透系数
比垂直渗透系数大。黏土中的垂直断裂可能在过去的某个时期已形
成，在这个时期沉积物暴露于地表并受到风化。这些断裂可能被沙层

截断,在后来陆续重新饱和后,流过断裂的垂直主流可能被沙夹层改变方向。所有这些致使滞水层中的整体流态相当复杂。

下面的例子说明了试图计算某滞水层有代表性的地下水流速和流量时存在的困难,该滞水层特性类似于双孔隙率媒介,这样的孔隙率媒介中的地下水在岩阵和断裂中流动。

图 2.98(a) 所示为 4 m 厚且没有断裂的滞水层中垂直流速和流量的计算单元。采用达西定律式(2.34)计算线流速(v_L):

$$v_L = \frac{K_v i}{n_{ef}} = \frac{K_v \left(\dfrac{\Delta h}{L}\right)}{n_{ef}} = \frac{5 \times 10^{-8} \text{ cm/s} \times \left(\dfrac{2 \text{ m}}{4 \text{ m}}\right)}{0.03}$$

$$= 8.3 \times 10^{-7} \text{ cm/s}$$

$$= 26.3 \text{ cm/a}$$

式中　K_v 为典型极强黏土阵的垂直渗透系数;Δh 为非承压含水层与承压含水层之间的水头差(本例中为 2 m);L 为含水层厚度,4 m;n_{ef} 为黏土有效孔隙率,3%。

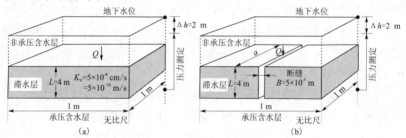

图 2.98　(a) 计算无断裂黏土滞水层中地下水流速和流量的单元,厚度 4 m,根据达西定律计算;(b) 计算开口宽度 $B = 5 \times 10^{-5}$ m 单个裂隙中地下水流速和流量的单元,裂缝贯穿 4 m 厚滞水层(改编自 Cherry 等,2006)

用滞水层厚度(流程 $L = 4$ m)除以流速($v_L = 0.263$ m/a)可求得流过滞水层的时间为 15.2 年。将流过的面积(本例中 $A = 1$ m²)乘以达西流速(不是线流速)可求得流过滞水层的流量:

$$Q = vA = K_v i A$$

$$= 5 \times 10^{-10} \text{ m/s} \times \frac{2 \text{ m}}{4 \text{ m}} \times 1 \text{ m}^2$$

$$= 2.5 \times 10^{-10} \text{ m}^3/\text{s}$$
$$= 2.16 \times 10^{-5} \text{ m}^3/\text{d}$$

图 2.98(b)所示为计算开口宽度 $B = 5 \times 10^{-5}$ m(50 μm)、厚度为 4 m 的单个断裂流速的计算单元,采用断裂等效渗透系数(Witherspoon,2000;在 Witherspoon 的注解中,$B = 2b$):

$$\nu = K_{\mathrm{f}}i = B^2 \frac{\rho g}{12\mu} \cdot \frac{\Delta h}{L} = B^2 \frac{g}{12\nu} \cdot \frac{\Delta h}{L}$$
$$= (5 \times 10^{-5} \text{ m})^2 \times \frac{9.81 \text{ m/s}^2}{12 \times 0.000\,001 \text{ m}^2/\text{s}} \cdot \frac{2 \text{ m}}{4 \text{ m}}$$
$$= 1.02 \times 10^{-3} \text{ m/s}$$
$$= 88.3 \text{ m/d} \tag{2.35}$$

式中　K_{f} 为断裂渗透系数;ν 为流过断裂的流速;μ 为动态黏滞系数;ρ 为水密度;g 为重力加速度;ν 为运动黏滞系数。

动态黏滞系数通过运动黏滞系数建立了与密度的关系:$\nu = \mu/\rho$。水温为 20 ℃时,水的运动黏滞系数为 1×10^{-6} m²/s(McCutcheon 等,1993),重力加速度取为 9.81 m/s²。用流速($\nu_{\mathrm{L}} = 88.3$ m/d)除以流程($L = 4$ m)计算得到流过 4 m 厚滞水层的时间很短,少于 1 d。断裂等效渗透系数这里计为 2×10^{-3} m/s,即比黏土阵的渗透系数(5×10^{-10} m/s)大 7 个数量级。

应用所谓立方定律,即用水流横断面面积(A)乘以流速可求得宽度为 a($a = 1$ m)的该单断裂中的流量(式中,$A = aB$):

$$Q = A\nu = aBB^2 \frac{\rho g}{12\mu} \cdot \frac{\Delta h}{L} = aB^3 \frac{g}{12\nu} \cdot \frac{\Delta h}{L}$$
$$= 1 \text{ m} \times (5 \times 10^{-5} \text{ m})^3 \times \frac{9.81 \text{ m/s}^2}{12 \times 0.000\,001 \text{ m}^2/\text{s}} \times \frac{2 \text{ m}}{4 \text{ m}}$$
$$= 4.4 \times 10^{-3} \text{ m}^3/\text{d} \tag{2.36}$$

比较两组结果可以看出,单断裂中的水流速和流量比岩阵中的高得多。很明显,在断裂滞水层中,实际水流量主要取决于有效裂缝(考虑有表面粗糙和填充物)的数量、三维范围和滞水层表征体内出现的所有断裂的相互连通性。但在很多情况下,精确确定一个滞水层断裂(断裂系统)的有效裂缝和几何形状即便不是不可能,也是十分困难的,必须要作出各种假定。

可以毫无争议地说,在各地区和各深度进行野外(现场)体积渗透系数试验仍然是唯一直接的方法,由此可得出反映岩阵和断裂对滞水层有效渗透系数联合影响的渗透系数值。Vargas 和 Ortega-Guerrero(2004)提出了渗透系数试验成果,这些试验在安装于墨西哥市的卫星城市区的准古平原黏土滞水层中的 225 个测压管中进行。滞水层(分为第一子滞水层和第二子滞水层)厚度为 50~300 m,覆盖在 2 500 万人口供水的主含水层上。该研究成果表明,实验室试验得到的岩阵渗透系数在 1×10^{-10} ~ 1×10^{-11} m/s 这个数量级,与野外现场在各深度试验得出的渗透系数差异很大。一般而言,滞水层更不均匀,在浅层 25~40 m 深度范围内含有较多的裂隙。这些反映在渗透系数值上,在有些地区数量级的区间多达 5 个(原书如此,实际上后列的是 4 个数量级,译者注),范围在 1×10^{-11} ~ 1×10^{-7} m/s。随着深度的增加,变化范围一般减小,所以第二区域滞水层的现场试验值变化区间在 1×10^{-11} ~ 1×10^{-9} m/s。图 2.99 说明了这一渗透系数随深度减小的趋势,在浅表滞水层中的这种趋势也很明显。例如,在此一般区域,在深度大于 15 m 的各种深度试验得出的 14 个值都小于 1×10^{-9} m/s,这标志着该含水层适用于所有实际用途。

Hart 等(2005)提出了页岩渗透系数实验室试验值,确定了滞水层区域尺度垂直渗透系数的方法,并说明了滞水层中不连续流径的重要性。威斯康星(Wisconsin)州东南部页岩滞水层为马科基塔地层(Maquoketa Formation),本书对其进行了研究,以确定滞水层在区域地下水系统中发挥的作用。采用开发前稳定流态和瞬态指标进行的威斯康星州东南部区域地下水流模型演算结果表明,马科基塔地层区域尺度的 $K_v = 1.8 \times 10^{-11}$ m/s。马科基塔地层岩芯尺度的 K_v 试验值范围为 1.8×10^{-14} ~ 4.1×10^{-12} m/s。页岩中水流会穿过一些额外路径、潜在断裂或钻孔,可以解释区域尺度的 K_v 值明显增加。根据观测井日志,侵蚀漏斗或高输水带似乎不是捷径。切穿整个页岩厚度的断裂,当间距 5 km 的缝隙宽度为 50 μm 时,可使流过滞水层的水与等效体积 $K_v = 1.8 \times 10^{-11}$ m/s 渗过滞水层的水相当。类似地,仅 50 口半径为

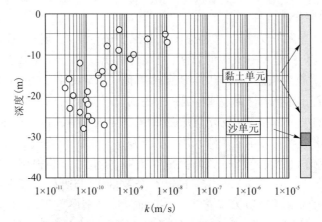

图 2.99　在墨西哥市医药中心现场实测的区域湖泊含水层
渗透系数垂直剖面(摘自 Vargas 和 Ortega-Guerrero,2004;
版权属 Springer-verlag;水文学杂志授权重印)

0.1 m、开凿在页岩以上与以下含水层中的水井,在威斯康星州东南部
10 km 的等间距分布,就可与模型 K_v 相当(Hart 等,2005)。

　　滞水层漏斗在相邻含水层之间输送大量水或污染物中发挥着主要
作用。这样的漏斗可由各种地质作用产生,在调查中了解区域地质历
史是非常重要的。图 2.100 所示为滞水层内分布有高透水带(漏斗)
的部分地下水系统的模拟成果,还标出了由滞水层以下抽水的两口井
带入、从地下水位处流出的颗粒轨迹。

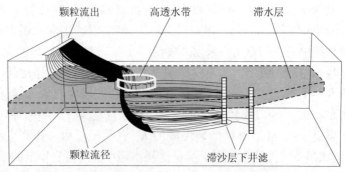

图 2.100　滞水层中高透水带(漏斗)对颗粒流径的影响的三维粒子轨
迹模拟结果(改编自 Chiang 等,2002)

解译滞水层中地下水化学成分是评价其与相邻含水层关系的另一个重要途径。Farvolden 和 Cherry(1988)提出了加拿大安大略和魁北克厚层黏土滞水层的水文地质调查成果,这项调查是垃圾处理场可选场址研究的一部分工作。主要离子的垂直分布和环境同位素,与水头和渗透系数分布一起,用于解译滞水层地下水流动机制。高热期(冰后期的高温期——译者注)气候温暖干燥,平均地下水位比现在的低 2 m 或 3 m,主要发生在这一时期的化学风化作用致使风化带及其附近部位的主要离子浓度较高。在这一干燥期也形成了干缩裂缝。未风化黏土分析成分的浓度垂直变化主要是由分子扩散引起的,由于存在浓度梯度,分子扩散作用导致各种成分游移。地下水(对流)的垂直渗流对此影响可忽略不计。Cl^-、Na^+ 和 CH_4 从基岩向上扩散,基岩是这些高浓度成分的发源地。向上的扩散作用大于向下的流动涡的作用,因此净输移是向上的。Ca^{2+}、Mg^{2+}、HCO_3^- 和 SO_4^{2-} 从其发源地的风化带向下扩散。^{18}O 和 ^2H(氕)也从风化带底部向下扩散直到进入未风化的黏土。基于 Fick 扩散定律数学模型演算证实了这一解译。这项研究得出的结论是,风化带下黏土物含有的地下水具有数千年历史,并呈现主要离子和同位素的扩散控制分布(Farvolden 和 Cherry,1988;基于 Desaulniers 的研究,1986;Desaulniers 等,1986)。Samia 地区记录到的碳 - 14 是确定深层地下水年代的又一证据,其年限为 10 000 ~ 14 000 年。根据上述所有信息可很容易得出结论:所讨论的黏土滞水层(看作滞水层,译者注)是完全胜任的。

Cherry 等(2006)和 Bradbury 等(2006)非常详细地介绍了确定滞水层水文地质特性的各种现场与实验室方法,包括地下水流量计算和污染物演变与输移。

2.9　泉　水

早期人类在可靠淡水水源——泉水与河流附近定居。由于有大型永久泉涌存在,很多古代城市及其现代相应发展区域一般都位于地中海和中东的喀斯特地区。图 2.101 所示为一座 9 km 长渡槽的一部分,这座渡槽是罗马皇帝戴克里齐安(Diocletian)为其夏宫供水于公元前3世纪建造。这座称为戴克里齐安宫的宫殿是罗马帝国建造的最大住宅建筑物。宫殿现在是亚得里亚海沿岸(Adriatic Coast)(Craotian)港口城市的中心,而且直到现在还在使用为戴克里齐安(Diocletian)供水开凿的同一喀斯特泉水(见图2.102)。

图 2.101　罗马皇帝戴克里齐安在公元前 3 世纪为其亚得里亚海岸
夏宫供水的渡槽的一部分(图 2.102 所示的这座渡槽从大喀斯特泉引
水,现在仍为斯普利特的克罗地亚港口城市供水所用)(Ivo Eterovic 提供照片)

图 2.102　最初由罗马皇帝戴克里齐安在公元前 3 世纪开凿大喀
斯特泉(现在仍在为斯普利特的克罗地亚港口城市供水所用)(Ivana
Gabric 提供照片,斯普利特大学)

全世界的城市供水与生活供水利用了各种规模和形式的泉水。美国开始利用地下水时关注的也是泉水,在干旱的西部尤其如此。移民的踪迹联系着很多的泉水,这些泉水起着为人畜供水的作用。随着美国东部地区的发展和大部分土地私有化,地下水公用供水设施开始转向水井。钻井、水泵技术和城市电气化的进步,使西部地区从20世纪开始能大规模开采地下水,尤其是在第二次世界大战以后,地下水大规模灌溉迅速在整个西部地区展开,导致很多地区的泉涌停止涌水。因而,美国东部和西部的泉水集中供水与世界其他地方相比显得很少,例如,在佛罗里达州、得克萨斯州和密苏里州的喀斯特地区,很多这样的泉涌位于私人土地上、公园内,并被保留用于包括娱乐在内的用途。Meinzer的一本有关美国大型泉涌的书(Meinzer,1927)中有一段话描述了佛罗里达州泉水在这方面的情况。

有些泉涌已是著名的度假胜地,但这些泉涌的水没有被大量利用于其他方面。下面是摘自马里昂县商会(Marion County Chamber of Commerce)出版的一本小册子(见第1章)中的一段生动描述:银泉(Silver Spring)的水深而冷,清澈如同空气,大量从亚热带深林中部广袤盆地和溶洞中奔流而出。透过玻璃船底,只见岩石、水下植物和船下游动的多种鱼类仿佛悬于天穹,盆地与溶洞的美丽无与伦比。水中明亮的物体吸引着阳光,光晕却似梦幻。泉涌造就了天然渔业,养育着32种鱼类。鱼类受到保护,温顺可爱,可在手中喂食。导游一声号令下,数百尾各种披着闪亮色彩的鱼聚集在玻璃船底。

近年来,跨国瓶装水公司对美国泉水又有了新的兴趣,这些公司从爆发式增长的安全饮水消费需求中获利。相反,欧洲国家大量水质良好的泉水用于公用供水(见图2.103),并在继续采取各种措施保护这些泉水。奥地利维也纳市是采取各种科学、工程与法律措施保护其著名的泉水供水的主要例子。

2.9.1　泉水类型与分类

一般而言,泉水可在地下水流出地表的任何地点出现,形成看得见的水流。当水流不可见,但地表与临近地区比较更湿润时,这样的地下水向地表流出的现象称为渗出。渗出泉是表明地下水是通过非固化沉积物（如沙砾）中无数细小粒间空隙流出所使用的术语。大量植物通常是其标志，一般位于深切到均匀含水淤积物饱和带的峡谷中。裂隙（或裂缝）泉指顺

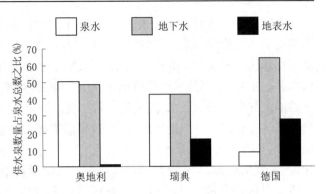

图 2.103　瑞典、奥地利和德国泉水供水情况
（改编自奥地利经济社会事务博物馆,2003）

着固化(坚硬)岩石层面、节理、裂缝、断层和其他断裂体中排泄的水。间歇泉是大致有规律地间隔一定时间有热水和蒸汽从很大深度喷出的泉。间歇泉一般出自管状溶槽,槽壁淤积有硅土,以由类似物质组成的椎管出露于地表。

　　根据泉水不同特性采取有多种方法对其进行分类,其中最常见的方法为:①流量与均匀性;②形成流量的水头(压力)特性;③地质构造控制排放;④水质与水温。

　　Meinzer 等以美制单位表达平均流量并对泉水进行分类的方法至今仍在美国广泛使用(见表2.5)。但是,对于评价泉水开发利用潜力,仅根据泉水流量而不规定其他流量参数就对泉水进行分类的方法用处不大。例如,一处泉水流量可能很大但可能干枯或者只在一年中的大部分时间涌水。因此,有必要根据长期记录的最小流量评价泉水,其记录一般要求长于几个水文年(水文年的定义为,全年周期内所有汛期和枯水期的时间间隔)。在评价泉水可利用水量时,观测泉水流量变化程度是很重要的,观测期也应长于一个水文年。变化程度最简单的度量是最大流量与最小流量的比率,称为变化指数(I_v):

$$I_v = \frac{Q_{\max}}{Q_{\min}} \tag{2.37}$$

变化指数大于 10 的泉水被认为变化大,当$I_v \leq 2$时,有时称为常

流或稳定泉水。Meinzer(1923)建议用下式衡量变化程度,以百分数表达:

表 2.5　根据平均流量划分的泉水等级

等级	流　量
I	2.83 m^3/s(100 ft^3/s)或更多
II	0.283 ~ 2.83 m^3/s(10 ~100 ft^3/s)
III	0.028 3 ~ 0.283 m^3/s(1 ~10 ft^3/s)
IV	378.54 L/min ~0.028 3 m^3/s(100 gal/min ~ 1 ft^3/s)
V	37.85 ~378.54 L/min(10 ~100 gal/min)
VI	3.79 ~37.85 L/min(1 ~10 gal/min)
VII	0.473 2 ~3.79 L/min(1 品脱(pint)/min ~1 gal/min)
VIII	<0.473 2 L/min(<1 品脱(pint)/min)

注:表中数据摘自 Meinzer,1923。

$$V = \frac{Q_{max} - Q_{min}}{Q_{av}} \times 100(\%) \qquad (2.38)$$

式中　Q_{max}、Q_{min} 和 Q_{av} 分别为最大流量、最小流量和平均流量。

根据式(2.38),常流量泉水的变化程度小于 25%,变化泉水的变化程度大于 100%。

间歇泉只在一定时期涌水,其他时间是干枯的,直接反映含水层的回灌状态。潮汐泉或周期泉通常出现在石灰岩(喀斯特)地带,可解释为泉背后的岩体中存在虹吸现象,这些岩体以一定规律充蓄与放空,这种规律与回灌(降雨)状态无关。周期泉可以是永久的,也可以是间歇的。消溢水洞(雷公洞)有双重作用:含水层在高水头期间是泉水;当含水层水头比地表水体(消溢水洞位于或临近地表水要素)中的低时,它的作用为地表水消溢洞。次生泉出水位置远离主泉水出水位置,由崩积层或其他碎屑覆盖,因而是看不见的。

通常根据下伏含水层中迫使地下水流出地表的水头特性,将泉水分为以下两个主要组:

(1)自流泉。出现在非承压条件下,地下水位与地面相交情况,也称为下降泉。

（2）喷泉。在下伏含水层承压条件下排水，也称为上升泉。

地貌与地质组构（岩石类型和构造特性如褶皱和断层）在泉水形成中起着重要作用。当特定现场条件复杂时，先前不同类型的泉水可能在后来相互转变而引起混淆。例如，断裂岩石中由断层形成的侧向不透水隔水体，可强迫地下水从更大深度上升并在地表排出。由于地壳存在正常的地温梯度，泉水水温可能很高，这样的泉水通常称为温泉。同时，正常水温地下水也可能以泉涌方式在靠近温泉很近的地点出现。第三类泉水的水温在"热"与"冷"之间。所有这三类泉水由含水层与不透水隔水体之间相同的接触面引起，都可称为关泉，不过其地下水流动的水力学机制是很不相同的。

图 2.104 所示为几个常见的泉水类型。一般而言，当含水孔隙媒介和不透水媒介之间的接触面倾向泉水、向着地下水流方向，并且含水层位于不透水接触面以上时，这样的泉水称为下降型接触泉（见图 2.104a）。当不透水接触面背向泉水，与水流方向相反时，这样的泉水称为满溢泉（见图 2.104b）。通常在受到地表河流切割（见图 2.104c）时，地形线与地下水位线相交，非承压含水层中会形成洼地泉。含水层与其下伏弱透水地层之间的可能接触并不是泉水出露的原因（这种接触可能知道或可能不知道）。图 2.104d 至图 2.104f 所示为几个相关泉例子，这一术语一般指位于含水层与不透水岩石之间陡的（垂直）或悬挂的侧向接触面。当这样的接触面在静水压力下迫使地下水上升，即由于含水层中水头泉眼位置的地表高程高，这样的泉称为上升泉或喷泉。喷泉通常是由地质构造（断层、裂隙和褶皱）形成的，通常有稳定的水温和流量，这是因为它不直接暴露于大气中，也不直接接受降雨回灌。温泉几乎都为上升泉。图 2.104g 所示为断裂岩石含水层中的上升泉与下降泉。

Meinzer（1940）列出了美国这些如下泉：

根据大约 10 年前完成的研究，美国有 65 处头等泉水。这些泉水中，38 处出现在火成岩或与火成岩有关的碎石中，24 处在石灰岩中，3 处在砂岩中。火成岩或与火成岩有关的碎石泉水中，16 处在俄勒冈州，15 处在爱达荷州，7 处在加利福尼亚州。石灰岩泉水中，9 处在古

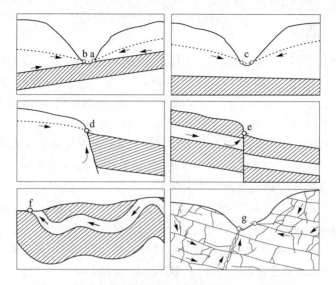

图 2.104　按水头和地质约束表示的不同泉水类型

（摘自 Kresic,2007a;版权属 Taylor&Francis 集团有限责任公司,授权印制）

生代石灰岩中,8 处在密西西比州和阿肯色州的奥扎克(Ozark)地区(密苏里州西南、阿肯色(Arkansas)州西北和俄克拉荷马(Oklahoma)州东北部的高地——译者注);4 处位于得克萨斯州的鲍尔肯断层(Balcones fault)带的早白垩世灰岩中;11 处位于佛罗里达州的第三纪石灰岩中。砂岩中的 3 处泉水位于蒙大拿州。这些含水层流量大,是由于断层或其他特殊特性形成的。现在收集了更多的资料,可对这些数据作一定修订,但特性没有大的变化。

自 Meinzer 和美国地质勘探局提出这一数量后,由于有了更精确的水流观测资料和全国其他机构与调查研究人员的贡献,对这些数字作了修正。仅在佛罗里达州,就有 33 处有记录的头等泉水,另外大约有 700 处大的泉水(Scott 等,2004)。佛罗里达州或许是全球淡水泉最多的集中地的代表。世界有大型泉水的地区也位于喀斯特区,如迪纳拉造山带(Dinarides,巴尔干地区)、欧洲阿尔卑斯、法国、地中海国家、土耳其和中东,以及中国(Kresic 和 Stevanovic,编写中)。

2.9.2　温泉与矿泉

温泉可根据其水温相对于人体温度(98 ℉或37 ℃)的高低细分为暖泉和热泉:热泉温度较高,暖泉温度较低。暖泉水温高于所在地的年平均气温。Steams 等(1937)给出了美国温泉的详细说明。Meinzer(1940)提出了如下有关温泉的形成和性质的说明。

美国温泉的确切数量当然是有争议的,这要根据水温仅比所在地正常温度稍高的温泉进行分类确定,和根据那些已确定是温泉的分组来定。最近公布的报告列出了 1 059 处温泉或温泉地址,其中52 处位于中东部地区(46 处在阿巴拉契亚高地,6 处在阿肯色州的沃希托(Ouachita)地区),3 处位于大平原区(南达科他州的黑山(Black Hill)),其余的都位于西部山区。根据报告列出的清单,拥有温泉数量最大的州有:爱达荷州203 处,加利福尼亚州184 处,内华达州174 处,怀俄明州116 处和俄勒冈州105 处。但黄石国家公园的喷泉区在高温泉数量(29 个)超过所有其他州。确实,如果按处计数而不是按组计数,这一地区的温泉数量可能有几千之多。已确认的温泉中约有2/3源自火成岩——主要为巨大的侵入岩体,例如巨大的爱达荷基岩,这一基岩仍保留着一些原有的温度。很少(如果有的话)有岩石热量源自喷出岩浆,喷出岩浆展开范围大,层较薄,冷却很快。许多温泉沿断层出现,其中很多温泉在性质上可能为喷泉,但大多数或许从下伏的侵入岩含水层渗出的热汽或热水中获得热量。已收集到的资料表明,西部山区温泉的水主要源自地表水源,但其热量大部分来自岩浆……阿巴拉契安(Appalachian Highlands)高地温泉热量来自喷泉形成过程,水进入位置较高的含水层,在向斜或其他反向虹吸中流过相当大的深度后在较低位置出现;在其流经的深部,深层岩石正常的热量加热了水。

矿泉(或矿化水)在不同国家有不同的含义,可宽松地定义为:具有一种或多种不同于公用供水中饮用水化学特性的泉水。例如,这种水可含有的自由气态二氧化碳浓度增大(天然碳化水),氡含量高("放射性"水——世界上一些地区还在作为具有"医疗""奇效"的水消费),或硫化氢含量高("对皮肤病好"和"柔软皮肤"),或溶解镁含量高,或溶解固体总含量超过 1 000 mg/ L 的水。有些瓶装水商,利用全世界对瓶装矿泉水的狂热,将取自泉水的水打上"矿物"标签,哪怕这些水没有任何不寻常的化学或物理特性。在美国,公用和瓶装泉水与矿化水由食品与药品管理局管理,这样的水必须严格标准,包括对水源地的保护。

2.9.3 泉水流量过程分析

通过泉水流量过程分析可得到有通过关泉水排水的含水层性质和可利用水量等有用信息。在很多情况下,泉水流量过程提供的是含水层唯一可直接利用量的信息,这就是一直在研究泉水过程各种分析方法的主要原因。泉水流量过程是各种过程的最终结果,这些过程包括泉水集雨区降雨和水的其他形式输入从加入地下水到出水点流动。在有些情况下,泉水流量工程与地表河流的流量过程很类似,含水层为非承压并且透水率很高时尤其如此。在渗透性较弱的媒介和非承压与承压岩石中,泉水量小,通常对每天、每周甚至每月(每季度)的渗水输入没有明显的反应。另一方面,当大型泉从喀斯特或密集裂隙含水层出流时,对降雨的反应也就是持续几个小时。尽管形成泉水和地表河流流量过程的进程很不相同,但仍有很多相似之处,且过程线绘制方法是相同的。图 2.105 所示为泉水对降雨事件作出迅速反应的典型过程线。

图 2.106 所示为泉水受其集水区地下水开采影响的例子。得克萨斯州科马尔泉(Comal Springs)73 年观测期内 5 月和 8 月月平均流量过程线显示出几个干旱年并伴有爱德华(Edwards)含水层抽水量增加的影响。一般每年 5 月记录的日流量很高,8 月最低。在 20 世纪 50 年代干旱期,1956 年 6 ~ 9 月泉水干涸。在此情况下,如果不扣除抽水影响量,就不可能精确估算天然回灌对泉水流量过程和含水层性质的影响。图 2.106 也说明,即使有长期观测资料,采用平均值分析也可导致有关任一给定时间"安全"流量的错误结论。如图 2.107 所示例子,概率图对评价长期流量资料是更加合理的工具。例如,在该例中,8 月平均泉水流量小于 1.43 m^3/s(50 cfs)的理论概率约为 4%,为 0 的概率

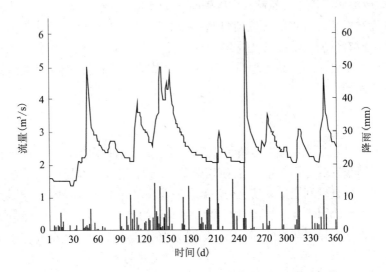

图 2.105　喀斯特泉快速响应回灌事件的特征流量过程线

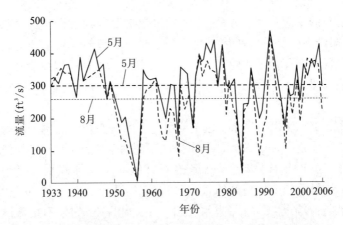

图 2.106　得克萨斯州科马尔泉 73 年多每年实测 5 月(粗实线)和 8 月(虚线)
月均流量(流量以 ft³/s 计)(来源:USGS,2008)

为 2% ~3%(注:从观测资料可知,该泉水在 1956 年 8 月干涸)。但需
再次说明的是,这种概率分析也反映了人工开采地下水的历史,因此在
任何规划中不应单独运用。换言之,这样的地下水开采在将来可能有

变化,必须用一些定量的方法考虑其影响。

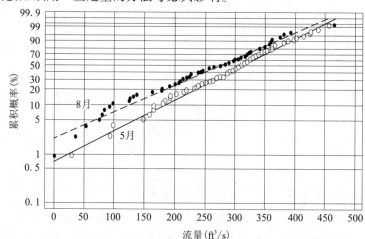

图 2.107　科马尔泉每年 5 月和 8 月月均流量极值概率分布

2.9.3.1　退水分析

如图 2.108 所示的有很长退水期的年泉水流量过程线下降段,意味着这段时期没有大量降雨,对这一时期年泉水流量过程线下降段进行分析称为退水分析。已知泉水流量不受新进入含水层水的干扰,通过退水分析可深入了解含水层结构。通过建立泉水流量与时间的合理数学关系,可以预测未来一个时期无雨情况下泉水流量,并计算水量。因此,退水分析一直是长期水文地质研究所常采用的定量方法。

退水曲线的形状和特征取决于不同因素,如含水层孔隙率(最重要)、水头位置和从其他含水层的补给。理想的退水条件为几个月的长时间无雨,这在中度(或湿润)气候时很少出现。由于夏季和秋季对退水曲线造成各种干扰,在分析中不能明确地剔除。因此,尽可能多地分析不同年份退水曲线是可取的(Kresic,2007a)。大样本分析可得到平均退水曲线和多年最小流量的包络线。此外,有关孔隙结构、累积能力和期望长期最小流量等的结论会更精确。

Boussinesq(1904)和 Maillet(1905)提出了描述退水期下降段流量过程线的两个著名公式(式(2.39)和式(2.40))。这两个公式给出了

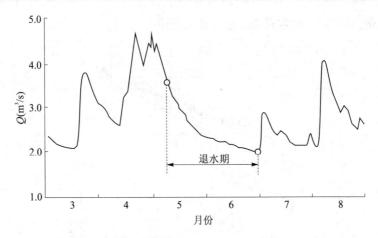

图 2.108　具有很长退水期的年泉水流量部分过程线

特定时间流量(Q_t)是由退水开始时的流量(Q_0)确定的。Boussinesq 方程为双曲线形式：

$$Q_t = \frac{Q_0}{\left[\,1 + \alpha(\,t - t_0\,)\,\right]^2} \qquad (2.39)$$

式中　t 为退水开始后计算流量的时间；t_0 为退水开始时的时间，通常（但不一定）设为 0；α 为流量系数，或退水系数。

Maillet 方程是较常用的方程，为指数函数：

$$Q_t = Q_0 \cdot \mathrm{e}^{-\alpha(\,t - t_0\,)} \qquad (2.40)$$

以上两个方程中的无量纲参数(α)为流量系数（或退水系数），与含水层透水系数和单位储水量有关。当点绘在半对数图上时，Maillet 方程是斜率为流量系数(α)的直线：

$$\log Q_t = \log Q_0 - 0.434\,3 \cdot \alpha \cdot \Delta t$$

$$\Delta t = t - t_0 \qquad (2.41)$$

$$\alpha = \frac{\log Q_0 - \log Q_t}{0.434\,3(\,t - t_0\,)} \qquad (2.42)$$

式(2.42)引入转换系数(0.434 3)是为了便于将流量表达为$\mathrm{m^3/s}$和时间表达为 d，α 的量纲为 $\mathrm{d^{-1}}$。

图 2.109 为图 2.108 中所示的退水期时间与流量关系半对数图。

实测日流量形成三条直线,意味着退水曲线可用三个带有不同流量系数(α)的相应指数函数模拟。按式(2.42),第一、第二和第三个分段的流量系数分别为 0.019、0.004 5 和 0.001 5。

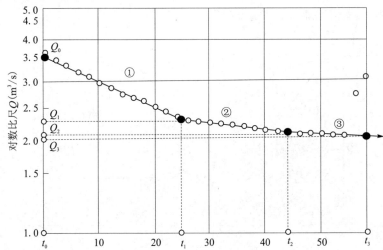

图 2.109　图 2.108 中所示的退水期流量与时间关系半对数图(退水期为 54 d)

　　在确定流量系数后,可用 Maillet 方程为其中某一段计算退水开始后任一给定时间的流量。例如,退水开始后第 35 天,当第二个分段开始时,计算的泉水流量为 2.146 m³/s。

　　一般认为可对流量系数的变幅作出物理解释。公认的解释是,当 α 的数量级在 10^{-2} 时,表明连通性好的裂缝(裂隙,或喀斯特含水层中的溶槽)的快速排水;当退水曲线的坡度较缓(α 在 10^{-3} 数量级)时,代表小空洞(即细裂缝和含水层岩阵孔隙)的缓慢排水。同样,本例中泉水流量的主要来源为小空洞储水。

　　流量系数(α)与储存在泉水位以上的含水层中自流地下水(即补给泉水流量的地下水)成反比:

$$\alpha = \frac{Q_t}{V_t} \tag{2.43}$$

式中　Q_t 为时间为 t 时的流量;V_t 为储存在水位(泉水位)以上的含水层中的水量。

　　式(2.43)仅适用于下降自流泉,可用于计算退水开始时含水层中的累积水量,以及给定时间内流出的水量。计算的地下水留存水量总是指当前水流水位以上的保水量。三个微流段(如本例情况)的含水层排水及相应排出的水量见图2.110。

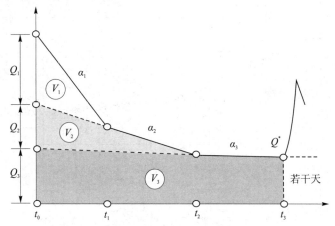

图2.110　泉水退水三个微段期间流出的水量

　　退水期开始时储存在含水层(排水水位以上)中的初始水量为相应于三种不同储水类型(有效孔隙率)的三个水量之和:

$$V_0 = V_1 + V_2 + V_3 = \left(\frac{Q_1}{\alpha} + \frac{Q_2}{\alpha_2} + \frac{Q_3}{\alpha_3} \right) \times 86\ 400\ \text{s} \qquad (2.44)$$

式中　流量单位为 m^3/s;水量单位为 m^3。

　　第三个分段末保留在含水层中的地下水水量为时刻 t^* 流量与流量系数 α_3 的函数:

$$V^* = \frac{Q^*}{\alpha_3} \qquad (2.45)$$

　　水量 V_0 与 V^* 之差为时期 $t^* - t_0$ 内排出的所有地下水量。

　　大型常年喀斯特泉或高透水裂隙泉的退水期,如本例一样,常有 2 ~ 3 个流量分段。但是,第一分段很少符合简单的 Maillet 型指数表达式,与双曲线函数的符合性更好。如果半对数图上的实测数据点不为直线,可很容易看出与指数规律的偏差。退水开始时,大地下水递质的迅速排

水(通常为紊流)最接近于 Boussinesq 型双曲线关系。其一般形式为

$$Q_t = \frac{Q_0}{(1 + \alpha t)^n} \tag{2.46}$$

在很多情况下,这一函数关系正确描述了全部退水曲线。Drogue (1972)根据法国喀斯特泉 100 条退水曲线分析得出的结论,在研究的 6 个指数中,最接近的指数 n 值为 1/2、3/2 和 2。

2.9.3.2　自相关与互相关

自相关和互相关一般是应用于任何时间系列的分析(与时间相关的变量)。它们也是开发水文时间序列(如河流和泉流,或水头波动,与某种形式水输入如降雨有关)随机模型的第一步。对于泉水水文曲线,通过自相关和互相关分析也可得出关于含水层水流与储量的类似类型的判断。

自相关是同一变量逐次值之间的相关。例如,如果水文变量是每日观测的,对于滞后 1 d 的自相关,为 1 d 与 2 d、2 d 与 3 d、3 d 与 4 d 等配对。成对数据的数量为 $N-1$,N 为数据总数。对滞后 2 d 的自相关,为 1 d 与 3 d、2 d 与 4 d 等配对。这样,相关配对的数量又减少为 $N-2$,如此等等。自相关用自相关系数衡量,也称为序列相关系数,对任一滞后时间 k,计算公式如下:

$$r_k = \frac{\dfrac{1}{N-k} \sum_{i=1}^{N-k} (x_i - x_{av})(x_{i+k} - x_{av})}{\dfrac{1}{N} \sum_{i=1}^{N} (x_i - x_{av})^2} \tag{2.47}$$

式中　r_k 为自相关系数;N 为样本容量;x_i 为时间 $t = i$ 的变量值,如泉水流量;x_{i+k} 为时间 $t = i + k$ 的变量值;x_{av} 样本数据平均值。

式(2.47)中的分子称为自相关(或协方差,COV),分母称为时间系列的方差(VAR)(注意,方差的平方根称为标准偏差)。对于小样本,滞后数量(自相关系数)应约为数据总数的 10%。对于大样本,例如一年或几年的天数,滞后天数可达数据总数的 30%。

如果可根据系列的过去值预测现在值,那么这个系列是自相关的。还有一些常用来描述自相关系列的术语有连续性和记忆。如果一个系

列不自相关,就称其为是独立的(缺乏连续性,序列没有记忆)。通过几种统计试验检验依赖型(自相关)时间序列的假定,其中一种较简单的检验由 Bartlett(引自 Gottman,1981)提出。为了在可信度 0.05(即 95%的概率)水平的显著性差异于零,自相关系数必须满足:

$$r_k > \frac{2}{\sqrt{N}} \tag{2.48}$$

式中　N 为样本容量。

　　在水文实际工作中,只对第 1 个或者第 2 个滞后(不推荐)进行自相关检验。对全部相关图引入可信度限制进行检验更好。在可能被认为是独立的时间序列中,这可能不能覆盖可能的滞后或周期成分,如发现第 2 个滞后不是显著性等于零。Anderson 建议将检验假定为全部相关图可信度极限(Probaska,1981),公式如下:

$$LC(r_k) = \frac{1 \pm Z_\alpha \sqrt{N-k-2}}{N-k-1} \tag{2.49}$$

式中　N 为样本容量;k 为滞后时间;Z_α 为可信度在 α 水平的正态分布标准变量。

　　在统计表中可找到各种可信度的 Z 值,最常用的 Z 值见表2.6。

表2.6　相应于最常用的显著水平 α 的 Z 值

显著水平 α	0.1	0.05	0.01	0.005	0.002
单侧检验 Z	±1.28	±1.645	±2.33	±2.58	±2.88
双侧检验 Z	±1.645	±1.96	±2.58	±2.81	±3.08

注:摘自 Spiegel 和 Meddis,1980。

　　Mangin(1982)提出,要求相关图落到 0.2 以下的时间称为记忆效应。根据 Mangin 表述,系统的记忆性高,表明发育不良的喀斯特系统具有大量地下水储备。相反,记忆性低反映的是高度发育的喀斯特系统含水层储量很少。但是,Grasso 和 Jeannin(1994)分析了虚拟的常规流量时间序列,说明了洪水频率的增加导致相关图中退水段更陡。他们也指出,洪峰越尖瘦,相关图中的退水段越陡。类似地,退水系数减少引起相关图退水段更陡。Eisenlohr 等(1997)完成的泉水流量过程数字模拟证实,相关图的形状与降雨频率有很强的关系。Eisenlohr 等也提出,降雨时空分布和扩散与集中入渗对流量过程有强烈影响,继而对相关图产生影响。因此,相关图的形状与得出的记忆效应不仅取决于喀斯特成熟状态,也取决于所考虑降雨事件的频率和分布(Kovacs 和 Sauter,2007;Kresic,1995)。

在互相关分析中,y 序列代表的日泉水流量是受日降雨(x 序列)影响的独立变量,它滞后于 x。通过计算各种滞后时间的互相关系数并点绘相应互相关图来分析两个序列的时间函数关系。对任何滞后时间 k 的互相关系数公式如下:

$$r_k = \frac{COV(x_i, y_{i+k})}{(VARx_i \cdot VARy_i)^{1/2}} \qquad (2.50)$$

式中 COV 为两序列的协方差(自相关);x_i、y_i 分别为实测日降雨和日流量;VAR 为每个序列的方差。

在实际工作中,对样本中滞后时间 k 的互相关系数用下式计算:

$$r_k = \frac{\sum_{i=1}^{N-k} x_i \cdot y_{i+k} - \frac{1}{N-k} \sum_{i=1}^{N-k} x_i \sum_{i=1}^{N-k} y_{i+k}}{\left[\sum_{i=1}^{N-k} x_i^2 - \frac{1}{N-k} \left(\sum_{i=1}^{N-k} x_i\right)^2\right]^{1/2} \left[\sum_{i=1}^{N-k} y_{i+k}^2 - \frac{1}{N-k} \left(\sum_{i=1}^{N-k} y_{i+k}\right)^2\right]^{1/2}}$$

$$(2.51)$$

下面的例子说明了自相关和互相关分析的可能应用情况。欧姆巴拉 Ombla 泉水(见图 2.111)被开发用于杜布罗夫尼克(Dubrovnik)的克罗地亚(Croatian)海岸城市供水,源自约 600 km² 的发育成熟和典型的迪纳拉造山带(Dinarides)喀斯特地区。大多数年份的最大流量与最小流量比(泉水非均匀系数)大于 10,2~3 d 的短时间滞后说明流量对主要降雨事件的响应迅速,它相应的高互相关系数接近 0.5(见图 2.111 中互相关图峰值)。由于夏季各月的频繁降雨和稳定基流(尽管很小),统计学上的流量显著自相关($r_k \geq 0.2$)持续超过 30 d。根据这些情况可很快作出初步评价:地下水流主要通过输送能力与快速入

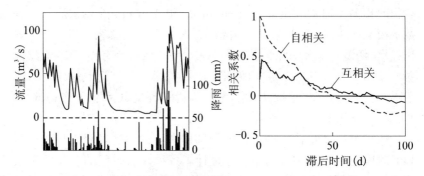

图 2.111　迪纳拉造山带典型成熟喀斯特中欧姆巴拉泉水流量自相关
分析和泉水流量与降雨互相关分析

　　渗雨水量产生相同的溶槽流动。其他类型的孔隙只是在漫长的夏季为
非常均匀的区域地下水流作点贡献。但是,大家已经知道泉水的集水
面积为 600 km², 似乎含水层的有效岩阵孔隙率相当低。
　　格拉茨(Graz)泉(见图 2.112)位于东塞尔维亚的半隐蔽状喀斯
特,非均匀系数高达 22.5,但同时又具有很强和很长的自相关。尽管

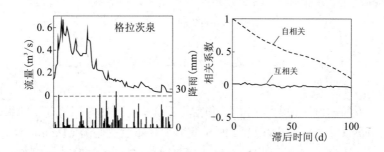

图 2.112　塞尔维亚东部半隐蔽喀斯特中格拉茨(Graz)泉水流量自相关
分析及和泉水流量与降雨互相关分析(摘自 Kresic,1995;版权属美国
水文学院;授权印制)

　　集雨区降雨频繁并在全年分布较均匀,但其互相关性没有统计学上的
意义。初步评价认为喀斯特区的入渗很慢,溶槽流不占主导地位,其他
非溶槽类有效孔隙率/储水起的作用更大。集水区为山岭区,冬季覆盖

着大量积雪,在春季这些雪融化很快,了解这些情况有助于分析实际情况,这些融雪水形成洪峰,则此时洪峰的形成与降雨没有直接关系。

2.9.3.3　泉水流量过程的水化学分离

同时测量泉水的流量和化学成分可很精确地分出"老"(雨前)水和"新"(降雨时)水。这一分离的依据是假定进入含水层的水成分与已在含水层中的水成分不同。在发生降雨回灌时,很明显,表征地下水特征的大多数阳离子(如钙离子和镁离子)的浓度比雨水的低很多。应用水化学流量过程分离的另外一些前置条件有(Dreiss,1989):

(1)选为监测的雨水化学成分浓度在区域和时间上的分布是均匀的。

(2)雨前水中相应浓度在区域和时间上的分布也是均匀的。

(3)时段内水文周期中其他过程的影响,包括地表水回灌,可以忽略不计。

(4)所有元素的浓度和输移不因含水层中的化学反应而变化。

最后一条假定新入渗水通过孔隙媒介期间有少量岩石溶蚀。假定已在含水层中的水(Q_{old})和新入渗的雨水(Q_{new})只是简单混合,实测泉水总流量为这两部分的和(Dreiss,1989),可用下式表示:

$$Q_{total} = Q_{old} + Q_{new} \qquad (2.52)$$

如果含水层中的化学反应不引起入渗雨水中所选择离子浓度的大量和迅速变化(如非承压喀斯特和密集裂隙含水层中的钙离子,这些含水层中流速很高),则泉水中的离子(如钙离子)有如下平衡方程式:

$$Q_{total} C_{total} = Q_{old} C_{old} + Q_{new} C_{new} \qquad (2.53)$$

式中　Q_{total}为实测泉水流量;C_{total}实测泉水中离子浓度;Q_{old}为属于"老"水的那部分流量,即降雨前已在含水层的水;C_{old}为实测降雨前泉水中离子(钙离子)浓度;Q_{new}为属于"新"水的那部分流量;C_{new}新水中钙离子浓度。

如果C_{new}比C_{old}小很多,那么离子(钙离子)的输入量比含水层"老"水中的小,即

$$Q_{new} C_{new} \ll Q_{old} C_{old} \qquad (2.54)$$

去掉式(2.54)中(小的)输入量后,可得下式:

$$Q_{old} = \frac{Q_{total} C_{total}}{C_{old}} \qquad (2.55)$$

解方程式(2.53)和式(2.55)求得：

$$Q_{new} = Q_{total} - \frac{Q_{total} C_{total}}{C_{old}} \qquad (2.56)$$

如果实测了降雨前、降雨中和降雨后的泉水流量，并连续监测了相应的水化学，应用式(2.56)可估算降雨新入流形成的那部分流量。

图 2.113 为可用于上述分析中的泉水化学成分变化的例子。根据单位导水率分离大泉(Big Spring)流量过程，"快速"入流部分的单位导水率比基流部分的低得多。Imes 等(2007)为上述情况提出了一个非常类似的方法，在这个方法中考虑了基流的初始单位导水率。两个流量分量的混合随回灌情况的不同而变化，如图 2.114 所示。

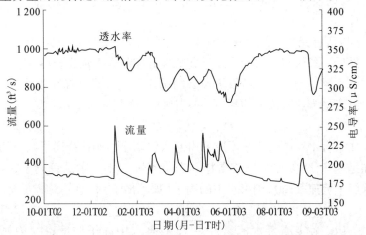

图 2.113　密西西比大泉(Big Spring)日均流量和透水率(改编自 Imes 等,2007)

碳酸盐含水层中滞留水的一个有用的指标是方解石饱和指数($SI_{calcite}$)，可用下式计算：

$$SI_{calcite} = \log(IAP/K_T) \qquad (2.57)$$

式中　IAP 为矿物(方解石)的离子活度积；K_T 为一定温度下的热动力平衡常数。

PHREEQC 是美国地质勘探局开发的模拟各种地质化学反应的开

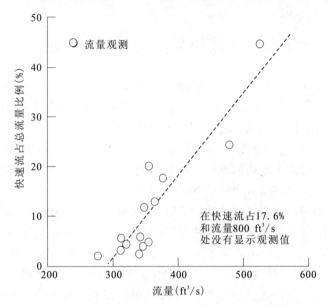

图 2.114　2001～2004 水文年大泉(Big Spring)流量与
快速流百分比关系(改编自 Imes 等,2007)

放计算机软件(Parkhurst 和 Appelo,1999),可用于快速进行这方面的计算。当 $SI_{calcite}$ 值等于 0 时,表明水样中的钙离子是饱和的。$SI_{calcite}$ 值小于 0 表明水样中的钙离子是不饱和的。$SI_{calcite}$ 可用于确定泉水的水文地质特性。例如,扩散流过碳酸盐岩石的水或较快地流过细小裂隙的水中会形成方解石饱和。相反,流过大裂隙和溶槽中的水要达到方解石饱和就需要更长的流程和滞留时间(Adamski,2000)。如果在较多雨水过后泉水流量有显著和快速增加,但钙离子浓度和 $SI_{calcite}$ 并不变化或甚至增加,这表明已滞留在含水层中的老水在排出。

　　稳定的同位素如碳－13、氘和氧－18 及其比率可用于确定含水层回灌源,而放射产生的同位素如氚、碳－14 和含氯氟烃(CFCs)通常用于确定从泉水和“老”水与“新”水混合流出水的相对年限(Galloway,2004;Imes 等,2007;还可参见第 3 章)。

2.10　海岸地区地下水与含盐地下水

　　地下淡水不流入地表河流、湖泊和湿地,不从地下水位处蒸发或者被植物蒸腾,也不被人工开采时,最终会以非承压(浅层)或承压形式流入海洋。海岸地区有透水地表沉积物和岩石,地表排水很少或没有地表排水时,这种直接排入海洋的水量可能是很大的。例如,喀斯特地质占地中海海岸地质的60%,估计其入海水量占总入海淡水的70%,其中大部分直接排入海洋(UNESCO,2004)。

　　人类对地下水海底排泄的了解已有数百年。罗马地理学家 Strabo(公元前63年至公元21年)提到过距亚拉图(Aradus)岛附近的叙利亚拉塔基亚(Latakia,叙利亚港市,译者注)4 km 的海底地下淡水泉(地中海)。从船上用铅漏斗和皮管引出泉水,并作为淡水水源运送到城市。其他文史资料讲述了巴林岛(Bahrain)水贩子从近海海底泉水收集饮用水给船只和陆地使用,伊特鲁里亚人(Etruscan)将海岸泉水用于"洗热水澡"(Pausanius,约公元2世纪),沿黑海海底泉水"鼓着泡冒出的淡水像从管子中流出的一样"(Pliny 长者,约公元1世纪;摘自UNESCO,2004)。直到最近,对海底的多数研究几乎是毫无例外地受饮用水供水目的驱动。其中一项关于在此方面持续不断努力的论证中强调,即使获得的水并不全是淡水,但对其淡化总比对从未稀释的海水进行淡化来得便宜。另一个争论点是通过海底排泄的淡水可看做废水,在干旱地区尤其如此。在这样的地区,溶解气驱(SGD)探测可提供新的饮用和农用水源(UNESCO,2004)。

　　内陆回灌区与海水位之间的水力梯度驱使地下水流向海洋并在海底流动(见图2.115)。如果含水层是承压的,并受厚层滞水层保护,地下水会越过海岸线,最终在遥远的海底含水层出露处流出。图2.116为美国佐治亚州和佛罗里达州佛罗里达含水层中的淡水流过海岸线数英里远。美国大西洋沿岸的多层承压含水层含有大量淡水并延伸到海岸线以外,延伸距离各不相同。这些含水层支撑了沿海(包括大量堰洲岛)的持续发展。

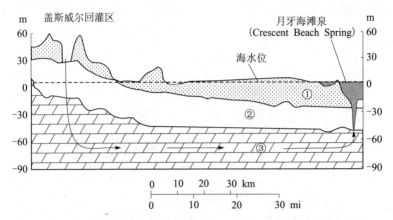

①—第三纪中新世后淤积(绿黏土、沙和页岩);②—隔水单元(霍索恩地层,Hawthorn formation);③—上佛罗里达含水层(始新世奥卡拉(Ocala)石灰岩)

图 2.115　地下水流入佛罗里达月牙海滩泉的理想横断面图(对泉眼形态和流量特征进行了详细调查)(改编自 Barlow,2003)

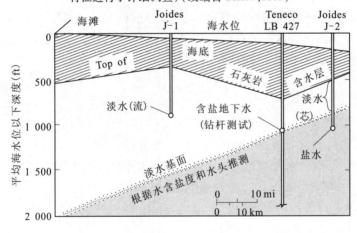

图 2.116　根据佐治亚州和佛罗里达州近海石油勘探井中水力学试验和水分析推测的淡水—盐水界面位置(摘自 Johnston 等,1982)

图 2.117 为海底地下水流示意图。淡水与海洋入侵海水的界面可能是尖薄的,也可能在淡水与海水之间存在较宽广的过渡(混合)带,具体情况主要取决于孔隙媒介的特性。在任何情况下,由于淡水与海

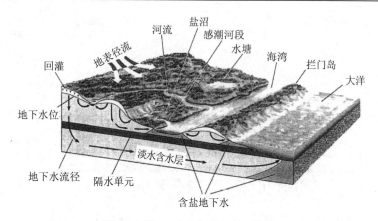

图 2.117　地下淡水浅层(非承压)和深层(承压)海底排泄图
(沿大西洋海岸理想化流域流径)(受到海湾和大洋下的含盐地下水约束,地下淡水排入沿海河流、水塘、盐沼和感潮河流并直接排到海湾和大洋)

水的密度不同,这一界面具有可量化的特征形状。较轻(密度较小)的地下淡水覆盖在密度较大的盐水之上,界面以上淡水厚度可根据其各自密度比估算。这一关系是由 Ghyben 和 Herzberg 首次提出的,这两个欧洲科学家于 19 世纪初独立用下式得出了这一关系:

$$z = \frac{\rho_f}{\rho_s - \rho_f} h \tag{2.58}$$

式中　z 为界面与海水位之间的淡水厚度;ρ_f 为淡水密度;ρ_s 为盐水密度;h 为海水位与地下水位之间的淡水厚度。

20 ℃时淡水密度约为 1.0 g/cm³,而海水密度为 1.025 g/cm³。尽管这一差别很小,但式(2.58)表明,对海水位以上每 0.304 8 m(1 ft)的淡水可计算得出海水位以下 12.2 m(40 ft)淡水,见图 2.118 所示的例子:

$$z = 40 h \tag{2.59}$$

尽管在大多数情况下这一简单公式有足够的精度,但由于其假定的是净水条件(海水与淡水都是不流动的),该式不能表述淡水与海水界面的真实特性。事实上,地下淡水流入盐水体(海、大洋)时具有一定流速,并渗过一定厚度的渗透面,因此形成一个过渡带,在这个过渡带中,由于弥散与分子扩散的作用,两种密度的水混合。弥散混合是由地质构造中的孔隙变化(不均匀性)、含水层水力特性和一定时间尺度作用的动力(包括潮位日波动、地下水回灌的季节与年变化和海水位的长期变化等)引起的。这些动

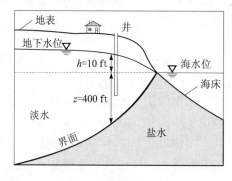

图 2.118　淡水与盐水之间的 Ghyben-Herzberg 静水关系说明(改编自 Barlow,2003)

力引起淡水与盐水带有时移向海洋,有时移向陆地。由于过渡带内淡水与盐水混合,形成盐水循环,在循环中,部分海水被带入上覆的淡水中并返回海洋,反复循环造成其他海水向陆地方向流向过渡带(Barlow,2003)。

　　为方便起见,淡水定义为总溶解固体物小于 1 000 mg/L 和氯化物浓度小于 250 mg/L 的水。海水的相应值分别定义为 35 000 mg/L 和 19 000 mg/L,在此之间的值为混合带。混合带的厚度取决于含水层的当地条件,但一般而言,比所研究的现场总垂直尺度小得多。在很多情况下,定量分析和地下水模型软件依据的是淡水与盐水间界面尖薄的假定。

　　淡水在含水层中排泄时引起流线偏离水平方向,如图 2.119 所示。因为不能应用裘布依(Dupuit)关于垂直等势线的假定,正如 Hubbert(1940)首次提到的那样,淡水的真实垂直厚度比用 Ghyben-Herzberg 公式估算的稍大。用下式可计算界面的倾角(α)(Davis 和 Dewiest,1991):

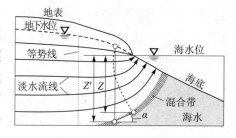

图 2.119　沿海非承压含水层中淡水与海水间水动力学关系(α 为界面坡角,至盐水的真实深度(Z')大于 Ghyben-Herzberg 关系假定的深度(Z))

$$\sin\alpha = \frac{\partial z}{\partial s} = -\left(\frac{1}{K_f}\frac{\rho_f}{\rho_f - \rho_s}V_f - \frac{1}{K_s}\frac{\rho_f}{\rho_f - \rho_s}V_s\right) \qquad (2.60)$$

式中　s 为垂直面上界面痕量；K_f、K_s 分别为淡水与盐水的渗透系数；V_f、V_s 分别为淡水与海水沿界面流速。

　　如果假定海水相对于在其上流动的淡水而言是静止的，则括号中的第二项为 0，则式（2.60）可简化。

　　了解海底地下水排泄机制以及淡水与海水界面特性对分析海岛情况尤其重要。居住在小珊瑚岛上的人全靠地下淡水为其主要饮用水水源。在这样的岛上，地下水中仅有薄层淡水，称为淡水透镜体，浮在非承压含水层中的盐水之上。典型的例子有太平洋的塔拉瓦珊瑚岛（Tarawa Atoll，太平洋中西部珊瑚岛，为基里巴斯主岛、基里巴斯共和国首都，译者注），该岛由珊瑚沉积物和未知厚度的石灰岩组成，这些物质上覆在火山爆发形成的海底山上。塔拉瓦珊瑚岛中的淡水透镜体埋深达 30 m（Falkland，1992；摘自 Metai，2002）。在这 30 m 地带发现有两个主要地层，年代较近（全新统）的地层大部分为未固化的珊瑚沉积物，上覆在较老的（更新世）珊瑚石灰岩层上。这两层之间的不整合面一般在平均海水位以下 10～15 m 深度（Jacobson 和 Taylor，1981；摘自 Metai，2002）。这一不整合面对淡水透镜体的形成非常重要。不整合面下的更新世石灰岩透水性较强，使淡水与盐水的混合性较强。在上层透水性较弱的全新统沉积物中很少发生混合。如图 2.120 所示，不整合面是控制淡水透镜体深度的主要特征（Metai，2002）。

　　雨水回灌和地下水位处的蒸发以及与周围盐水混合及向开敞海域排泄之间脆弱平衡的任何变化都会影响到海岛含水层。无节制的地下水开采会导致盐水入侵和淡水损失，对岛上居民带来严重后果。不幸的是，即使小心谨慎地管理地下水，气候变化导致的海平面上升也会对高程低的海岛产生类似影响。

2.10.1　盐水入侵

　　在最近的几十年中，由于人口增长，世界沿海地区地下水开发利用急剧增长。随着开发利用增加，现在公认地下水供水易于受到过度开

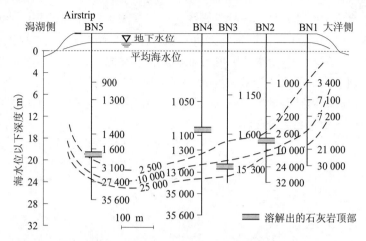

图 2.120　太平洋塔拉瓦环礁选定横断面中淡水极限深度(摘自 Metai,2002)

采和污染影响。地下水开采耗尽地下储水,导致补给河流、湿地和沿海河口地区的地下水量减少,水塘与湖泊水位降低。地下水源污染导致一些饮用水供水和沿海水域水质退化。尽管地下水过度开采污染在所有类型含水层都存在,只有沿海盐水附近的含水层受到地下水可持续利用的独特挑战。两个主要关注点是,盐水入侵进入淡水含水层和流入沿海盐水生态系统的地下淡水水量和水质均发生变化。盐水入侵是含盐海水流入淡水含水层,这种情况主要由从沿海水井中抽水引起。因为盐水中的溶解固体物浓度高并含有一定的阳离子成分,不适合人类使用,也不适合很多其他用途。盐水入侵减少了地下淡水储量,并且在极端情况下,当溶解离子浓度超过饮用水标准时,会导致供水井废弃(Barlow,2003)。纽约长岛早在 1854 年就认识到了盐水入侵问题(Back 和 Freeze,1983),因此在很多其他类型的饮用水污染问题发生前提早换用了新的水源。

　　当地下水开采改变了沿海含水层天然条件时,淡水—盐水界面的形状和位置以及混合带的厚度等都可能在三维方向发生变化,并导致盐水入侵(侵入)。滞水层出现渗漏和不连续,从不同含水层或同一含水层不同深度抽水,都可能导致淡水与盐水之间相当复杂的空间关系。图 2.121 所示为坐落在水平不透水层上的非承压均质含水层,从位于该含水层中的井内抽水导致盐水入侵的示意图。当抽水流量和水位降落增加时,界面不断向陆地移动直至到达临界水力条件。在临界点,由抽水引起的地下水分界水头和界面突趾标绘在同一垂线上。进一步加大了抽水流量或水头降低将导致界面迅速推进直至达到新的平衡,界面突趾向着内陆井的方向(Bear,1979)。在很多情况下,这种盐水侧向入侵会导致井的完全废弃。

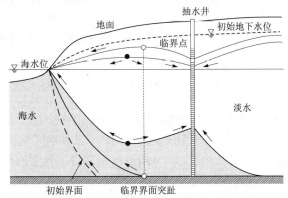

图 2.121　沿海非承压含水层中单井抽水导致的淡水—盐水界面位置变化
(改编自 Strack,1976;Bear,1979)

盐水—淡水界面以上水井抽水将引起密度较大的盐水倒锥,这种情况不一定总是伴随着界面向内陆大量侧向移动。这种倒锥有可能抵达水井,并且也会由于开采的水中总溶解固体物浓度和其他成分超标而导致抽水停止。但这种情况与完全的盐水侧向入侵不同,一旦抽水停止,淡水水头增加,在重力作用下,密度较大的盐水锥体会较快地消散。

Strack(1976)、Bear(1979)、Kashef(1987)和 Bear 等(1999)提出了计算包括成层含水层–滞水层在内的各种地下水开采情况下盐水—淡水界面位置和移动的分析方法。有几个很好的商业与公用(免费)计算机软件可对随密度变化的地下水流进行三维数字模拟。USGS(Voss 和 Provost,2002)开发的 SUTRA 是广泛用于模拟海岸地下水系统中盐水—淡水界面的软件之一。

2.10.2　内陆盐渍水

非饮用地下水的天然总溶解固体物浓度(TDS)超过 1 000 mg/L,可在所有规模的沉积盆地较深部位找到。盐渍地下水的总溶解固体物浓度(TDS)较高,是因为其滞留时间长、流速缓慢或者完全缺乏现今的淡水回灌。更大矿化度的地下水有时也能在非承压浅层含水层中找到,尤其在干旱区,那里地下水蒸发导致溶解矿物浓度增加。最后,由于与从深层含水层游移的盐渍水混合,浅层地下水也可能具有天然提高的总溶解固体物浓度(TDS)。

当地下水中 TDS 浓度超过 5 000 mg/L 时,就称其为卤水。卤水一般与海相地层有关,这种地层富含蒸发盐,如硬石膏、石膏或岩盐(一起常看作盐)。这些地层中含有的地下水起源可能是吸附的海水,从未受到地下淡水洗刷,并随着时间推移矿化度更大。包括构造运动在内的各种地质作用也可让地下淡水循环进入深埋的蒸发盐并溶解它们因而变成卤水,卤水地下水可天然地通过断层或其他地质特征向上游移并污染浅层淡水含水层和地表水体。

随着世界上对可靠供水水源的开发需求,技术进步和盐水淡化费用减少,盐渍地下水已越来越成为大规模开发的目标。不断增加盐渍地下水开发的另一个原因是很多淡水含水层的过量开采,导致这些含水层受到盐渍地下水污染。美国得克萨斯州厄尔巴索(El Paso)市是淡水地下水受到盐渍水污染和大规模开发盐渍水供水的主要例子。

厄尔巴索市现在供水中约有 50% 开采自名为威科和麦色拉沙漠盆地(Hueco 和 Mesilla Bolsons)的两个深层盆地(见图2.122),另 50% 为格兰德河(Rio Grande)地表水处理水。直到 20 世纪 80 年代末期,地下水提供超过 75% 的城市年供水量,在高峰期的 1989 年,地下水供水量达 1. 54 亿 m³(125 215 acre-ft)(Hutchinson,2004)。早在 1921 年就有学者关注到了地下水位降低和水质变化(Lippincott, 1921)。图 2.123和图 2.124 说明了从盆地含水层过量开采地下水的影响。厄尔巴索市公用供水公司(EPWU)认识到现在的地下水开采不可持续后,实施了新的水管理战略,包括减少地下水开采,调增水价结构,扩大

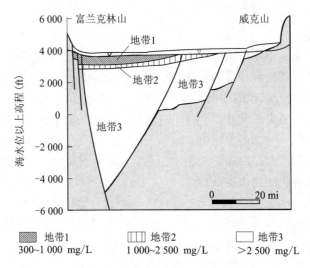

图 2.122　Hueco 沙漠盆地横断面

（图中所示为深厚盆地含水层中总溶解固体
（TDS）浓度 3 个区）（摘自 Hutchinson，2004）

再生水重复利用，增加使用格
兰德河（Rio Grande）地表水，
处理盐渍水用于饮用
（Hutchinson，2004）。

　　厄尔巴索市自来水公司
正运营着世界上最大的内陆
盐水淡化厂，这座厂由美国国
防部和当地社区投资。该厂
的渗透处理能力为 5.87 万
m³/d（1 550 万 gal/d）。采用
逆渗透法处理抽自威科沙漠

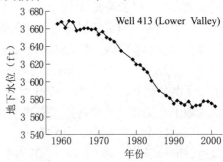

**图 2.123　地下水超采引起的厄尔巴
索市自来水公司的一口水井水位降落**

（摘自 Hutchinson，2004）

盆地（Hueco Bolsons）的盐渍地下水获得饮用水。从新开发的或修复的
现有水井中抽取的原水送入处理厂并在送入逆向渗透膜前先过滤。大
约 83% 的水可用，剩下的水为浓缩液，必须排掉。盐渍地下水开采、处

理和处置的规划、设计到最终建成,整个系统的漫长过程开始于 1977 年。厄尔巴索市自来水公司和华瑞兹市(Juarez,墨西哥城市,译者注)自来水公司、水与卫生市政董事会(Junta Municipal de Aquay Saneamiento),与美国—墨西哥边界的双方机构一起,委托美国地质勘测协会对留存在威科沙漠盆地中的地下淡水量、盐渍水可开采量、地下水流态等进行详细分析。应用地下

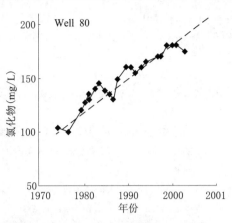

图 2.124　含水层超采和盐渍水入侵引起的厄尔巴索市自来水公司的一口水井氯化物浓度上升(由 Hutchinson 提供,2004)

水模型成果选择淡化水厂地址和水源井点,并分析合适的注水井场址特征。最复杂的分析是解决浓缩液的处置问题。研究了 6 个处置方案,最终结果是推荐深井注入处置。注入井场址选择标准为:①能对浓缩液形成封闭,防止其渗出到地下淡水;②储水容量足够 50 年运行;③符合得克萨斯州环境质量委员会的所有要求(EPWU,2007)。

参考文献

[1] Adamski, J. C. , 2000. Geochemistry of the Springfield Plateau aquifer of the O-zark Plateaus Province in Arkansas, Kansas, Missouri and Oklahoma, U. S. A. *Hydrological Processes*, vol. 14, pp. 849-866.

[2] Alley, W. M. , Reilly, T. E. , and Franke O. L. , 1999. Sustainability of ground-water resources. U. S. Geological Survey Circular 1186. Denver, CO, 79 p.

[3] American Society for Testing and Materials (ASTM), 1999a. *ASTM Standards on Determining Subsurface Hydraulic Properties and Ground Water Modeling*, 2nd ed. West Conshohocken, PA, 320 p.

[4] American Society for Testing and Materials (ASTM), 1999b. *ASTM Standards on Ground Water and Vadose Zone Investigations*; *Drilling, Sampling, Geophysical Logging, Well Installation and Decommissioning*, 2nd ed. West Conshohocken,

PA, pp. 561.

[5] Anderson, M. T. , and Woosley L. H. , Jr. , 2005. Water availability for the Western United States—Key scientific challenges. U. S. Geological Survey Circular 1261, Reston, VA, 85 p.

[6] Austrian Museum for Economic and Social Affairs, 2003. *Water Ways.* Vienna, 14 p.

[7] Back, W. , and Freeze R. A. , editors, 1983. Chemical hydrogeology. Benchmark Papers in Geology, 73. Hutchinson Ross Publication Company, Stroudsburg, PA, 416 p.

[8] Bakhbakhi, M. , 2006. Nubian sandstone aquifer. In: *Non-renewable Groundwater Resources; A Guidebook on Socially-Sustainable Management for Water-Policy Makers,* Foster, S. Loucks, D. P. , eds. IHP-VI, Series on Groundwater No. 10, UNESCO, Paris, pp. 75-81.

[9] Barlow, P. M. , 2003. Ground water in freshwater-saltwater environments of the Atlantic coast. U. S. Geological Survey Circular 1262, Reston, VA, 113 p.

[10] Bear, J. , Tsang, C. F. , and G. deMarsily, G. , editors, 1993. *Flow and Contaminant Transport in Fractured Rock.* Academic Press, San Diego, pp. 548.

[11] Benischke, R. , Goldscheider, N. , and Smart, C. , 2007. Tracer techniques. In: *Methods in Karst Hydrogeology.* Goldscheider, N. , Drew, D. , editors. International Contributions to Hydrogeology 26, International Association of Hydrogeologists, Taylor & Francis, London, pp. 148-170.

[12] Bear, J. , 1979. *Hydraulics of Groundwater.* McGraw-Hill Series in Water Resources and Environmental Engineering. McGraw-Hill, New York, 567 p.

[13] Bear, J. , Cheng, A. H. -D. , Sorek, S. , Ouazar, D. , and Herrera I. , editors. 1999. *Seawater Intrusion in Coastal Aquifers—Concepts, Methods and Practices.* Kluwer Academic Publishers, Dordrecht, the Netherlands, 625 p.

[14] Bense, V. F. , Van den Berg, E. H. , and Balen Van, R. T. , 2003. Deformation mechanisms and hydraulic properties of fault zones in unconsolidated sediments; the Roer Valley Rift System, the Netherlands. *Hydrogeology Journal,* vol. 11, pp. 319-332.

[15] Boulton, N. S. , 1954. Unsteady radial flow to a pumped well allowing for delayed yield from storage. *International Association of Scientific Hydrology Publications,* vol. 37, pp. 472-477.

[16] Boulton, N. S. , 1963. Analysis of data from non-equilibrium pumping tests allowing for delayed yield from storage. *Proceedings of the Institution of Civil Engineers* (London), vol. 26, pp. 469-482.

[17] Boulton, N. S. , 1970. Analysis of data from pumping tests in unconfined anisotropic aquifers. *Journal of Hydrology*, vol. 10, pp. 369.

[18] Boulton, N. S. , 1973. The influence of delayed drainage on data from pumping tests in unconfined aquifers. *Journal of Hydrology*, vol. 19, no. 2, pp. 157-169.

[19] Boulton, N. S. , and Pontin, J. M. A. , 1971. An extended theory of delayed yield from storage applied to pumping tests in unconfined anisotropic aquifers. *Journal of Hydrology*, vol. 19, pp. 157-169.

[20] Boussinesq, J. , 1904. Recherches théoriques sur lécoulement des nappes d'eau infiltrées dans le sol et sur les débits des sources. *Journal de Mathématiques Pures et Appliquées*, Paris, vol. 10, pp. 5-78.

[21] Bradbury, K. R. , Gotkowitz, M. B. , Hart, D. J. , Eaton, T. T. , Cherry, J. A. , Parker, B. L. , and Borchardt, M. A. , 2006. Contaminant transport through aquitards: Technical guidance for aquitard assessment. American Water Works Association Research Association (AwwaRF), Denver, CO, 144 p.

[22] Cherry, J. A. , Parker, B. L. , Bradbury, K. R. , Eaton, T. T. , Gotkowitz, M. B. , Hart, D. J. , and Borchardt, M. A. , 2006. Contaminant transport through aquitards: A state of the science review. American Water Works Association Research Association (AwwaRF), Denver, CO, 126 p.

[23] Chiang, W. H. , Chen, J. , and Lin, J. , 2002. 3D Master—A computer program for 3D visualization and real-time animation of environmental data. Excel Info Tech, Inc. , 146 p.

[24] Cooper, H. H. , Jr. , 1963. Type curves for nonsteady radial flow in an infinite leaky artesian aquifer. In: *Compiler: Shortcuts and Special Problems in Aquifer Tests*. Bentall, R. , editor. U. S. Geological Survey Water-Supply Paper 1545-C, pp. C48-C55.

[25] Cvijić, J. , 1893. Das Karstphänomen. Versuch einer morphologischen Monographie. *Geographische Abhandlungen herausgegeben von Prof. Dr A. Penck, Wien*, Bd. V, Heft. 3, pp. 1-114.

[26] Cvijić, J. , 1918. Hydrographie souterraine et évolution morphologique du karst.

Receuilles Travaux de 1'*Institute de Geographic Alpine*, vol. 6, no. 4, pp. 376-420.

[27] Cvijić, J. , 1924. Geomorfologija (Morphologie Terrestre). Knjiga druga (Tome Second). Beograd, 506 p.

[28] Danskin, W. R. , McPherson, K. R. , and Woolfenden, L. R. , 2006. Hydrology, description of computer models, and evaluation of selected water-management alternatives in the San Bernardino area, California. U. S. Geological Survey Open-File Report 2005-1278, Reston, VA, 178 p.

[29] Davis, S. N. , and DeWiest, R. J. M. , 1991. *Hydrogeology.* Krieger Publishing Company, Malabar, FL, 463 p.

[30] Dawson, K. , and Istok, J. , 1992. *Aquifer Testing; Design and Analysis.* Lewis Publishers, Boca Raton, FL, 280 p.

[31] Degnan, J. R. , Moore, R. B. , and Mack, T. J. , 2001. Geophysical investigations of well fields to characterize fractured-bedrock aquifers in southern New Hampshire. USGS Water- Resources Investigations Report 01-4183, 54 p.

[32] Desaulniers, D. E. , 1986. Groundwater origin, geochemistry, and solute transport in three major clay plains of east-central North America [Ph. D. thesis]. Department of Earth Sciences, University of Waterloo, 450 p.

[33] Desaulniers, D. E. , Kaufmann, R. S. , Cherry, J. A. , and Bentley, H. W. , 1986. 37Cl-35Cl varia- tions in a diffusion-controlled groundwater system. *Geochimica et Cosmochimica Acta*, vol. 50, pp. 1757-1764.

[34] Dettinger, M. D. , 1989. Distribution of carbonate-rock aquifers in southern Nevada and the potential for their development, summary of findings, 1985-88. Program for the Study and Testing of Carbonate-Rock Aquifers in Eastern and Southern Nevada, Summary Report No. 1, Carson City, NV, 37 p.

[35] Domenico, P. A. , and Schwartz, F. W. , 1990. *Physical and Chemical Hydrogeology.* John Willey and Sons, New York, 824 p.

[36] Dreiss, S. J. , 1989. Regional scale transport in a karst aquifer. 1. Component separation of spring flow hydrographs. *Water Resources Research*, vol. 25, no. 1, pp. 117-125.

[37] Drew, L. J. , Southworth, S. , Sutphin, D. M. , Rubis, G. A. , Schuenemeyer, J. H. , and Burton, W. C. , 2004. Validation of the relation between structural patterns in fractured bedrock and structural information interpreted from 2D-vario-

gram maps of water-well yields in Loudoun County, Virginia. *Natural Resources Research*, vol. 13, no. 4, pp. 255-264.

[38] Driscoll, F. G. , 1989. *Groundwater and Wells.* (Third Printing). Johnson Filtration Systems Inc, St. Paul, MN, 1089 p.

[39] Drogue, C. , 1972. Analyse statistique des hydrogrammes de decrues des sources kars- tiques. *Journal of Hydrology*, vol. 15, pp. 49-68.

[40] Duffield, G. M. , 2007. AQTESOLV, beta version with Papadopulous (1965) equation, HydroSOLVE, Inc. , Reston, VA.

[41] EDAW-ESA, 1978, Environmental and economic effects of subsidence: Lawrence Berkeley Laboratory Geothermal Subsidence Research Program Final Report-Category IV, Project 1, various pages.

[42] Eisenlohr, L. , Kiraly, L. , Bouzelboudjen, M. , and Rossier, I. , 1997. Numerical versus statistical modeling of natural response of a karst hydrogeological system. *Journal of Hydrology*, vol. 202, pp. 244-262.

[43] EPWU (El Paso Water Utilities), 2007. Water in the desert. An opportunity for innovation. Available at: http://www. epwu. org/water/desal_info. html

[44] Falkland, A. C. , 1992. Review of Tarawa freshwater lenses. Hydrology and Water Resources Branch, ACT Electricity and Water, Prepared for AIDAB.

[45] Farvolden, R. N. , and Cherry, J. A. , 1988. Chapter 18, Region 15, St. Lawrence Lowland. In: *The Geology of North America*, Vol. 0-2, *Hydrogeology*, Back, W. , Rosenshein, J. S. , and Seaber, P. R. , editors. The Geological Society of America, Boulder, CO, pp. 133-140.

[46] Faybishenko, B. , Witherspoon, P. A. , and Benson, S. M. , editors, 2000. Dynamics of Fluids in Fractured Rock, Geophysical Monograph 122. American Geophysical Union, Washington, DC, 400 p.

[47] Ferris, J. G. , Knowles, D. B. , Brown, R. H. , and Stallman R. W. , 1962. Theory of aquifer tests. U. S. Geological Survey Water Supply Paper 1536-E, Washington, DC, 173 p.

[48] Ford, D. C. , and Williams, P. W. , 1989. Karst Geomorphology and Hydrology. Unwin Hyman, London, 601 p.

[49] Franke, O. L. , Reilly, T. E. , Haefner, R. J. , and Simmons, D. L. , 1990. Study guide for a beginning course in ground-water hydrology: Part 1-course participants. U. S. Geological Survey Open File Report 90-183, Reston, VA,

184 p.

[50] Freeze, R. A. , and Cherry, J. A. , 1979. *Groundwater*. Prentice-Hall, Engle-wood Cliffs, NJ, 604 p.

[51] Galloway, J. M. , 2004. Hydrogeologic characteristics of four public drinking-wa-ter supply springs in northern Arkansas. Water-Resources Investigations Report 03-4307, Little Rock, AR, 68 p.

[52] Galloway, D. , Jones, D. R. , and Ingebritsen, S. E. , 1999. Land subsidence in the United States. U. S. Geological Survey Circular 1182, Reston, VA, 177 p.

[53] Geyh, M. , 2000. Volume IV. Groundwater. Saturated and unsaturated zone. In: *Environmental Isotopes in the Hydrological Cycle. Principles and Applications.* Mook, W. G. , editor. International Hydrological Programme, IH P-V, Technical Documents in Hydrology, No. 39, Vol. IV, UNESCO, Paris, 196 p.

[54] Giusti, E. V. , 1978. Hydrogeology of the karst of Puerto Rico. U. S. Geological Survey Professional Paper 1012, Washington, DC, 68 p.

[55] Gottman, J. M. , 1981. *Time-Series Analysis; A Comprehensive Introduction for Social Scientists.* Cambridge University Press, Cambridge, 400 p.

[56] Grasso, D. A. , and P-Jeannin, Y. , 1994. Etude critiqued es methodes d'ana-lyse de la reponse globale des systemes karstiques. Application au site de Bure JU, Suisse). Bulletin d'Hydrogeologie (Neuchatel), vol. 13, pp. 87-113.

[57] Griffioen, J. , and Kruseman, G. P. , 2004. Determining hydrodynamic and con-taminant transfer parameters of groundwater flow. In: *Groundwater Studies: An International Guide for Hydrogeological Investigations.* Kovalevsky, V. S. , Kruse-man, G. P. , Rushton, K. R. , editors. IHP-VI, Series on Groundwater No. 3, UNESCO, Paris, France, pp. 217-238.

[58] Gringarten, A. C. , and Ramey, H. J. , 1974. Unsteady state pressure distribu-tions created by a well with a single horizontal fracture, partial penetration or re-stricted entry. *Society of Petroleum Engineers Journal*, pp. 413-426.

[59] Gringarten, A. C. , and Whiterspoon, P. A. , 1972. A method of analyzing pump test data from fractured aquifers. In: *International Society of Rock Mechanics and International Association of Engineering Geology, Proceedings of the Symposium Rock Mechanics*, Stuttgart, vol. 3-B, pp. 1-9.

[60] Grund, A. , 1903. Die Karsthydrographie. Studien aus Westbosnien. Geograph. Abhandl. von Penck BD, VII, H. 3,1-200, Leipzig.

[61] Grund, A. , 1914. Der geographische Zyklus im Karst. Z. Ges. Erdkunde, pp. 621-640.

[62] Habermehl, M. A. , 2006. The great artesian basin, Australia. In: *Non-Renewable Groundwa- ter Resources; A Guidebook on Socially-Sustainable Management for Water-Policy Makers.* Foster, S. , Loucks, D. P. , editors. IHP-VI, Series on Groundwater No. 10, UNESCO, Paris, pp. 82-88.

[63] Haneberg, W. , Mozley, p. , Moore, J. , and Goodwin, L. , editors. 1999. Faults and subsurface fluid flow in the shallow crust. *American Geophysical Union Monograph*, vol. 113, pp. 51-68.

[64] Hantush, M. S. , 1956. Analysis of data from pumping tests in leaky aquifers. *Transactions, American Geophysical Union*, vol. 37, no. 6, pp. 702-714.

[65] Hantush, M. S. , 1959. Nonsteady flow to flowing wells in leaky aquifers. *Journal of Geophysical Research*, vol. 64, no. 8, pp. 1043-1052.

[66] Hantush, M. S. , 1960. Modification of the theory of leaky aquifers. *Journal of Geophysical Research.* vol. 65, pp. 3713-3725.

[67] Hantush, M. S. , 1961a. Drawdown around a partially penetrating well. *Journal of the Hydrology Division, Proceedings of the American Society of Civil Engineers.* , vol. 87. , no. HY4, pp. 83-98.

[68] Hantush, M. S. , 1961b. Aquifer tests on partially penetrating well. *Journal of the Hydrology Division, Proceedings of the American Society of Civil Engineers,* vol. 87. , no. HY5, pp. 171-194.

[69] Hantush, M. S. , 1966a. Wells in homogeneous anisotropic aquifers. *Water Resources Research*, vol. 2, no. 2, pp. 273-279.

[70] Hantush, M. S. , 1966b. Analysis of data from pumping tests in anisotropic aquifers. *Journal of Geophysical Research*, vol. 71, no. 2, pp. 421-426.

[71] Hantush, M. S. , and Jacob C. E. , 1955. Nonsteady radial flow in an infinite leaky aquifer. *Transactions, American Geophysical Union*, vol. 36, no. 1, pp. 95-100.

[72] Hantush, M. S. , and Thomas R. G. , 1966. A method for analyzing a drawdown test in anisotropic aquifers. *Water Resources Research*, vol. 2, no. 2, pp. 281-285.

[73] Hart, D. J. , Bradbury, K. R. , and Feinstein, D. T. , 2005. The vertical hydraulic conductivity of an aquitard at two spatial scales. *Ground Water*, vol. 44, no.

2, pp. 201-211.

[74] Healy, R. W. , Winter, T. C. , LaBaugh, J. W. , and Franke, O. L. , 2007. Water budgets: Foundations for effective water-resources and environmental management. U. S. Geological Survey Circular 1308, Reston, VA, 90 p.

[75] Heath, R. C. , 1987. Basic ground-water hydrology. U. S. Geological Survey Water-Supply Paper 2220, Fourth Printing, Denver, CO, 84 p.

[76] Henriksen, H. , 2006. Fracture lineaments and their surroundings with respect to ground-water flow in the bedrock of Sunnfjord, western Norway. Norwegian Journal of Geology, vol. 86, pp. 373-386.

[77] Herak, M. , and Stringfield, V. T. , 1972. Karst; *Important Karst Regions of the Northern Hemisphere*. Elsevier, Amsterdam, 551 p.

[78] Hubbert, M. K. , 1940. The theory of ground-water motion. *Journal of Geology*, vol. 48, no. 8, pp. 785-944.

[79] Hutchinson, W. R. , 2004. Hueco Bolson groundwater conditions and management in the El Paso area. EPWU Hydrogeology Report 04-01. Available at: http: // www. epwu. org/water/hueco_bolson. html.

[80] HydroSOLVE, Inc. , 2002. *AQTESOLV for Windows, User's Guide*. HydroSOLVE, Inc. , Reston, VA, 185 p.

[81] Idaho Water Resources Research Institute, 2007. Eastern Snake River Plain surface and ground water interaction. University of Idaho. Available at: http: // www. if. uidaho. edu/ ~ johnson/ifiwrri/sr3/esna. html. Accessed September 12, 2007.

[82] Imes, J. L. , Plummer, L. N. , Kleeschulte, M. J. , and Schumacher, J. G. , 2007. Recharge area, base-flow and quick-flow discharge rates and ages, and general water quality of Big Spring in Carter County, Missouri. U. S. Geological Survey Scientific Investigations Report 2007-5049, Reston, VA, 80 p.

[83] INL (Idaho National Laboratory), Radiation Control Division, 2006. Our changing aquifer. The Eastern Snake River Plain aquifer. Oversight Monitor, State of Idaho, Department of Environmental Quality, 6 p.

[84] Jacob, C. E. , 1963a. Determining the permeability of water-table aquifers. In: Compiler: Methods of determining permeability, transmissibility, and drawdown. Bentall, R. , editor. U. S. Geological Survey Water-Supply Paper 1536-I, pp. 245-271.

[85] Jacob, C. E. , 1963b. Corrections of drawdown caused by a pumped well tapping less than the full thickness of an aquifer. In: Compiler: Methods of determining permeability, transmissibility, and drawdown. Bentall, R. , editor. U. S. Geological Survey Water-Supply Paper 1536-I, pp. 272-292.

[86] Jacobson G. , and Taylor, F. J. , 1981. Hydrogeology of Tarawa atoll, Kiribati. Bureau of Mineral Resources Record No. 1981/31, Australian Government.

[87] Jacobson, G. , et al. , 2004. Groundwater resources and their use in Australia, New Zealand and Papua New Guinea. In: *Groundwater Resources of the World and Their Use.* Zektser, I. S. , and L. G. Everett, editors. IHP-VI, Series on Groundwater No. 6, UNESCO, Paris, France, pp. 237-276.

[88] James, N. P. , and Mountjoy, E. W. , 1983. Shelf-slope break in fossil carbonate platforms: an overview. In: *The Shelforeak: Critical Interface on Continental Margins.* Stanley D. J. Moore, G. T. , editors. SEPM Spec. Pub. No. 33, pp. 189-206.

[89] Johnston, R. H. et al. , 1982. Summary of hydrologic testing in tertiary limestone aquifer, Tenneco offshore exploratory well-Atlantic OCS, lease-block 427 (Jacksonville NH 17-5). U. S. Geological Survey Water-Supply Paper 2180, Washington, DC, 15 p.

[90] Kashef, A-A. I. , 1987. *Groundwater Engineering.* McGraw-Hill International Editions, Civil Engineering Series, McGraw-Hill, Inc. , Singapore, 512 p.

[91] Khouri, J. , 2004. Groundwater resources and their use in Africa. In: Groundwater resources of the world and their use, IHP-VI, Series on Groundwater No. 6, Zektser, I. S. Everett, L. G. editors. UNESCO, Paris, France, pp. 209-237.

[92] Klohe, C. A. , and Kay, R. T, 2007. Hydrogeology of the Piney Point-Nanjemoy, Aquia, and Upper Patapsco Aquifers, Naval Air Station Patuxent River and Webster Outlying Field, St. Marys County, Maryland, 2000-06. U. S. Geological Survey Scientific Investigations Report 2006-5266, 26 p.

[93] Knochenmus, L. A. , and Robinson, J. L. , 1996. Descriptions of anisotropy and heterogeneity and their effect on ground-water flow and areas of contribution to public supply wells in a karst carbonate aquifer system. U. S. Geological Survey Water-Supply Paper 2475, Washington, DC, 47 p.

[94] Kovacs, A. , and Sauter, M. , 2007. Modelling karst hydrodynamics. In: Methods in Karst Hydrogeology. Goldscheider, N. , Drew, D. , editors. International

Contributions to Hydrogeology 26, International Association of Hydrogeologists, Taylor & Francis, London, pp. 201-222.

[95] Kresic, N. , 1991. Kvantitativna hidrogeologija karsta sa elementima zastite podzemnih voda (in Serbo-Croatian; Quantitative karst hydrogeology with elements of groundwater protection). Nauća knjiga, Beograd, 196 p.

[96] Kresic, N. , 1995. Stochastic properties of spring discharge. In: *Toxic Substances and the Hydrologic Sciences*, Dutton, A. R. , editor. American Institute of Hydrology, Minneapolis, MN, pp. 582-590.

[97] Kresic, N. , 2007a. *Hydrogeology and Groundwater Modeling*, 2nd ed. CRC Press, Taylor & Francis Group, Boca Raton, FL, 807 p.

[98] Kresic, N. , 2007b. Hydraulic methods. In: *Methods in Karst Hydrogeology*. Goldscheider, N. , and Drew, D. , editors. International Contributions to Hydrogeology 26, International Association of Hydrogeologists, Taylor & Francis, London, pp. 65-92.

[99] Kresic, N. , and Stevanovic, Z. (eds.), 2009 (in preparation). *Groundwater Hydrology of Springs*: *Engineering*, *Theory*, *Management and Sustainability*. Elsevier, New York.

[100] Kruseman, G. P. , de Ridder, N. A. , and Verweij, J. M. , 1991. *Analysis and Evaluation of Pumping Test Data* (completely revised 2nd ed). International Institute for Land Reclamation and Improvement (ILRI) Publication 47, Wageningen, the Netherlands, 377 p.

[101] Lattman, L. H. , and Parizek, R. R. , 1964. Relationship between fracture traces and the occurrence of ground water in carbonate rocks. *Journal of Hydrology*, vol. 2, pp. 73-91.

[102] Lippincott, J. B. , 1921. Report on available water supplies, present condition, and proposed improvements of El Paso City Water Works. Report to City Water Board.

[103] Lohman, S. W. , 1972. Ground-water hydraulics. U. S. Geol. Survey Professional Paper 708, 70 p.

[104] Lohman, S. W. , et al. , 1972. Definitions of selected ground-water terms - revisions and conceptual refinements. U. S. Geological Survey Water Supply Paper 1988 (Fifth Printing 1983), Washington, DC, 21 p.

[105] Mabee, S. B. , 1999. Factors influencing well productivity in glaciated metamor-

phic rocks. *Ground Water*, vol. 37, no. 1, pp. 88-97.

[106] Mabee, S. B. , Curry, P. J. , and Hardcastle, K. C. , 2002. Correlation of lineaments to ground water inflows in a bedrock tunnel. *Ground Water*, vol. 40, no. 1, pp. 37-43.

[107] Maillet, E. , editor. , 1905. *Essais D'hydraulique Souterraine Et Fluviale*. Herman Paris.

[108] Mangin, A. , 1982. *L'approche Systemique Du Karst*, *Conséquences Conceptuelles Et Méthodologiques*. Proc. Réunion Monographica sobre el karst, Larra. pp. 141-157.

[109] Margat, J. , Foster, S. , and Droubi, A. , 2006. Concept and importance of non-renewable resources. In: Non-renewable groundwater resources. A guidebook on socially-sustainable management for water-policy makers. Foster, S. , Loucks, D. P. , editors. IHP-VI, Series on Groundwater No. 10, UNESCO, Paris, 103 p.

[110] Maslia, M. L. , and Randolph, R. B. , 1986. Methods and computer program documentation for determining anisotropic transmissivity tensor components of two-dimensional ground-water flow. U. S. Geological Survey Open-File Report 86-227, 64 p.

[111] Maupin, M. A. , and Barber, N. L. , 2005. Estimated withdrawals from principal aquifers in the United States, 2000. U. S. Geological Survey Circular 1279, Reston, VA, 46 p.

[112] McCutcheon, S. C. , Martin, J. L. , and Barnwell, T. O. , Jr. , 1993. Water quality. In: *Handbook of Hydrology*. Maidment, D. R. , editor. McGraw-Hill, Inc. , New York, pp. 11. 1-11. 73.

[113] McGuire, V. L. , Johnson, M. R. , Schieffer, R. L. , Stanton, J. S. , Sebree, S. K. , and Verstraeten, I. M. , 2003. Water in storage and approaches to ground-water management, High Plains aquifer, 2000. U. S. Geological Survey Circular 1243, Reston, VA, 51 p.

[114] Meinzer, O. E. , 1923 (reprint 1959). The occurrence of ground water in the United States with a discussion of principles. Geological U. S. Survey Water-Supply Paper 489, Washington, DC, 321 p.

[115] Meinzer, O. E. , 1927. Large springs in the United States. U. S. Geological Survey Water-Supply Paper 557, Washington, DC, 94 p.

[116] Meinzer, O. E. , 1932 (reprint 1959). Outline of methods for estimating ground-water supplies. Contributions to the hydrology of the United States, 1931. U. S. Geological Survey Water-Supply Paper 638-C, Washington, DC. , p. 99-144.

[117] Meinzer, O. E. , 1940. Ground water in the United States; a summary of ground-water conditions and resources, utilization of water from wells and springs, methods of scientific investigation, and literature relating to the subject. U. S. Geological Survey Water-Supply Paper 836D, Washington, DC, pp. 157-232.

[118] Metai, E. , 2002. Vulnerability of freshwater lens on Tarawa - the role of hydrological monitoring in determining sustainable yield. Presented at *Pacific Regional Consultation on Water in Small Island Countries*, July 29 to August, 3, 2002, Sigatoka, Fiji, 17 p.

[119] Milanovic, P. , 1979. Hidrogeologija karsta i metode istraživanja (in Serbo-Croatian; Karst hydrogeology and methods of investigations). HE Trebišnjica, Institut za korištenje i zastitu voda na kršu, Trebinje, 302 p.

[120] Milanovic, P. T. , 1981. *Karst Hydrogeology.* Water Resources Publications, Littleton, CO, 434 p.

[121] Miller, J. A. , 1999. Introduction and national summary. In: *Ground-Water Atlas of the United States.* United States Geological Survey, A6. Available at: http //caap. water. usgs. gov/gwa/index. html.

[122] Moench, A. F. , 1984. Double-porosity models for a fissured groundwater reservoir with fracture skin. *Water Resources Research*, vol. 21, no. 8, pp. 1121-1131.

[123] Moench, A. F. , 1985. Transient flow to a large-diameter well in an aquifer with storative semiconfining layers. *Water Resources Research*, vol. 8, no. 4, pp. 1031-1045.

[124] Moench, A. F. , 1993. Computation of type curves for flow to partially penetrating wells in water-table aquifers. *Ground Water*, vol. 31, no. 6, pp. 966-971.

[125] Moench, A. F. , 1996. Flow to a well in a water-table aquifer: an improved Laplace transform solution. *Ground Water*, vol. 34, no. 4, pp. 593-596.

[126] Morris, B. L. , Lawrence, A. R. L. , Chilton, P. J. C. , Adams, B. , Calow, R. C. , and Klinck, B. A. , 2003. Groundwater and its susceptibility to degrada-

tion: a global assessment of the problem and options for management. Early Warning and Assessment Report Series, RS. 03-3. United Nations Environment Programme, Nairobi, Kenya, 126 p.

[127] Mozley, P. S., et al., 1996. Using the spatial distribution of calcite cements to infer paleoflow in fault zones: examples from the Albuquerque Basin, New Mexico [abstract]. American Association of Petroleum Geologists 1996 Annual Meeting.

[128] NASA (National Aeronautic and Space Administration), 2007. Visible Earth: a catalog of NASA images and animations of our home planet. Available at: http://visibleearth. nasa. gov. Accessed August 8, 2007.

[129] NASA Photo Library, 2007. Available at: http://www. photolib. noaa. gov/brs/nuind41. htm.

[130] Neuman, S. P., 1972. Theory of flow in unconfined aquifers considering delayed response to the water table. *Water Resources Research*, vol. 8, no. 4, pp. 1031-1045.

[131] Neuman, S. P., 1974. Effects of partial penetration on flow in unconfined aquifers considering delayed gravity response. *Water Resources Research*, vol. 10, no. 2, pp. 303-312.

[132] Neuman, S. P., 1975. Analysis of pumping test data from anisotropic uncornfined aquifers considering delayed gravity response. *Water Resources Research*, vol. 11, no. 2, pp. 329-342.

[133] Neuman, S. P., and Witherspoon, P. A., 1969. Applicability of current theories of flow in leaky aquifers. *Water Resources Research*, vol. 5, pp. 817-829.

[134] Oostrom, M., Rockhold, M. L., Thorne, P. D., Last, G. V., and Truex, M. J., 2004. *Three-Dimensional Modeling of DNAPL in the Subsurface of the 216-Z-9 Trench at the Hartford Site*. Pacific Northwest National Laboratory, Richland, WA, various pages.

[135] Opie, J., 2000. *Ogallala, Water for a Dry Land*, 2nd ed. University of Nebraska Press Lincoln, NE, 475 p.

[136] Osborne, P. S., 1993. Suggested operating procedures for aquifer pumping tests. Ground Water Issue, United States Environmental Protection Agency, EPA/540/S-93/503, 23 p.

[137] Parkhurst, D. L., and Appelo, C. A. J., 1999. User's guide to PHREEQC

(Version 2)—computer program for speciation, batch-reaction, one-dimensional transport, and inverse geochemical calculations. U. S. Geological Survey Water-Resources Investigations Report 99-4259, 310 p.

[138] Papadopulos, I. S. , 1965. Nonsteady flow to a well in an infinite anisotropic aquifer. In: *Proc. Dubrovnik Symposium on the Hydrology of Fractured Rocks.* International Assocition of Scientific Hydrology, p. 21-31.

[139] Papadopulos, I. S. , and Cooper, H. H. , 1967. Drawdown in a well of large diameter. *Water Resources Research*, vol. 3, pp. 241-244.

[140] Peck, M. F. , McFadden, K. W. , and Leeth, D. C. , 2005. Effects of decreased ground-water withdrawal on ground-water levels and chloride concentrations in Camden County, Georgia, and ground-water levels in Nassau County, Florida, From September 2001 to May 2003. U. S. Geological Survey Scientific Investigations Report 2004-5295, Reston, VA, 36 p.

[141] Prohaska, S. , 1981. Stohasticki model za dugorocno prognoziranje recnog oticaja (Stochastic model for long-term prognosis of river flow; in Serbian). Vode Vojvodine, Posebna izdanja, Novi Sad, 106 p.

[142] Provost, A. M. , Payne, D. F. , and Voss, C. I. , 2006. Simulation of saltwater movement in the Upper Floridan aquifer in the Savannah, Georgia-Hilton Head Island, South Carolina, area, predevelopment-2004, and projected movement for 2000 pumping conditions. U. S. Geological Survey Scientific Investigations Report 2006-5058, Reston, VA, 132 p.

[143] Purl, S. , et al. , 2001. Internationally shared (transboundary) aquifer resources management: their significance and sustainable management. A framework document. IHPVI, Series on Groundwater 1, IHP Non Serial Publications in Hydrology, UNESCO, Paris, 76 p.

[144] Reboucas, A. , and Mente, A. , 2003. Groundwater resources and their use in South America, Central America and the Caribbean. In: *Groundwater Resources of the World and Their Use.* Zektser, I. S. , and Everett, L. G. , editors. IHP-VI, Series on Groundwater No. 6, UNESCO, Paris, France, pp. 189-208.

[145] Robson, S. G. , and Banta, E. R. , 1995. Rio Grande aquifer system. In: *Ground Water Atlas of the United States.* Arizona, Colorado, New Mexico, Utah, HA 730-C.

[146] Salem, O. , and Pallas, P. , 2001. The Nubian Sandstone Aquifer System

(NSAS). In: *Internationally Shared (Transboundary) Aquifer Resources Management: Their Significance and Sustainable Management*; *A Framework Document.* Purl, et al. , editors. IHP-VI, Series on Groundwater 1, IHP Non Serial Publications in Hydrology, UNESCO, Paris, pp. 41-44.

[147] Scott, T. M. , Means, G. H. , Meegan, R. P. , Means, R. C. , Upchurch, S. B. , Copeland, R. E. , Jones, J. , Roberts, T. , and Willet, A. , 2004. *Springs of Florida.* Florida Geological Survey, Bulletin No. 66, Tallahassee, FL, 658 p.

[148] Shubert, G. L. , and Ewing, M. , 1956. Gravity reconnaissance survey of Puerto Rico. *Geological Society of America Bulletin*, vol. 67, no. 4, pp. 511-534.

[149] Slichter, C. S. , 1905. Field measurements of the rate of movement of underground waters. *U. S. Geological Survey Water-Supply and Irrigation Paper* 140, Series 0, Underground waters, 43, Washington, DC, 122 p.

[150] Southworth, S. , Burton, W. C. , Schindler, J. S. , and Froelich, A. J. , 2006. Geologic map of Loudoun County, Virginia, USGS Geologic Investigations Series Map I-2553 and pamphlet, 34 p.

[151] Spiegel, M. R. , and Meddid, R. , 1980. *Probability and Statistics.* Schaum's Outline Series. McGraw-Hill, New York, 372 p.

[152] Stallman, R. W. , 1961. The significance of vertical flow components in the vicinity of pumping wells in unconfined aquifers. In: Short Papers in the Geologic and Hydrologic Sciences, *U. S. Geological Survey Professional Paper* 424-B, Washington, DC, pp. B41-B43.

[153] Stallman, R. W. , 1965. Effects of water-table conditions on water-level changes near pumping wells. *Water Resources Research*, vol. 1, no. 2, pp. 295-312.

[154] Stallman, R. W. , 1971. Aquifer-test, design, observation and data-analysis. U. S. Geological Survey Techniques of Water-Resources Investigations, book 3, chap. B1, 26 p.

[155] Steams, N. D. , Steams, H. T. , and Waring, G. A. , 1937. *Thermal Springs in the United States.* U. S. Geological Survey Water-Supply Paper 679-B.

[156] Strack, O. D. L. , 1976. A single-potential solution for regional interface problems in coastal aquifers. *Water Resources Research*, vol. 12, no. 6, pp. 1165-1174.

[157] Streltsova, T. D. , 1974. Drawdown in compressible unconfined aquifer. *Journal*

of the Hydrology Division, Proceedings of the American Society of Civil Engineers, vol. 100, no. HY11, pp. 1601-1616.

[158] Streltsova, T. D., 1988. *Well Testing in Heterogeneous formations.* John Wiley and Sons, New York, 413 p.

[159] Trapp, H., Jr., 1992. Hydrogeologic framework of the Northern Atlantic Coastal Plain in parts of North Carolina, Virginia, Maryland, Delaware, New Jersey, and New York. U. S. Geological Survey Professional Paper 1404-G, 59 p.

[160] Theis, C. V., 1935. The lowering of the piezometric surface and the rate and discharge of a well using ground-water storage. *Transactions, American Geophysical Union*, vol. 16, pp. 519-524.

[161] Thiem, G., 1906. *Hydrologische methoden.* Leipzig, Gebhardt, 56 p.

[162] UNESCO (United Nations Educational, Scientific and Cultural Organization), 2004. Submarine groundwater discharge. Management implications, measurements and effects. IHP-VI, Series on Groundwater No. 5, IOC Manuals and Guides No. 44, Paris, 35 p.

[163] USBR, 1977. *Ground Water Manual.* U. S. Department of the Interior, Bureau of Reclamation, Washington, DC, 480 p.

[164] USGS (United States Geological Survey), 2007. USGS Photographic Library. Available at: http://libraryphoto. cr, usgs. gov.

[165] USGS (United States Geological Survey), 2008. National Water Information System: Web Interface, USGS Ground-Water Data for the Nation. Available at: http://waterdata. usgs. gov/nwis/gw. Accessed January 2008.

[166] Vargas, C., and Ortega-Guerrero, A., 2004. Fracture hydraulic conductivity in the Mexico City clayey aquitard: Field piezometer rising-head tests. *Hydrogeology Journal*, vol. 12, pp. 336-344.

[167] Voss, C. I., and Provost, A. M., 2002. SUTRA; A model for saturated-unsaturated, variabledensity ground-water flow with solute or energy transport. U. S. Geological Survey Water-Resources Investigations Report 02-4231, Reston, VA, 250 p.

[168] Waichler, S. R., and Yabusaki, S. B., 2005. Flow and transport in the Hanford 300 Area vadose zone-aquifer-river system. Pacific Northwest National Laboratory, Richland, WA, various pages.

[169] Walton, W. C., 1987. *Groundwater Pumping Tests, Design & Analysis.* Lewis

Publishers, Chelsea, MI, 201 p.

[170] Wenzel, L. K. , 1936. The Thiem method for determining permeability of water-bearing materials and its application to the determination of specific yield; results of investigations in the Platte River valley, Nebraska. U. S. Geological Survey Water Supply Paper 679-A, Washington, DC, 57 p.

[171] White, B. W. , 1988. *Geomorphology and hydrology of karst terrains*. Oxford University Press, New York, 464 p.

[172] Wikipedia, 2007. Great Manmade River. Available at: http: // wikipedia: // en. wikipedia. org/wiki/Geat_Manmade_River.

[173] Williams, L. J. , Kath, R. L. , Crawford, T. J. , and Chapman, M. J. , 2005. Influence of geologic setting on ground-water availability in the Lawrenceville area, Gwirmett County, Georgia. U. S. Geological Survey Scientific Investigations Report 2005-5136, Reston, VA, 50 p.

[174] Witherspoon, P. A. , 2000. Investigations at Berkeley on fracture flow in rocks: from the parallel plate model to chaotic systems. In: *Dynamics of Fluids in Fractured Rock*. Faybishenko, B. , Witherspoon, P. A. , and Benson, S. M. , editors. Geophysical Monograph 122, American Geophysical Union, Washington, DC, pp. 1-58.

[175] Wolff, R. G. , 1982. Physical properties of rocks—Porosity, permeability, distribution coefficients, and dispersivity: U. S. Geological Survey Open-File Report 82-166, 118 p.

[176] Yin, Z-Y, and Brook, G. A. , 1992. The topographic approach to locating high-yield wells in crystalline rocks: Does it work? *Ground Water*, vol. 30, no. 1, pp. 96-102.

[177] Young, H. L. , 1992. Summary of ground-water hydrology of the Cambrian-Ordovician aquifer system in the northern midwest, United States. U. S. Geological Survey Professional Paper 1405-A, 55 p.

[178] Zhaoxin, W. , and Chuanmao, J. , 2004. Groundwater resources and their use in China. In: Groundwater resources of the world and their use. Zekster, I. S. , and Everet, L. G. , editors. IHP-VI, Series on Groundwater No. 6, UNESCO, Paris, pp. 143-159.

第 3 章　地下水补给[①]

3.1　地下水补给情况简介

　　地下水排泄、人工开采和补给是地下水系统水量平衡的三要素。了解和量化地下水补给过程是地下水资源分析的先决条件。保护地下水补给区,对地下水资源可持续利用是至关重要的。因此,补给分析有助于决策者作出土地使用和水管理的正确决策。地下水补给分析的第一步就是要确定研究区域的大小,量化分析方式和方法将直接受其影响。例如,需要在污染区中找出几英亩或几十英亩的区域,在这个区域,污染物大量进入地下水体中。显然,对于大型流域地下水资源评价来说,难以进行这种小尺度分析,但正如本章所述,地下水补给在时间和空间的各种尺度上都是变化的,这迫使补给估算不得不对大量参数在时间、空间上进行均化处理和外推与内插处理。因此,地下水补给量估算值存在较大的误差,必须对误差有一个估计。地下水补给同时具有随机过程和确定过程的特点,降雨是随机的,而雨水渗入地下并最终补给地下水则是确定的物理过程。描述随机性与确定性的基本方程所使用的参数,要么是直接测量的,要么是用各种方法估算的,而且均不得不进行空间和时间上的外推与内插处理。由于同时具有随机性与确定性的特点,地下水补给的量化是水文学最难的工作之一。不幸的是,由于简化太多,以至于所计算的降雨入渗补给量不能作为各种空间和时间尺度地下水模拟模型的"平均补给"率,以下说明其原因。

　　(1)入渗补给量是地下水模型研究的一部分,而其他参数和边界

　　[①] 内文·克雷希克和亚历克斯·米克斯泽夫斯基　马萨诸塞州戴德姆 伍达德 & 柯伦公司。

条件都是确定的。模型开发者应弄清与补给率相关的不确定性和所有关键参数的敏感性。在分析地下水位时,5% 或 10% 的补给误差所导致的结果变化,没有渗透系数误差引起的变化大。但在进行含水层水量平衡和可持续性利用分析时,这种差异所引起的结果变化是非常显著的。

(2)补给率对地下污水的传播特点有影响。补给率越大,下潜的污水就越多;当地表补给水没有受到污染时,补给率越大,则地下水的污染物浓度就越低。

(3)雨水渗入地下并汇集到地下水体中,可能需要花几十年甚至几百年的时间。因此,地下水的用户并不能直观感觉到地下水补给量的减少,以至于在土地开发利用时基本不考虑地下水补给变化的影响。

(4)自然和人为引起的气候变化也会改变地下水的补给方式,其影响将由子孙后代承担。

如第 2 章所述,水量平衡和地下水补给这两个术语往往是交互使用的,有时会造成混乱。一般来讲,渗透是指地表水进入地下的运动。这部分水称为潜在补给水,意思是说只有一部分水最后到达地下水面(饱和带)。为了避免混淆,"实际补给量"的概念应用越来越广泛,它是指到达含水层的那一部分水量。地下水补给最明显的证据是地下水位上升,不过停止开采地下水,地下水位也会升高。地下水实际补给过程可分为下渗和植被根系层以下的渗流过程。由于蒸发蒸腾(水向大气层的损失)涉及地表水和潜水,应加以区分。

3.2　降雨—径流—补给的关系

地下水天然补给一般来自于雨水和融雪,这些水通过地表下渗、地下渗流汇入地下水。为了量化降水的补给,关键是要了解降雨—径流关系,首要是确定在除去地面径流和蒸发蒸腾损失后可供地下水补给的雨水百分比。影响降雨—径流关系的关键是土壤类型、土壤含水率和地表覆盖。土壤孔隙率大,渗透系数大,则排水性好;渗透系数小,则排水差。土壤的物理特性和初始含水率决定了地表入渗能力。潮湿、排水性差的土壤容易产生径流,而干燥、排水性良好的土壤则容易吸纳雨水。地表覆盖对降雨入渗量有决定性影响。水泥路面阻止雨水下渗,而开阔、植被好的原野则有助于入渗。无论土壤类型、含水率、地表覆盖如何,降雨入渗的环节都是一样的。

在降雨量超过土壤下渗能力前,雨水均下渗;之后开始出现积水和径流。径流或者汇集于单独的排水沟里,或者形成坡面流。重要的是了解暴雨期间伴随着地表径流的持续不断的下渗过程。地表产生积水后,下渗开始减弱,逐渐接近土壤的饱和渗透系数。图 3.1 所示为饱和渗透系数约为 0.001 cm/s 的同一土壤在 4 次不同降雨时的下渗过程。

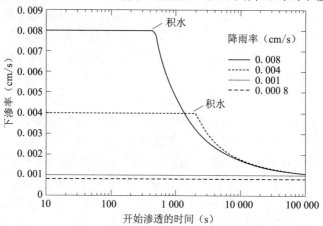

图 3.1　4 种不同降雨强度及饱和渗透系数约为 0.001 cm/s
的一种土壤的一维土柱内的下渗率

流域径流量和保水量可采用美国农业部土壤保护局(SCS)的径流数值曲线法(CN)计算,该方法在美国农业部《技术通讯》55(TR-55)中作了改进(USDA,1986)。TR-55 简化了小流域地表径流和洪峰流量的计算方法。该方法适用于城市化的流域,但对于能满足规定条件的小流域,其计算过程也是适用的。确定径流和洪峰流量的理想方法是依据长系列水文资料。但对于小流域来说,水文资料是非常缺乏的,即使有,也因为土地的城市化利用导致统计分析的精度不高,这就需要根据流域特征参数,通过水文模型来估算洪峰流量(USDA,1986)。

在 TR-55 中,径流主要是根据降水量和下渗特性确定的,而下渗特性包括土壤类型、土壤湿度、前期雨量、覆盖层、不透水地面和地面滞留水量;汇流时间主要是根据坡度、汇流长度、水深和地表糙率确定的。由上述参数、集水面积、待建工程位置、各已有防洪工程、暴雨过程的资料,便可确定洪峰流量。

TR-55 模型首先给出流域均匀分布的降水量,然后用数值曲线法将降水量转换成径流量,而数值曲线的选择取决于土壤类型、植被、不透水地表的面积、截流和地面滞留。最后用单位线法(取决于各小区的汇流时间)将地表径流转换成计算断面的流量过程线(USDA,1986)。作者指出,TR-55 对某些参数进行了简化,这些简化限制了应用范围,精确度也比不简化的低。使用者应对洪峰流量或径流过程的变差进行敏感性分析。

土壤保护的径流公式如下:

$$Q = \frac{(P - I_a)^2}{(P - I_a) + S} \tag{3.1}$$

式中 Q 为径流深,in;P 为降水量,in;S 为开始形成径流的地表最大滞留量,in;I_a 为初损,in。

初损是开始形成径流前的所有损失水量,包括地面凹陷滞留水、植物截留水、蒸发和渗透量。I_a 的变化很大,通常与土壤和覆盖参数有关。通过对许多小农业流域的研究发现,I_a 可用下面的经验公式描述:

$$I_a = 0.2 S \tag{3.2}$$

将式(3.2)代入式(3.1)得:

$$Q = \frac{(P - 0.2S)^2}{(P + 0.8S)} \tag{3.3}$$

滞水量 S 包括地表下渗量、植物截留量、蒸散量(ET)和地面凹陷积水量,可由综合反映土壤前期雨量、土壤入渗率和土地覆盖的径流数值(CN)计算,即

$$S = \frac{1\,000}{CN} - 10 \tag{3.4}$$

CN 取值为 0~100。CN 取 100 时,属完全不透水情况。图 3.2 的

曲线是不同的 CN 值,由式(3.4)、式(3.2)代入式(3.3)后得出的降雨—径流关系线。表 3.1 是根据已有资料分析确定的几类农业用地的 CN 值,TR – 55 还给出了另一些土地上的 CN 值表。根据土壤的最小下渗率,可以从水文上将土壤分为 A、B、C、D 四类,下渗率是根据裸露土在积水条件下的下渗试验确定的。TR – 55 的附录 A 列出了美国几乎所有的土壤及其所属类的表。四类土壤的水文特性如下(Rawls 等,1993):

(1)A 类土壤下渗率高,即使在饱和的情况下也是如此。此类土壤主要由深厚的排水性良好的沙和砾石组成。美国农业部颁布的土壤结构中属于此类土的是沙、壤质沙土和沙壤土。这类土壤的下渗率超过 0.76 cm/h。

(2)B 类土壤在饱和情况下具有中等下渗率。这类土壤由深厚的中细、中粗颗粒组成,大约相当于美国农业部土壤结构中划分的粉沙壤土和壤土。这类土的下渗率为 0.38 ~ 0.76 cm/h。

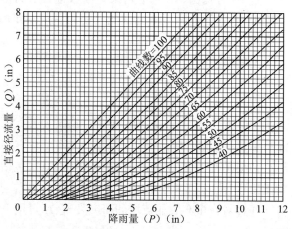

(3)C 类土壤在饱和情况下下

图 3.2　径流方程式的解

(这些曲线是根据 $I_a = 0.2 S$ 和式(3.3)获得的(USDA,1986))

渗率较低。这类土壤主要由表层阻水层和中细—细颗粒组成,在美国农业部土壤结构划分中属沙质黏壤土。这类土壤的下渗率为 0.13 ~ 0.38 cm/h。

(4)D 类土壤在饱和情况下的下渗透率极低。它们由强膨胀黏土、高地下水位土壤、黏磐土、表层黏土层或几乎不透水的浅层土组成,在美国农业部土壤结构划分中属黏壤土、粉沙黏壤土、沙质黏土、粉沙黏土和黏土。此类土壤下渗率极低(为 0 ~ 0.13 cm/h)。那些因排水不畅导致地下水位高的土壤也归入 D 类,但当排水问题解决后,它们可归入其他类土壤。

表 3.1　农耕地的径流曲线值($I_a = 0.2S$)

覆盖类型	水文条件	各类土壤的径流曲线值			
		A	B	C	D
牧场、草地或人工草场[1]	差	68	79	86	89
	一般	49	69	79	84
	好	39	61	74	80
草甸 - 连绵草地,保护放牧,干牧草运走	一般	30	58	71	78
灌木林 - 灌木林 - 杂草 - 青草混合,主要是灌木林[2]	差	48	67	77	83
	一般	35	56	70	77
	好	30[3]	48	65	73
树林 - 草地混合(果园或林场)[4]	差	57	73	82	86
	一般	43	65	76	82
	好	32	58	72	79
树林[5]	差	45	66	77	83
	一般	36	60	73	79
	好	30[3]	55	70	77

注:1. 差—植被覆盖率 <50% ;过度放牧,已受到高度关注;一般—植被覆盖率为50% ~ 75% ,不过度放牧;好—植被覆盖率 >75% ,少量放牧。

2. 差—地面覆盖率 <50% ;一般—地面覆盖率为 50% ~75% 。好—地面覆盖 >75% 。

3. 实际值低于 30,径流量计算时使用 $CN = 30$。

4. 树林为 50% ,牧草(牧场)为 50% 。

5. 差—过度放牧或定期过火毁坏的小树林、灌木;一般—林间有放牧,但没有焚烧,落叶层覆盖了土壤;好—没有放牧,落叶层和灌木林覆盖了土壤。

(资料来源于 USDA 1986 年的文献)

CN 值较高的流域,产生的径流量更大,渗透小,例如不透水地面比例高的流域。茂密的林地和草地的 CN 值最低,滞留雨水的比例最高。但是必须了解,大多数城市地区只有部分被不透水地面覆盖,径流量估算中土壤仍是一个重要的因素。城市化对径流的影响很大,对土壤渗透率高(沙和砾石)的流域影响要比对渗透率低的、主要为粉沙土和黏土组成的流域大(USDA,1986)。

　　TR－55 提供了针对美国上千种土壤和土地覆盖类型选择 CN 值及计算径流量所需的参数表和曲线图。土地覆盖类型有裸土、草场、西部沙漠城区、林地等。各地区的土壤类型可以从当地的农业部土壤保护局或水土保持机构编制的勘察报告中获得。

　　虽然土壤保护局 CN 法能够计算径流量,但是却不能准确地估算下渗量,因为下渗量只是总滞水量的一部分,总滞水量还包括蒸散量和植物截水量。了解植被条件有助于确定降雨截留量的分布,如森林区的截留量就明显大于空旷地的截留量。还须记住的是,径流产生后,表土的下渗率会逐渐逼近饱和渗透系数。了解流域土壤的物理特性对于估算下渗率是非常必要的。

3.3　蒸发蒸腾(ET)

　　在水量平衡中,蒸发蒸腾量往往是仅次于降雨的第二大分量,约65% 的降水量通过蒸发蒸腾过程又返回大气中。ET 的定义为液态水由开阔水面、裸土或植被变为水气的过程(Shuttleworth,1993)。蒸腾则是指经植物进入大气的那部分水量。蒸发蒸腾速率用 mm/d 表示,由气象站观测资料确定,也可以由几种特定植物蒸腾参数估算。标准 ET 值分为可能蒸发量和参考作物蒸腾量。

　　可能蒸发量 E_0 是在现有大气条件下理想宽阔自由水面单位面积、单位时间蒸发的水量。它是衡量开阔水面气象条件的水蒸发能力的指标。E_0 通常用蒸发皿直接测量(Shuttleworth,1993)。值得注意的是,E_0 虽然不涉及植物活动,但也可称为潜在蒸发蒸腾量(PET)。

　　参考作物蒸发量 E_c 是高度为 0.12 m、反射率为 0.23、表面阻力为 69 s/m 的理想青草作物的蒸发速率(Shuttleworth,1993),相当于大面积、高度均匀、生长良好的矮草,可完全遮盖地面,且不缺水。在估算某种植被的 ET 值时,通常先确定 E_c,再乘以作物系数 K_c。

有许多相当复杂的经验公式用于计算 E_0 和 E_c，它们涉及气温、太阳辐射、自由水面的辐射交换、日照时间、风速、饱和差（VPD）、相对湿度、空气动力学粗糙度等参数（例如，Singh，1993；Shuttleworth，1993；Dingman，1994）。这些经验公式的主要问题是，在相同输入情况下计算的结果差异很大。正如布朗（Brown）（2000）所指出的，即使应用最广泛的“彭曼修正公式”方程组也存在类似问题（这个公式是彭曼于1948 年提出来的，之后许多学者对其进行了修正）。

植物在充分供水的情况下，其潜在蒸发蒸腾量 PET 值可由水面蒸发量估算，即实际蒸发蒸腾量 E_{act} 等于潜在蒸发量 E_0（Thornthwaite，1946），潜在蒸发量 E_0 取决于空气温度。对于一个流域来说，假定蒸发蒸腾速率随土壤含水率而变化是合理的，植物的蒸腾与根系层深度密切相关（Linsley 和 Franzini，1979）。土壤含水量可由连续性方程确定，即

$$P - R - G_0 - E_{act} = \Delta M \tag{3.5}$$

式中　P 为降水量；R 为地面径流量；G_0 为地下水出流量；E_{act} 为实际 ET；ΔM 为储水量的变化。

E_{act} 用下式估算：

$$E_{act} = E_0 \frac{M_{act}}{M_{max}} \tag{3.6}$$

式中　M_{act} 为任意时刻的土壤含水量；M_{max} 为土壤最大含水量（Kohler，1958；Linsley 和 Franzini，1979）。

除土壤含水量外，植物种类是影响 ET 值的另一个重要因素，这是因为各种植物的需水量是不一样的。科罗拉多州立大学在科罗拉多州东部的 12 个农业区测试了不同植物的需水量（Broner 和 Schneekloth，2007）。所得结果为，谷物平均需水量为 62.484 cm/季（24.6 in/季），蜀黍为 52.07 cm/季（20.5 in/季），冬小麦为 44.45 cm/季（17.5 in/季）。艾伦等（1998）提出了计算作物需水量的方法，并给出了多种植物的典型需水量。半沙漠和沙漠环境的原生植物更适合于在低含水量土壤生存，其实际 ET 值（E_{act}）比外来植物低很多，且随植株大小和林冠郁闭度的增大而增大，生长期蒸发速率较休眠期的大很多（Brown，2000）。

风能有效地将热量从大气传递给植物,并有助于将水蒸气从植物传递给大气,因此可增加潜在蒸发蒸腾量(PET)。

　　湿度和温度确定了大气"干燥力"(VPD),它是植物与大气之间水蒸气浓度的梯度,随温度的增加和湿度的减少而增大(Brown,2000)。土壤类型对裸地蒸发也有影响,但这方面的研究成果很少。裸地蒸发分为两个阶段:毛细管传导的快速蒸发阶段及随后的长时间、高能量扩散阶段。粗颗粒土壤具有较高的传导率,因此初始蒸发率很大。而高孔隙率细粒土具有长期保水的能力,故产生的蒸发量较大(Wythers等,1999),也就是说,细粒土第一蒸发阶段持续时间要比粗粒土的长很多。但无论哪种土壤,长期干旱都会使土壤在水分气相扩散作用下变得十分干燥。

　　图3.3为美国大陆潜在蒸发蒸腾量(PET)分布图,由图可见上述

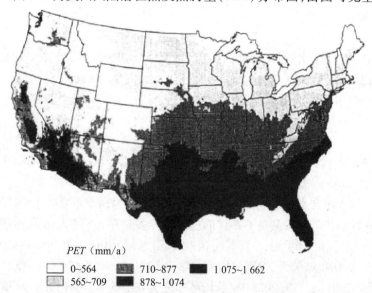

PET(mm/a)

□ 0~564　　▨ 710~877　　■ 1 075~1 662
▨ 565~709　　■ 878~1 074

图3.3　美国大陆可能蒸发蒸腾量分布(由 Healy 等提供,2007)

各因素的显著差别。PET最大值出现在高温、低湿度地区,如加利福尼亚州东南部、亚利桑那州西南部和得克萨斯州南部沙漠(Healy 等,2007)。山区气温低且空气潮湿,PET值较低。有趣的是,佛罗里达州

南部 *PET* 值很大,接近于沙漠地区的 *PET* 值,这可能是因为佛罗里达州亚热带植被极为茂盛,也可能是因为年降水量季节性分布更明显(即雨季、旱季更明显)。

美国地质调查局对死谷区内由泉水滋润的植物的总蒸发蒸腾量 *ET* 值进行了极其详细的研究,旨在弄清这一敏感地区地下水排泄量,为确定水权提供依据;估算国家公园地下水未来的变化(Laczniak 等,2006)。某种植被的总蒸发蒸腾量(*ET*)是其面积与蒸发蒸腾率的乘积。植被面积是根据高分辨率多光谱图像确定。蒸发蒸腾率是根据格雷普韦恩泉地区的资料应用能量平衡的布朗比解计算的,或者根据死谷地区其他研究成果确定的。

图 3.4 所示为计算格雷普韦恩泉地区的 *ET* 值而安置的现场数据采集仪器,这些仪器有成对的温度和湿度探头、多层土壤热通量板(Multiple Soil Heat-Flux Plate)、多层土壤温度湿度探头(Multiple Soil Temperature and Moisture Probe)、净辐射表、雨量计(Bulk Rain Gauge)。在浅井附近安装了压力传感器,以收集日、年地下水位变化过程。微气象数据每 20 min 采集 1 次,水位每 1 h 采集 1 次(Laczniak 等,2006)。

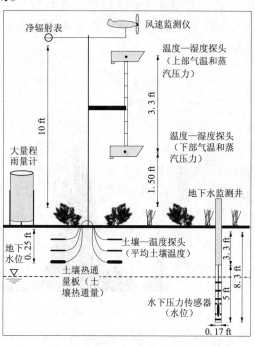

图 3.4 格雷普韦恩泉 *ET* 值处仪器设备示意图
(Laczniak 等提供,2006)

　　研究结果表明,格雷普韦恩泉地区的 ET 值一般在春末开始增加,夏初至仲夏(6 ~ 7 月)最高。最高时,日 ET 值达 0.46 ~ 0.64 cm(0.18 ~ 0.25 in)(见图 3.5),月 ET 值达 14.48 ~ 15.75 cm(5.7 ~ 6.2 in)。2001 水文年的 ET 值总计约为 0.82 m(2.7 ft),2002 水文年的 ET 值总计约为 0.70 m(2.3 ft)。此 2 个水文年的降水量之差基本等于两个日历年的 ET 值之差。日 ET 值过程显示,ET 值与地下水位的变化相反。ET 值在每年 4 月开始增加,此时地下水位则开始下降,而 ET 值在每年 9 月开始下降,而此时地下水位则开始上升。2001 水文年与2002 水文年相比,2001 年 ET 值稍高,地下水位也高,这可能与降水量较大有关。

　　格雷普韦恩泉地区地下水年蒸发量为 0.64 ~ 0.70 m(2.1 ~ 2.3 ft),而高密度植被年均蒸发蒸腾量为 0.67 m(2.2 ft)(Laczniak 等,2006)。

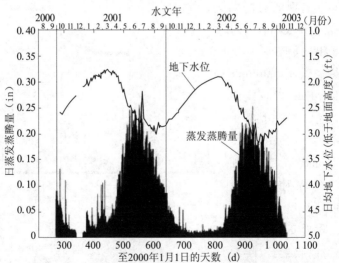

图 3.5　2000 年 9 月 28 日至 2001 年 11 月 3 日(分别为 272 d 和 1 038 d)格雷普韦恩泉处 ET 值处日蒸发蒸腾量和日平均地下水位的关系(Laczniak 等,2006)

3.4　入渗及包气带内水分运动

影响入渗的最重要因素是土层的性质和特性。水进入土壤的速率不可能超过渗水在土壤中的传导率。当降雨强度小于土壤传导率时,入渗率将由降雨强度控制。当顶土层饱和时,入渗率成为常数(如图 3.1 所示)。初始土面达到饱和前的雨水全渗入土壤($\theta = \theta_s, h \geq 0$, $z = 0$),此即为积水时间(t_p)。之后,入渗率低于降雨强度,接近于饱和土的渗透系数,地表开始产生径流。这两种情况可表示如下(Rawls 等,1993):

$$-K(h)\frac{\partial h}{\partial z} + 1 = R \quad \theta(0,t) \leq \theta_s \quad t \leq t_p \tag{3.7}$$

$$h = h_0 \quad \theta(0,t) = \theta_s \quad t \geq t_p \tag{3.8}$$

式中　$K(h)$ 为土壤一定水势(饱和度)下的渗透系数;h 为土壤水势;h_0 为土壤表面积水深度;θ 为体积含水量;θ_s 为土壤饱和体积含水量;z 为地面以下深度;t_p 为降雨开始到产生地表积的时间;R 为降雨强度。

传导率在非饱和土壤剖面的各层是不同的。最上层土壤饱和后,入渗率就由下渗过程中遇到的最低传导率的土层决定。当渗透水填充土壤孔隙后,土壤的蓄水能力下降。土的蓄水能力是孔隙率、土层厚度、土壤含水量的函数。孔隙度、孔隙大小与排列对土壤蓄水能力有很大影响。在暴雨初期阶段,入渗过程在很大程度上受孔隙连续性、孔隙大小和大于毛细管("非毛细管")的孔隙体积的影响,因为这些孔隙对入渗水的阻力很小。当土壤中存在透水性差的土层时,暴雨入渗速度会随该层以上土壤蓄水能力的减少而减小。当下渗水穿过此层后,入渗率就等于该土层的传导率,一直维持到碰到透水性更差的土层(King,1992)。土壤入渗能力随时间而下降,最终渐进达到土柱整体饱和渗透系数 K_s 的值,如图 3.1 所示。

一般来讲,土壤入渗率随土中黏料含量的增加而减小,随非毛细管孔隙的增加而增加(水在非毛细管孔中可自流通过)。黏土中的某些成分(如蒙脱石),即使含量很少,在湿润和膨胀情况下也会使渗透率大幅下降。低渗透性的土壤往往比均匀的粗沙和砾石(入渗率高于多数情况下的降雨强度)形成径流的时间要快得多。土壤表面孔隙被堵塞会阻止雨水渗入土壤。雨水会使细颗粒物质在裸土表面结壳并进入土壤孔隙,有效地将孔隙封住。一种土可能具有良好的透水性,但由于表面结壳或被堵塞,入渗率可能很低(King,1992)。

3.4.1　土壤持水能力和渗透系数

与饱和带地下水流相似,非饱和带水流受两个主要参数的影响,即地表与地下水面之间的势能差(水头)、土壤介质的渗透系数。但这两个参数取决于土壤体积含水量;当土壤饱和度随入渗水和 ET 值而改变时,这两个参数也随时间和空间而发生变化。

包气带土壤孔隙内的空气通过毛管力和黏附力的作用,对水产生吸附作用。土壤的这种吸附压力(负压)也称为土壤水势,比大气压力低。它是影响地表至地下水面之间水运动的主要因素。土壤的持水特性反映了土壤蓄水和释放水的能力,土壤含水量与水势之间的关系见图3.6。此外,地下水位以上土壤的水势总是负的,它与含水量和土壤结构密切相关。饱和度愈低、土粒愈细,则水势越强;饱和度增加,水势就渐趋于零,在地下水面处,水势为零,等于大气压。水势还可称为土壤水吸力、毛管水势、毛管水头、吸附水头、基质水头、张力、压力势,但符号和单位有所不同(Rawls 等,1993)。

随着含水量的增加,吸附压力减小,渗透系数相应增大。因此,前期含水量高的土壤比干燥土壤具有更大的排水率。在饱和土壤处(毛管边缘的地下水面处),土壤的渗透系数等于饱和渗透系数。图3.7为细沙土、粗沙土非饱和渗透系数关于水势的变化曲线,图3.6是此两种土的水势与饱和度的关系曲线。

3.4.2　达西定律

非饱和带水流运行可通过一维非饱和流达西定律描述。控制方程(称为达西－白金汉方程)如下:

$$q = -K(\psi)\frac{\partial H}{\partial z} =$$

$$-K(\theta)\frac{\partial}{\partial z}(\psi + z)$$

$$(3.9)$$

式中　q 为单宽流量；$K(\psi)$ 为非饱和土渗透系数，是土壤水势的函数；θ 为土壤含水量；H 为总水势；z 为高程；ψ 为基质势。

水势与高程之和为总水势，即总水头。压力水头在非饱和带为负（"抽吸"效应），在地下水面处为零，在饱和带为正。与饱和带情况相同，非饱和带的水也是由水头高处流向水头低处。

美国西部地区非饱和带深厚，应用达西定律可简单地计算补给通量。此方法假定在达到一定深度后土壤含水量不再变化，

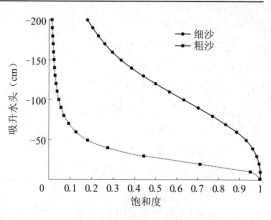

图 3.6　细沙土和粗沙土的饱和度与
水势之间的关系

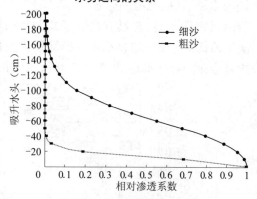

图 3.7　图 3.6 中细沙土和粗沙土的相对
渗透系数关于水势的变化曲线

即水势（压力水头）h 不随深度 z 变化，水流动完全依靠重力（见图 3.8）。此时排水率约等于实测的非饱和渗透系数（Nimmo 等，2002），证明如下：

$$q = -K(\psi)\left(\frac{\mathrm{d}\psi}{\mathrm{d}z} + 1\right) \qquad (3.10)$$

$$\frac{\mathrm{d}\psi}{\mathrm{d}z} \approx 0$$

$$q \approx -K(\psi)$$

也就是说,已知不同深度的水势(压力水头),用上述公式能直接计算出补给通量,通量除以土壤含水量即为前锋速度。

达西定律说明了非饱和带水流的复杂性,其渗透系数和压力水头均是土壤含水量 θ 的函数。影响非饱和带水流的另一个关键因素是岩性。深厚包气

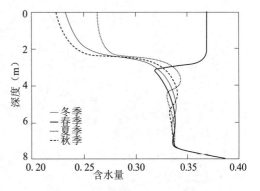

图 3.8　按一年 4 个季节推测含水量剖面
(随着深度的增加,含水量变化
减小的变化情况(Healy 等,2007)

带因沉积期不同,常具有高度非均匀性,这限制了式(3.10)的应用。美国西部深厚沉积层盆地常见细颗粒黏土和粉沙层,下渗水在包气带中常会碰到低透水地层,如图 3.9 所示的钙化沉积层。这种弱透水层

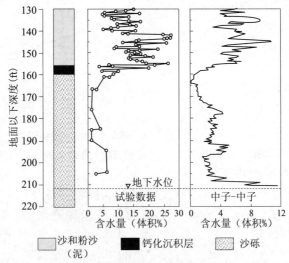

图 3.9　岩石学和随深层渗透带中孔内水深而变化的湿度分布
(Serne 等供稿,2002)

极大地延缓了水的下渗,加大了水的横向扩散。当细颗粒冲积层包气带非常厚时,下渗水到达地下水的时间可能需几百年。水分侧向扩散会使含水量减少。包气带岩性对地下水补给量化分析和人工回灌系统的规划、设计是必不可少的,对特定地点地质条件的了解有助于定性确定水在包气带中流动的时间尺度。

当地下水位埋深较浅,且水从地表到达地下水面的时间在数年之间,此时包气带的含水量较大,水的流动不显著。

3.4.3　里查兹 – 布鲁克斯、科里 – 范格努奇藤公式

饱和土的水流可用里查兹(1931)公式描述(van Genuchten 等,1991)如下:

$$C \frac{\partial h}{\partial t} = \frac{\partial}{\partial z}\left(K \frac{\partial h}{\partial z} - K \right) \tag{3.11}$$

式中　h 为土壤水压力水头,即水势;t 为时间;K 为渗透系数;C 为土壤持水量,等于 $\mathrm{d}\theta/\mathrm{d}h$,其中 θ 为体积含水量。

对于均质的非饱和土($h \leqslant 0$),式(3.11)可用含水量表示,即

$$\frac{\partial \theta}{\partial t} = \frac{\partial}{\partial z}\left(D \frac{\partial \theta}{\partial z} - K \right) \tag{3.12}$$

式中　D 为土壤水分扩散率,可用下式确定:

$$D = K \frac{\mathrm{d}h}{\mathrm{d}\theta} \tag{3.13}$$

式(3.13)是非饱和土中、渗透系数 $K(h)$ 或 $K(\theta)$、土壤水分扩散函数 $D(\theta)$ 之间的关系式。描述土壤持水量曲线的经验公式较多,最广泛使用的是布鲁克斯(Brooks)和科里(Corey)公式(van Genuchten 等,1999),即

$$\theta = \begin{cases} \theta_\mathrm{r} + (\theta_\mathrm{s} - \theta_\mathrm{r})(\alpha h)^{-\lambda} & h < -1/\alpha \\ \theta_\mathrm{s} & h \geqslant -1/\alpha \end{cases} \tag{3.14}$$

式中　θ 为体积含水量;θ_r 为残余含水量;θ_s 为饱和含水量;α 为经验系数,其倒数($1/\alpha$)表示气泡压力,对于非饱和土,其值小于 0;λ 为影响持水能力的孔隙尺寸的分布参数;h 为土壤压力水头,对于非饱和土

为负值。

式(3.14)可用无量纲形式写出,即

$$S_e = \begin{cases} (\alpha h)^{-\lambda} & h < -1/\alpha \\ 1 & h \geq -1/\alpha \end{cases} \tag{3.15}$$

式中 S_e 为有效饱和度,也称为折算含水量($0 < S_e < 1$),可用下式表示:

$$S_e = \frac{\theta - \theta_r}{\theta_s - \theta_r} \tag{3.16}$$

式(3.16)中残余含水量 θ_r 是土壤中水分不产生液体流动的最大含水量,在此含水量以下,土壤吸力可阻挡水的移动(Luckner 等, 1989;van Genuchten 等,1991)。θ_r 也可定义为 $d\theta/dh$ 和 K 为零时的含水量。残余含水量是一个外推参数,不一定是土壤最小的可能含水量。在干旱地区,水汽蒸发使土壤干燥,导致含水量远低于 θ_r。饱和含水量指的是土壤最大体积含水量。饱和含水量 θ_s 并不等于土壤的孔隙度,一般比孔隙度小 5% ~ 10%,这是因为水中有气泡或溶解空气的缘故(van Genuchten 等,1991)。

对粗粒、孔隙分布均匀的土壤,布鲁克斯和科里公式是相当精确的,而对于细粒结构土或未扰动田间土壤则精度不高,因为这类土没有准确的吸气值。由范格努奇藤(van Genuchten)(1980)推荐的连续可微(修匀)方程显著提高了土壤含水量的描述精度:

$$S_e = \frac{1}{[1 + (\alpha h)^n]^m} \tag{3.17}$$

式中 α、n 和 $m(m = 1 - 1/n)$ 为经验系数。

通过改变 α、n 和 m 这 3 个常数,就能拟合几乎所有的实测土壤含水量曲线。正是由于这种灵活性,范格努奇藤方程广泛地应用于土壤非饱和流和污染物输移的各种计算模型中。合并式(3.16)和式(3.17)得到以下范格努奇藤方程式:

$$\theta(h) = \theta_r + \frac{\theta_s - \theta_t}{[1 + (\alpha h)^n]^{1 - \frac{1}{n}}} \tag{3.18}$$

广泛应用的由土壤含水量剖面图推求渗透系数的方法之一是穆亚伦(Mualem)模型(1976),其公式为(van Genuchten,1991)

$$K(S_e) = K_s S_e \left[\frac{f(S_e)}{f(l)} \right]^2 \tag{3.19}$$

$$f(S_e) = \int_0^{S_e} \frac{1}{h(x)} \mathrm{d}x \tag{3.20}$$

式中　S_e 由式(3.16)给出;K_s 为饱和渗透系数;l 为孔隙连通性(曲折)系数,穆亚伦对大多数土壤估算的均值为 0.5。

引入式(3.17),得如下范格努奇藤 – 穆亚伦方程:

$$K(S_e) = K_0 S_e^l \left\{ 1 - S_e^{n/(n-1)} \right\}^{1 - \frac{1}{n}} \}^2 \tag{3.21}$$

式中　K_0 为饱和匹配点(接近于但不一定等于饱和)渗透系数。

在绝大多数情况下,范格努奇藤 – 穆亚伦公式都可以与实测数据拟合得很好。必须指出的是,在进行试验数据拟合时,各参数及饱和匹配点、曲折系数已经失去了物理意义,与其说它们是物理参数,还不如说是数学常数。

Rosetta(Schaap,1999)程序和 RETC 程序(van Genuchten 等,1991)是美国盐度实验室开发的两个估算范格努奇藤 – 穆亚伦拟合方程中水力学参数的最有效的程序。这两个程序提供了不同复杂程度的模型,最简单的是根据土壤中沙、粉沙和黏土的百分比确定参数,最复杂的是根据试验数据拟合水力学系数。

3.5　影响地下水补给的因素

3.5.1　气候

气候最简单的分类法是依据年降水量分类。斯特拉勒(Strahler,1978;Bedinger,1967)把多年平均降水量为 0 ~ 250 mm/a 时定为干旱气候,多年平均降水量为 250 ~ 500 mm/a 时定为半干旱气候,多年平均降水量为 500 ~ 1 000 mm/a 时定为半湿润气候。索恩施韦特(Thornthwaite,1948)的土壤水分平衡方法根据作物每年由土壤获得的水分及缺水量对气候进行分类。斯特拉勒(1978)对全世界分布的 13 种气候类型进行了分析,这些气候类型是根据年均降水量、潜在蒸发蒸腾量(*PET*)和土壤水分盈亏情况划分的。土壤水分平衡模型与土壤水分模型(主要用于气候分类)很相似,主要用于估算地下水补给。这些模型需要输入大量专门的数据,如土壤类型和持水能力、植物类型和密度、地面径流特征,以及降水的时空变化。贝丁格(Bedinger,1987)对世界各地干旱和半干旱地区使用的地下水补给模型进行了论述,共引用了 29 份参考文献。由于方法的差异、土层厚度的不同,以及土类、植被、降水和气候状况的差别,各地区估算的补给率差别很大。

杜根(Dugen)和皮克恩保格(Peckenpaugh)(1985)对跨越 6 个州的美国中部广大地区的补给量进行了详细研究,发现降水潜在补给地下水的水量和比例随总降水量的减少而减少。由图 3.10 可知,降水与补给之间的关系密切,而且年平均降水量大于 76.2 cm(30 in)(对应的

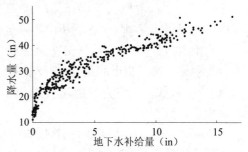

图 3.10　美国中部地区利用土壤含水量程序计算的年平均地下补给量与用模型网格单元获得的年平均降水量(Dugan 和 Peckenpaugh 修改,1985)

地下水补给大于 7.62 cm(3 in))时,这种关系大致是线性的。由此可以推测,当降水量低于此值时需要更多的入渗水去补充干旱土壤水分亏损量,地下水补给量占降水的比例更小。在研究区西部,特别是科罗拉多州和墨西哥州地下水补给量非常小,这与该区高潜在蒸发蒸腾量有密切的关系。地下水补给量与降水的季节性也很有关系,冬季降水量大则地下水补给量大。*PET* 值低和冬季长的地方,如研究区内的内布拉斯加州和南达科他州,冬季降水可增加地下水补给量。总体而言,冬季降水量低于 12.7 cm(5 in)时,地下水补给量最小。杜根和皮克恩保格(1985)由此得出结论,地下水补给量主要取决于气候条件。同一地区的地下水补给量的小幅变差与植被、土壤类型和地形有关。

地下水补给的很大部分来自冬季积雪,它可提供一种缓慢、稳定的渗透源。就地形而言,高海拔地方一般降水要比河谷或盆地多,且潜在

蒸发蒸腾量低,形成了良好的补给条件。美国的盆地—山区(内华达州中部及俄勒冈州南部至得克萨斯州西,俗称山地补给区 MBR),其地下水补给就是这种类型(见图 3.11;Wilson 和 Guan,2004)。山区形成的地下水成为数百万人口赖以生存的水源。

山区融雪补给地下水的过程如下(Flint,2006):①白天,融雪渗入表土,到达土壤 – 基岩界面;②土壤 – 基岩界面逐渐饱和,当入渗速率超过基岩的体积吸水率时,水就会进入岩石裂隙中;③晚上,地面的雪重新冻结。

上述过程减小了地表径流量,增加了入渗量。融雪所产生的地面径流是山前盆地地下水的主要补给源。

融雪水是 *PET* 值高的盆地区的主要补给源。盆地的雪量一般小于高海拔山区,但

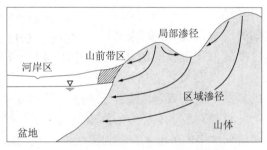

图 3.11　山体对地下水系统补给所起作用示意图
(Wilson 和 Guan 提供,2004,版权属美国地球物理协会)

融雪仍能在日历年内提供巨大的补给量。能源部在华盛顿州汉福德设立的观测站对于计算哥伦比亚高原地下水补给量起了重要的作用,该站在不同植被的沙丘、绿地、河流沿岸土地和农田安装了大量测渗仪。据监测,融雪对高原地下水补给起着主要作用(见

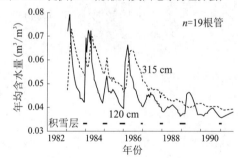

图 3.12　华盛顿州汉福德 2 种深度的土壤含水量和积雪层(由 Fayer 等修改,1993)

图 3.12 和图 3.13)。汉福德冬季寒冷,*PET* 值较低。

当温度上升到冰点以上时,开始融雪,发生渗透。快速融雪会产生地表积水,延长下渗时间(Fayer 和 Walters,1995)。从图 3.12 也可以

看到,积雪少的年份地下水补给量比积雪多的年份少许多,这也是研究气候对地下水补给影响的重要情况。

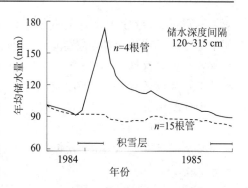

　　降水量和气温也是影响地下水补给的极重要因素。某些年份气候干旱,PET 值很高,全年降水难以对地下水进行补给。即使有渗入地下浅层的雨水,在渗入 ET 值临界深度之前便蒸发蒸腾回到大气中。气温高会增加浅土层

图 3.13　在汉福德融雪期间 2 组测渗仪测得的储水量变化(2 组测渗仪安装在可说明土壤类型对地下水补给率重要性的不同土壤内(由 Fayer 等修改,1995))

的蒸发蒸腾量(ET),导致较高的土壤缺水量(干土)。

　　植被对地下水补给的影响也取决于气候。在干旱和较热年份,植被可使更多的土壤水蒸腾到大气中,所增加的比例随植物种类不同而有差异。这意味着降水和地下水补给之间的关系不是线性的,简单地将 1 年或 2 年期测量的地下水补给量作为长期值是不正确的。图 3.14 给出了 3 种植被下 30 年的地下水补给量实测值(Fayer 和

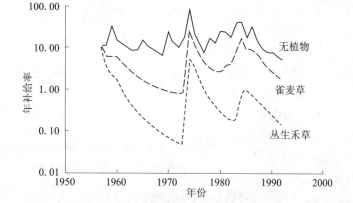

图 3.14　在华盛顿州汉福德对 Ephrata 沙壤土和 3 种不同植被模拟的补给率(Fayer 和 Walters 提供,1995)

Walters,1995)。1957 年开始观测时,三种植被下的土壤含水量是相同的。丛生禾草覆盖下的地下水补给量较无植被覆盖的低 2 个数量级,较雀麦草覆盖下的地下水补给量低 1 个数量级;有植被情况下地下水补给量的变幅较无植被情况下的变幅小得多。

　　通过上述有关气候对地下水补给量的影响的简短讨论可知,在任何情况下(有植被或无植被、植被类型、土壤类型),进行地下水管理决策时必须考虑降水过程和气温变化情况。

3.5.2　地质和地形

　　当表土很薄或缺失时,基岩岩性和构造特性就会对地下水补给起决定作用。垂直断裂基岩面能明显增加渗流(见图 3.15),而与地面平行的岩层几乎不透水。

　　岩溶发育区的孔隙洞多,具有很高的透水能力。黑山岩溶地区定期记录的地下含水层补给率达到总降水量的 80%,即使在降雨强度为 250 mm/d 以上时也这样。补给率是通过测量岩溶泉的流量确定的,该泉在降雨开始几个小时后就变得活跃起来,岩溶泉的最大流量超过 300 m^3/s,属世界上最大的岩溶泉(见图 3.16)。

图 3.15　地面附近近垂直的石灰层和薄残积层增加含水层补给(塞尔维亚西部的兹拉塔尔(Zlatar)岩溶岩体)

图 3.16　黑山亚德里亚海岸索波特(Sopot)岩溶泉在夏季暴雨后 24 h 内流量超过 200 m^3/s(暴雨前该泉完全是干的(照片由 Igor Jemcov 提供))

在植被和土壤渗透性相同的情况下,坡度越陡,则径流量越大,下渗量越小。洼地汇集径流且滞水时间较长,因此可增加入渗量。地形还对水文气象因素起重要作用,如降水随海拔增加而增加,山区背风面易形成降水的乌云,雪则积于地面(障碍物)后并显著增加入渗量;北向坡上的积雪也发生类似作用。

3.5.3　植被和土地利用

由于地表水下渗到达地下水面需要一定的时间,在估算地下水补给量时考虑土地利用和植被的历史变化就非常重要。同样,在预测或模拟地下水的可用量时,考虑将来土地利用的变化也非常重要。

世界上土地利用正在向三个方向发展,并将改变植被情况,打破了天然的水循环:①绝大多数不发达国家正在将森林改为农田;②不发达国家和发展中国家快速城市化,大量土地改为城市用地;③城市快速分散化,特别是美国,城市扩散已改变了美国的景观,造成了根深蒂固的社会和生态环境问题。城市发展和城市范围不透水地面的形成加大了径流量,增加了土壤侵蚀程度,从而减少了地下水补给量。地表径流中细颗粒含沙量增加,沿河道沉积后形成的沉积层致使洪泛区地表水与地下水之间的渗透系数减小,影响了地表水与地下水之间的交换。森林砍伐也影响水文循环,并造成水土流失,增加河流泥沙含量。低海拔林地改为农田将增加地下水补给量,灌溉用水使这一效应更加明显。但灌溉水常取自地下水,且仅为取水量的一小部分。陡坡地上的森林被砍伐一般会减少地下水的补给量,这是因为地面径流会增大。不过,在强透水基岩的情况下(如岩溶石灰岩),地下水补给量会增加。

2006年,泰勒(Taylor)和阿斯弗多(Aceved)对美国土地利用的演变进行了如下描述:18世纪和19世纪,天然森林和草原大量被改为农田;19世纪末和20世纪初,工业的发展促进了城市发展和人口大量移向城市中心,农田大量转化为林地。二战后,人口从城市移向周边郊区,农田、林地大量转为住宅、商业和工业用地。图3.17所示为马里兰州中部和南部的土地利用变化情况,该地区的华盛顿特区和巴尔的摩市区出现了惊人的扩展。

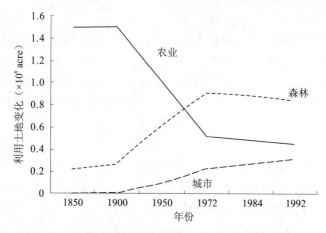

图 3.17　1950～1992 年马里兰州中部和南部的土地利用变化
（由 Taylor 和 Acevedo 提供,2006）

　　使用美国农业部土壤保护局的径流数值曲线法(SCS *CN*)，可估算出研究区径流随时间的变化。北弗吉尼亚州库布伦(Cub Run)流域的数据说明了土地利用变化是如何影响径流的。对于整个流域，采用权重法计算 SCS 方法中的数值曲线。先将某类土地面积占流域面积的百分比乘以该土壤的 *CN* 值，然后计算所有这些积的总和即得全流域的 *CN* 值。对库布伦流域的研究始于 1990 年，此时农田转为林地的过程早已完成。1990～2000 年，土地迅速改为城市用途，建设了密度很大的住宅区和商业楼(Dougherty 等,2004)，导致的直接结果是流域径流量增加了 15%(见图 3.18)，这意味着地下水补给量减

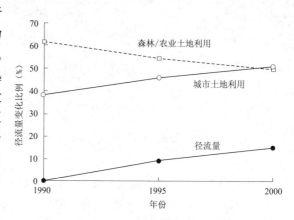

图 3.18　马里兰州北部库布伦(Cub Run)流域的径流量变化

少,河岸冲刷加剧,水质下降。

　　加利福尼亚州各流域也出现了类似趋势,快速城市化导致径流量快速增长(Warrick 和 Orzech ,2006)。图 3.19 所示为 1920~2000 年加利福尼亚州南部 4 条河流经降水量修正后的多年平均流量。圣安娜河和洛杉矶河上修建用于防洪的水库只是暂时延缓了流量的增大。径流的很大一部分曾经是地下水的补给量,而现在成为地表径流,大大加重了该地区地下含水层的供水负担。图 3.20 所示为圣安娜河 1970~2000 年累积输沙量和径流量增加的情况。根据上述研究成果,城市规划者和水管理者应促使城市区域降雨向地下入渗,以减少径流和土壤冲刷并维持地下水资源的可持续利用。

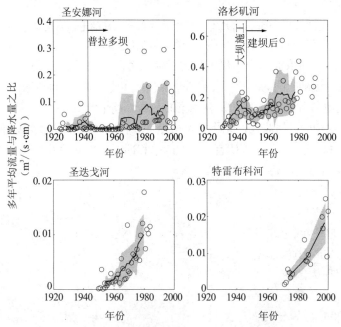

图 3.19　加利福尼亚州南部河流流量随降水量增加情况
(所有资料都用加利福尼洲圣安娜河实测的年均降水量进行了校正。实线为 10 年平均值;影线为平均值的标准差(Warrick 和 Orzexh,2006))

　　如上所述,虽然城市发展往往导致入渗水减少,径流增加,但表3.2

显示,城市内不同设施的入渗率有很大差异。这一点对于研究污染物运移、地下水模型开发是特别重要的。如源自工业设施的污染物会因不透水地面而难以下渗,于是向住宅区流动,那里有林园地和浇灌草坪,因而入渗率可能非常高。

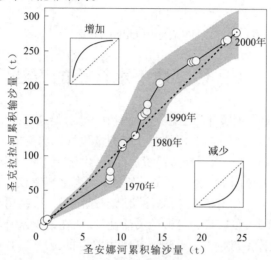

图3.20 1965~2000年圣安娜河和圣克拉拉河的累积输沙量
（虚线表示河流泥沙的稳定关系;灰线表示累积泥沙的累积标准差;
插图表示圣安娜河的输沙量特性曲线）

表3.2 威拉米特区年均降水量及各类利用土地的地下水年均补给量

土地利用和 土地覆被	面积 （mi^2）	年均降水量 （in/a）	年均补给地下水 （in/a）	补给比例（%）
未开发和未建造	641	44.2	24.1	54.5
住宅	13	43.3	24.1	29.3
建造	35	45.0	12.7	29.6
城市	99	43.7	13.3	18.5
所有类别	788	44.2	21.4	48.4

注:由Lee(李)和Risley(贝斯利)修正(2002)。

农业生产对地下水补给量、水质及含水层生物地质化学有直接和间接影响。直接影响包括过量化肥和相关物质的溶解和输送,灌溉和排水引起的水文条件的变化。间接影响有溶解氧化剂、质子及主要离子浓度增加引起的水－岩化学反应。农业生产中大量使用农药和其他有机物,改变了地下水中无机化合物(NO_3^-、N_2、Cl^-、SO_4^{2-}、H^+、P、C、K、Mg、Ca、Sr、Ba、Ra、As)的浓度(Böhlke,2002)。

3.6　　估算地下水补给的方法

直接定量量测实际到达地下水面的地下水补给通量(ft^3/d 或 m^3/d)一般是难以实现的。测渗仪是能直接测量包气带水流的唯一设备,但其安装、运行和维护费用非常昂贵。此外,由于土壤的不均匀性,为了可靠地估算大范围地下水补给量,需要安装许多测渗仪。在地下水埋藏很深的半干旱和干旱地区,测渗仪已不起作用。这些情况表明:"项目设计和管理决策应具有足够的灵活性,以便在地下水补给量和其他水文地质参数不准时,也不至于出现颠覆性的改变"(Foster,1988);"地下水补给量需要在逐步收集含水层响应资料和资源评估的基础上进行反复估算,还要采用多种方法来检验结果"(Sophocleous,2004)。

间接估算地下水补给量会受许多因素的制约,在干旱环境下尤其如此。计算结果对含水量曲线的拟合参数非常敏感。这个问题在干旱低含水量情况下更加严重,物理测量值很小的变化会引起通量的数量级变化。使用达西定律和数字模拟时,这些难题特别难以解决,因为它们均依赖于压力水头、非饱和渗透系数及含水量的测量值。由于地表入渗与地下水位上升之间存在明显的时间差,故地下水位波动法在半干旱条件下也遇到了类似的问题(Sophocleous,2004)。

采用间接物理方法的另一个主要问题是所依赖的理想化公式并不能精确地描述非饱和带渗流的机制。几十年前,人们就已知道渗流的前沿是不规则的,即使在均质的土壤内也如此。这可用优势渗径("成沟作用")理论解释,这些渗径由酸蚀孔洞、裂块、树状浸湿网、不同土壤介质接触面组成(Nimmo,2007)。通过这些"大孔隙"的水流速度往往比通过土壤基质的速度大一个数量级。在半干旱和干旱环境下,干缩裂缝在刚开始降雨时变得活跃起来,致使测量更加复杂。在湿润环境下,表土含水量高,非未饱和土的渗透系数对压力水头变化不敏感,地下水位在受到入渗补给后会立即上升,这时用地下水位波动法估算补给量很有效(Sophocleous,2004)。总之,入渗补给的间接估算法更适合于湿润气候,那里水量平衡关系较好。干旱和半干旱地区大孔隙流降低了地下水补给量估算的精度,土壤的不均匀性和水力学参数的敏感性起支配作用。在干燥情况下,地下水补给量的计算误差至少达一个量级(Sophocleous,2004)。斯坎伦(Scanlon)等(2002)提出了选择地下水补给量计算方法的建议。

3.6.1　测渗仪法

最常见的补给通量(净渗透量)的直接测量方法为测渗仪法。测渗仪是埋在土壤中收集渗透水的导管,其制作与安装及用途有很大关系。图3.21和图3.22所示为目前最好、最贵的测渗仪,它可以直接测量包气带中渗流的各种参数及水质参数。渗流站配备有测量不同深度土壤水势和渗流通量(流量)的自动化仪器。有些渗流站还备有观测地下水波动的测压管。水质参数由专门设备自动测量和记录。

图3.21　德国慕尼黑赫姆霍兹中心——德国国家环境健康研究中心运行的测渗仪组(照片由Sascha Reth博士提供)

图3.22　从地面上看到的如图3.21所示的一组测渗仪(许多传感器和取样设备收集数据供多学科研究,包括水量平衡和地下水补给,照片由Sascha Reth博士提供)

过去,测渗仪主要用于农业研究项目。现在,测渗仪正日益广泛地用在地下水供水和污染物输移的研究中。测渗仪采集的数据用于校准水量平衡模型的参数,如蒸发蒸腾量。

测渗仪适用于不同植被、扰动土和未扰动土的环境,其最明显的优势是可直接测量根系分布区的渗流过程。这些测量值消除了蒸发蒸腾、径流过程等诸多不确定性因素,很容易计算出净入渗量。测渗仪还可观测到快速通过大孔隙和裂缝的渗流。测渗仪的主要缺点是制作安装费用高,维护困难。昂贵的成本将测渗仪的使用限制在地下 3.05 m (10 ft)深度以内。低渗透黏土层往往处于这一深度以下,因此测渗仪难以观测净入渗量与地下水补给量之间的直接关系(Sophocleous, 2004)。此外,测渗仪安装时会扰动土层,且含水量较高,这可能导致过高估算地下水补给量的问题。

将测渗仪数据外推到整个地下水补给区时,会遇到土壤和植被不同的问题,美国地质调查局(Risser 等,2005)的研究说明了这个问题。安装在 30.48 m (100 ft)试验小区的 7 台测渗仪获得的数据表明,各测渗仪历时 6 个月测得的月补给量变差系数都大于 20% ,6、7、8 月的变差系数分别达到 50% 、100% 和 60% 。测渗仪观测值结合大范围水量平衡或地下水位波动值,有助于解决测渗仪点测量的局限问题。

3.6.2　土壤湿度测量法

应变计与压力计、真空计相结合,通过测量孔隙中水膜张力,可测量非饱和带低于 100 kPa 的负压。热电偶湿度计(测量介质内气相的相对湿度)、散热探头(HDP)可测量大于 100 kPa 的负压(Lappala 等, 1987;McMahon 等,2003)。永久安放在配有滤网的井管内的上述仪器可测量土壤垂直剖面上各点的湿度,也可用压入法临时测量土壤湿度,压入设备可用配有张拉环的圆锥贯入仪。当测点较浅时,可将土壤湿度探头安装在沟槽内。

在不同水文条件(补给前、中、后)下,测量土壤垂直剖面上的负压和含水量,可绘制出若干含水量分布曲线,这就能准确确定非饱和土的渗透系数,并计算流速和流量。通过确定零势梯度面(称为"零通量"

面),可以确定蒸发(水分向上运动)损失与排水(水分向下运动)的比例(见图 3.23)。

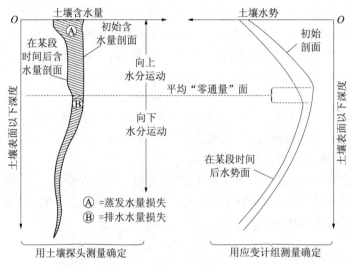

图 3.23　应用土壤水分耗竭测定蒸发补充以确定平均"零通量"面
(区别(向上)蒸发与(向下)排水的图解(由沙特尔沃斯(Shuttleworth)
提供,1993;版权属麦格劳 – 希尔(McGraw-Hill)公司所有)

3.6.3　地下水位波动法

降雨后地下水位上升是含水层补给量最精确的指标,由此可估算地下水补给量,其计算公式为地下水位上升值与给水度之积(见图 3.24),即

$$R = S_y \Delta h \qquad (3.22)$$

式中　R 为地下水补给量;S_y 为给水度(无量纲);Δh 为地下水位上升值。

由于地下水位测量简单、实用,故成为湿润地区估算地下水补给量最广泛使用的方法。该方法主要需确定的参数是给水度,多数情况下是假定的。

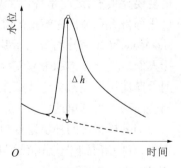

**图 3.24　估算补给的地下
水位波动法的原理**

此外,还要考虑地下水位测量的频次。德林(Delin)和法尔泰塞克(Falteisek)(2007)指出,每周少于一次测量所估算的地下水补给量较每小时测量一次所估值的量要少48%以上。

宰迪(Zaidi)等应用2—地下水位法和大型井网观测资料对印度一半干旱结晶岩含水层进行了水量平衡计算。该地区气候受季风影响分成旱季和雨季,水量平衡分旱季和雨季进行,即

$$R + RF + Q_{in} = E + PG + Q_{out} + S_y \Delta h \qquad (3.23)$$

式中　R 为地下水补给量;S_y 为给水度,均为未知量;Δh 为地下水位波动值;RF 为灌溉回归水;Q_{in}、Q_{out} 分别为流域的侧向入流流量、出流流量;E 为蒸发量;PG 为抽取量。

之所以称为2—地下水位法,是因为雨季和旱季分别使用该公式,可以解出 2 个未知数,即地下水补给量和给水度。这一方法可消除大范围估算给水度的不准确性。

3.6.4　环境示踪剂法

环境示踪剂法在地下水研究中是不可替代的,它可以确定时间尺度为几天到几千年的地下水补给量;分析地下水来源于不同时期和源头的组合成分;评价人工补给的影响和有效性。环境示踪剂法可反映非饱和带土壤水分运动情况,是一种评估地下水补给量的成熟方法。在补给量很小的干旱环境下,示踪剂浓度测量精度比土壤水力学测量精度要高很多,因此是替代常规物理测量的好方案。环境示踪剂还是量化分析大孔隙优先流道的唯一可靠的方法。正如索菲克利奥斯(Sophocleous)(2004)所指出,示踪剂法的结果常出乎人们的意料,以至于让人们对基于非饱和带渗流物理测验方法的实用性产生了怀疑。如在测量奥加拉高原草地和灌溉区地下水补给量时,基于渗流物理原理的达西法测得的草地根系区以下的补给通量为 0.1 ~ 0.25 mm/a,而氯示踪剂分析得出的补给通量为 2.5 ~ 10 mm/a。1 ~ 2 个数量级的偏差表明,有些情况下"优先流道"理论可能是支配地下水补给的主要机制(Sophocleous,2004)。

对于 50 ~ 70 年的地下水,一般用含氯氟烃(CFCs),和氚氦 - 3

(^{3}H/^{3}He)示踪剂测试年代。示踪剂法的准确性依赖于取样、分析和解读,采用 CFC 和 ^{3}H/^{3}He 法估算的地下水年龄只能是一种表观年龄,还必须从地质化学一致性和水文实际情况作进一步分析(Rowe 等,1999)。对于古老的地下水,可采用同位素碳 – 14、氧 – 18 和氚、氯 – 36 测定其年龄,可用的其他同位素还在增加(Geyh,2000)。

示踪剂法测出的年代实际上是示踪物的年龄而非水的年代。只有了解和考虑了影响含水层中示踪剂浓度的所有物理过程和化学过程,才能确定地下水的输移过程(Plummer 和 Busenberg,2007)。所有溶解物质的浓度在一定程度上都受到输移过程的影响,某些示踪剂的浓度还受到化学过程(如分解和吸收)的影响。为此,"年龄"一词可用"表观年龄"取代,以强调对输移过程的简化假定,而对于可能影响示踪剂浓度的化学过程则不予考虑(Plummer 和 Busenberg,2007)。

国际原子能机构(IAEA)在 1995 ~ 1999 年开展了同位素和地质化学方法在非饱和带地下水补给方面应用的国际合作研究,获得了 44 个干旱气候区现场观测的结果(IAEA,2001)。每个区收集了自然地理、岩石、降水、非饱和带含水量、化学和同位素本底资料,用于估算地下水补给量(见表 3.3)。

表 3.3　6 个干旱地区地下水补给量和地质化学调查

国家	地区	年平均降水量 (mm/a)	渗透区深度 (m)	雨水氯化物含量 (mg/L)	平均地下水补给 (mm/a)
约旦	贾拉什	480	21	10	28
	艾兹赖格	67	7	61	2
沙特 阿拉伯	盖西姆	133	18	13	2
叙利亚	大马士 革奥埃 西斯	220	21	7	2 ~ 6
埃及	拉法阿	300	20	16	18 ~ 24
尼日利亚	姆菲	389	10	—	< 1

注:由普里(Puri)等提供。

国际原子能机构收集了大量关于环境示踪剂在地表水和地下水研究中应用的资料,并出版了论文集,其中许多可以在其官方网站www. iaea. org 上免费下载。

3.6.4.1　氯化物示踪剂

当示踪剂只来源于降水,且地表径流为已知或可忽略不计时,可利用土壤孔隙水里的示踪剂平衡来测量下渗水量。在稳定稳态下,质量平衡关系式如下(Bedinger,1987):

$$R_q = (P - R_s) \frac{C_p}{C_z} \tag{3.24}$$

式中　R_q 为入渗量;P 为降水量;R_s 为地面径流;C_p 为雨水中示踪剂浓度;C_z 为土壤水中示踪剂浓度的函数。

在一个理想模型中,由于土壤水蒸发蒸腾损失和示踪剂守恒,土壤水中示踪剂含量随深度增加而增加,在某点达到最大值。理想的模型假定此点以下至地下水面之间的示踪剂含量是不变的。

质量平衡方程式(3.24)假定示踪剂输移是随水流进行的,但已经证实非饱和带示踪剂通量还与扩散和弥散作用密切相关。约翰逊(Johnston)(1983)、贝丁格(Bedinger)(1987)采用地表附近忽略地表径流量的质量平衡公式如下:

$$PC_p = -D_s - \frac{\partial C}{\partial Z} + C_2 R_q \tag{3.25}$$

式中　D_s 为扩散 – 弥散系数;$\partial C/\partial Z$ 为土壤水示踪剂浓度随深度的变化率;其他符号意义同前。

由于土地利用的改变(如原生植被被农作物替代)、渗径变化和气候变化,示踪剂在土壤剖面上的分布常偏离理想状态(Bedinger,1987)。

氯化物(Cl⁻)稳定且溶于水,是一种广泛使用的环境示踪剂。人们对 Cl⁻ 在地表干、湿循环过程中的沉积规律已有了充分认识,故通过对非饱和带土壤的取样分析,可以确定一个地区的地下水补给量。氯化物随雨水和粉尘降落至地表,溶于水后渗入地下。Cl⁻不会挥发且极少被植物吸收,故水被蒸发蒸腾掉后,它仍留在土壤中。长此以往,

Cl⁻会在土壤根系层区增加,蒸发蒸腾量(ET)越大,则 Cl⁻聚积越多 (Allison 和 Hughes,1978;Coes 和 Pool,2005)。伊兹比茨基(Izbicki) (2002)以沙漠间隙性河床表层高 Cl⁻含量为例,说明间隙性来水全被蒸发掉而不会补给地下水。

在入渗强烈的地区,Cl⁻随深度增加的幅度会越来越小,且非饱和带 Cl⁻浓度极低。在入渗很小的地区,浅层土中 Cl⁻浓度呈增长趋势,达最大浓度后,该浓度将一直向下延伸到地下水面处。已公布的研究结果表明,由于古气候变化和渗流方向反复变化,入渗量极小的干旱地区的 Cl⁻浓度峰值点以下的土壤中 Cl⁻浓度呈下降趋势(Coes 和 Pool, 2005)。

如果地表 Cl⁻沉积速率已知,则 Cl⁻在非饱和带中到达指定深度需要的时间用式(3.26)(Coes 和 Pool,2005)描述:

$$t_{Cl} = \frac{\int_0^z Cl_{soil} dz}{Cl_{dep}} \qquad (3.26)$$

式中 Cl_{soil} 为土壤氯化物质量;Cl_{dep} 为氯化物沉积速率。

式(3.26)成立的条件为:①非饱和带渗流是单向向下的;②Cl⁻只来源于降水和大气粉尘,没有矿物来源;③Cl⁻的沉淀速率保持不变;④非饱和带的 Cl⁻不循环。

图 3.25 为美国半干旱的亚利桑那州深厚非饱和土壤中氯化物和氚浓度的典型分布实例。

3.6.4.2 氚

氚(³H)是一种氢放射性同位素,半衰期为 12.5 年,已广泛应用于水文示踪和年代测定工作。氚是宇宙射线轰击上层大气中的氮生成的,在降雨中的浓度为 5 ~ 20 TU(Kauffman 和 Libby,1954)。1952 年到 20 世纪 60 年代末,热核武器试验使大量氚进入大气中,高峰期出现在 20 世纪 60 年代初,导致此期间降雨中的氚含量陡然增加。相应的大气中氚峰值出现的时间可作为估计地下水年龄的绝对时间标杆。但由于放射性衰变和水动力作用大大减少了地下水中氚的最大浓度,识别 20 世纪 60 年代大气氚峰值浓度已越来越困难。仅根据氚数据解读

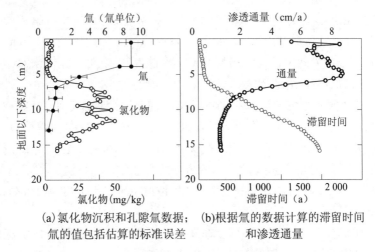

(a)氯化物沉积和孔隙氚数据；　(b)根据氚的数据计算的滞留时间
　氚的值包括估算的标准误差　　　　和渗透通量

图 3.25　在美国亚利桑那州谢拉维斯塔支流流域 BFI 钻孔
内确定河底渗透（Coes 和 Pool 供稿，2005）

地下水年龄是不可靠的，因为监测井的间距很大。

　　地下水中氚的含量是入渗时大气中的氚含量和氚的放射性衰减速率的函数。假定包气带水流是单向垂直向下的，则平均入渗通量（q_i）可用式（3.27）估算（Coes 和 Pool，2005）：

$$q_i = \frac{\Delta z}{\Delta t} \theta_v \tag{3.27}$$

式中　z 为氚最大活动性的深度；t 为取样时间与大气氚含量最大时间的间隔；θ_v 为土壤体积含水量。

　　降雨中氚含量随时间、放射性衰减、水动力弥散作用及不同年代地下水的混合情况而变化，因此一般不适于估算地下水的滞留时间。在许多情况下，氚数据最适合作定性分析（Clarik 和 Fritz，1997；Kay 等，2002），它们可以准确区分地下水是产生于 1952 年前还是 1952 年后。对于完整的水文系统，氚输入函数可提供充分的信息以确定地下水的年龄，复杂水流系统则要使用更复杂的模型（Plummer 等，1993）。要使用氚数据断定地下含水层的年代，需要使用长时间、不同深度的取样数据进行分析。

　　在单向流情况下，克拉克和弗里思（Clarik 和 Fritz，1997；Kay 等，

2002)提出了如下判别法则:

(1)具有大陆气候的地区,地下水含氚量低于 0.8 TU,是 1952 年以前形成的地下水。

(2)经历了 1952 年前后补给的地下水,含氚量为 0.8 ~ 4 TU。

(3)1987 年后形成的地下水,氚浓度为 5 ~ 15 TU。

(4)1953 年以来形成的地下水,氚浓度为 16 ~ 30 TU,难以确定更准确的形成时间。

(5)20 世纪 60 年代和 70 年代形成的、含氚量大于 30 TU 的地下水。

(6)含氚量 50 TU 以上的 20 世纪 60 年代形成的地下水。

环境中人为形成的氚的衰减,会降低此方法在地下水研究中的实用性。

3.6.4.3　氚 – 3—氦 – 3(^{3}H—^{3}He)

为了消除氚龄估算的不确定性,可以采用^{3}H/^{3}He 法。氚的放射性衰变产生惰性气体氦 – 3(^{3}He)。因此,分析^{3}H 与^{3}He 之比,可以估算出地下水补给年代。由于这些物质在地下水中基本上是惰性的,不受地下水化学过程的影响,人为污染物中也不含这些元素,因此使用^{3}H/^{3}He 年代测定法不须知道^{3}H 的输入函数,从而大大扩展了该方法在水文勘察中的应用(Kay 等,2002;Geyh,2000),包括场地特征分析、对其他年代测定结果的验证、地表水—地下水相互影响研究和地下水模型验证(Aeschback-Hertig 等,1998;Ekwurzel 等,1994;Solomon 等,1995;Sheets 等,1998;Szabo 等,1996;Stute 等,1997;Kay 等,2002)。

^{3}H 的活动性($^3H_{spl}$)可表示为(Geyh,2000)

$$^3H_{spl} = {}^3H_{init}e^{-\lambda t} \tag{3.28}$$

式中　$^3H_{spl}$为初始氚的活动性;λ 为放射性衰减常数;t 为自开始衰变以来的时间(绝对年龄)。

样本中^{3}He 含量的增加可用下式表示:

$$^3H_{espl} = {}^3H_{init}(1 - e^{-\lambda t}) \tag{3.29}$$

合并式(3.28)和式(3.29),消除$^3H_{init}$,则水的年龄为

$$^3H_{espl} = {}^3H_{spl}(e^{-\lambda t} - 1) \tag{3.30}$$

$$t = -\frac{\ln\left(1 + \dfrac{^3He_{spl}}{^3H_{spl}}\right)}{\lambda} \tag{3.31}$$

由于地壳和大气中 ^3He 的混入,对样本内 ^3He 的浓度必须进行修正。^3He 的浓度随氚衰减而增加,因此越古老的地下水, $^3He_{trit}/^3H$ 越大。

3.6.4.4　氧和氚

^{16}O 和 ^{18}O、^1H 和 ^2H 同位素是组成水分子的主要同位素。氧和氢同位素是稳定的,不会因放射性衰减而分解。在温度低于 50 ℃的浅层地下水系统中,δ^2H 和 $\delta^{18}O$ 同位素成分不会受水—岩石相互作用的影响(Perry 等,1982)。由于它们是水分子的组成部分,这些同位素可作为天然示踪剂。地下水和雨水中同位素成分的差异可用于探测地下水的水源。

水分子中氧和氢同位素的含量采用两个同位素之比 $^2H/^1H$ 和 $^{18}O/^{16}O$ 来度量,以千分率(‰)表示,一般通式如下(Kay 等,2002):

$$\delta_x = \left(\frac{R_x}{R_{STD}} - 1\right) \times 1\,000 \tag{3.32}$$

式中　R_x 为样本 $^2H/^1H$ 和 $^{18}O/^{16}O$ 的实测值;R_{STD} 为参考值。

海水 $\delta^{18}O$ 和 δ^2H 的含量为 ±0‰,被选定为"维也纳标准平均海水(V-SMOW)"。大多数淡水都是负 δ 值(Geyh,2000)。例如,一个 $\delta^{18}O$ 值为 –50‰的氧样本,就是比 ^{18}O 较标准水少 5%或 50‰。

不同地区水的蒸发、凝聚、冻结、融化、化学和生物反应的差异,导致水中氧和氢同位素含量的明显差异。例如,年平均温度较低地区雨水中的 δ^2H 和 $\delta^{18}O$ 值较低。此两值随季节变化很大,但年平均值则变化很小(Dansgaard,1964;Kay 等,2002)。联合国国际原子能机构提供了世界各地降雨中的 δ^2H 和 $\delta^{18}O$ 的含量值(ftp://ftp.iaea.org)。

全球大气降水线(MWL)表明雨水中 δ^2H 和 $\delta^{18}O$ 值之间存在强相关关系,其斜率为8,过量氚的含量可用下式描述:

$$d_{excess} = \delta^2H - 8\delta^{18}O \tag{3.33}$$

式中　d_{excess} 为过量氚含量(‰)。

在沿海地区,过量氚含量低于 +10‰,只有南极洲约为 0‰。在相对湿度达到海洋平均值的地区和时间内, d 值会高于 $+10‰$, 如地中海东部的过量氘含量为 $+22‰$。d 值主要随海洋面之上大气的平均相对湿度而变化, 因此相关系数 d 可看做是一个古气候变化的指标(Geyh, 2000; Merlivat 和 Jouzel, 1979; Gat 和 Carmi, 1970)。

干旱地区地下水研究的一个重要方面是确定地下水现代形成情况和古代形成情况的关系。测定稳定同位素(^2H 和 ^{18}O)的比例及同位素年龄(^{14}C、^3H、^3He 等)可达到此目的。图 3.26 为中东几个大地下水系统的同位素特征值。由图可见, 与现代大气中的 ^2H 相比, 沙特阿拉伯乌姆埃尔盖杜迈(Umm Er Rhaduma)和奈乌杰奈(Neogene)含水层、科威特达曼(Dammam)含水层、卡塔尔含水层的 ^2H 含量较低, 同位素年龄测定表明, 这些含水层主要是在湿润的更新代形成的(Yurtsever, 1999; Puri 等, 2006)。

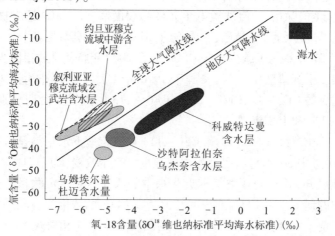

图 3.26　中东几个主要含水层地下水同位素组成特征

(Yurtsever, 1999; Puri 等, 2006)

盖赫(Geyh, 2000)详述了影响雨水和地下水中同位素的过程和因素, 以及区域和全球大气中同位素分布的偏差。这些过程和因素涵盖了地下水混合、反应、蒸发、温度、海拔和陆地影响等方面。

3.6.4.5　氯氟烃和六氟化硫

氯氟烃(CFCs)与氚、六氟化硫(SF_6)可用于追踪年代较近的地下水流(50 年内形成的),并确定其补给时间。地下水年龄的信息可用于确定地下水补给量,改进地下水模型,预测污染的发展,估算通过地下水回灌清除污染物所需的时间。CFCs 还可用于追踪河流对地下水的补给,对垃圾填埋和化粪池渗漏污染提供早期预警,评估地表源污染源对取水井的影响(Plummer 和 Friedman,1999)。

　　CFCs 是稳定的合成有机化合物,是 20 世纪 30 年代作为冷冻剂氨和二氧化硫的安全替代物而研发的,广泛应用于工业和制冷。1931 年开始生产 CFC – 12(二氟二氯甲烷,CF_2Cl_2),接着在 1936 年生产 CFC – 11(三氯氟甲烷,$CFCl_3$),随后生产了许多其他 CFC 化合物,其中最值得关注的是 CFC – 113(三氯三氟代乙烷,$C_2F_3Cl_3$)。CFC – 11 和CFC – 12用作空调和制冷的冷却剂,泡沫材料、隔热和包装材料的发泡剂,喷雾罐的喷雾剂和溶剂。CFC – 113 主要用于电子工业半导体芯片制造、蒸气除垢、冷浸洗微电子元件和表面清洗。CFCs 通常被称为弗利昂™,是无毒、不易燃、非致癌的,但却会造成臭氧层耗损。因此,1987 年 37 国签署了减少排放 CFCs,并在 2000 年将其排放量减少一半的协议。根据清洁空气法,美国于 1996 年 1 月 1 日停止生产 CFCs。目前估算的 CFC – 11、CFC – 12 和 CFC – 113 的大气生命期分别约为45 年、87 年和 100 年。

　　用 CFC – 11、CFC – 12 和 CFC – 113 来测定地下水年龄是可能的,因为:①过去 50 年它们在大气中的含量已完全改变;②它们在水中的可溶性已知;③它们在空气和近代水中的浓度达到了可测量的范围。将观测的地下水中 CFCs 的浓度与大气中 CFCs 的浓度建立相关关系,与用平衡公式计算出的水中 CFCs 的预期浓度建立相关关系,从而得到地下水生成的年代。

　　为了得到最好的结果,应视其年龄使用多种方法确定,因为每种年代测定技术都有局限性。CFC 断代法最适用于相对郊区的环境,那里没有来自化粪系统、废水出流、垃圾填埋、城市污水等非大气 CFC 污染。该断代法似乎很适用于好气有机物低的浅层沙质含水层。虽然CFC 断代法在确定地下水年龄时存在一些问题,但水样中存在 CFCs 至少可说明是20 世纪 40 年代后生成的水,因此 CFCs 作为现代补给示踪剂是有效的。当 CFC 和^{3}H/^{3}He 年龄一致时,或当所有 3 种 CFCs 都表明年龄相近时,结果就相当可靠了(Plummer 和 Friedman,1999)。

图 3.27 所示为美国马里兰州和弗吉尼亚州德尔马尔瓦(Delmarva)半岛农村地区用 CFCs 确定地下水年龄的例子。结果显示,20 世纪70 年代初以来生成的地下水,硝酸盐(以 N 计)含量达到 10 mg/L,超过了美国环境保护署颁布的饮用水允许的污染物最高含量(MCL),而70 年代初之前(大量施用硝酸盐化肥以前)补给的水,则没有超过污染物允许含量(Böhlke 和 Denver,1995;Plummer 和 Friedman,1999)。林区地下水中硝酸盐的浓度低,而农田区地下水的硝酸盐浓度超标。CFC 浓度跟踪表明,目前排往德尔马尔瓦农业区各河道(流入大西洋的切萨皮克湾(Chesa Peake)里的地下水,是 20 世纪 60 年代和 70 年代从农田(Böhlke 和 Denver,1995;Focazio 等,1998))入渗形成的。因此,即使现在停止施用硝酸盐化肥,在地下水中的污染物被冲洗完之前,河流和河口中依然会接收大量的硝酸盐(Modica 等,1998)。分析表明,要冲走现有的高硝酸盐可能需要 30 年的时间(Plummer 和 Friedman,1999)。

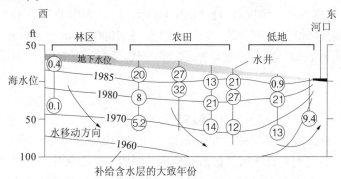

图 3.27　1989 年 6 月和 1990 年 1 月在费尔蒙特
流域德尔马尔瓦半岛河段实测的 CFCs 和硝酸盐浓度
(地下水断代发现,高硝酸盐浓度缓慢地向海湾移动。圈内数字表示
硝酸盐浓度(mg/L)。黑体数字表示浓度高于 10 mg/L)
(Plummer 和 Friedman 修改,1999)

随着大气中 CFC 浓度的下降,SF_6 是替代 CFCs 断定地下水年龄的一种新方法。1953 年,随着高压空气开关的出现,工业上开始生产 SF_6。SF_6 极其稳定,在大气中积聚很快。根据 SF_6 的生产记录和历史上采集的空气样本及当今大气检测结果,可以确定大气中 SF_6 的时间分布情况。SF_6 的时间分布图还可以根据海水中的含量和已经确定了年代的地下水中的含量进行分析。大气中的 CFC 浓度在下降,采用 SF_6 与 CFC – 12 之比进行断代,其灵敏度更高。虽然 SF_6 几乎全由人工合成,但自然形成的大火有可能产生 SF_6,这使用该法进行断代变得复杂起来。美国地质调查局的科学家成功使用 SF_6 法确定了美国马里兰州德尔马尔瓦半岛浅层地下水的年龄,以及弗吉尼亚州蓝岭山脉泉水的年龄(Plummer 和 Fredman,1999)。

3.6.4.6　碳 – 14

放射性碳(碳 – 14,即^{14}C)是一种半衰期为 5 730 年的碳放射性同位素,它是大气中的 CO_2 经宇宙辐射生成的,存在于地球生物圈和水圈中。地壳中生成的 CO_2 可忽略不计。^{14}C 的活度通常用相对活度表示,它是与标准活度的某一比值。标准活度是现代碳的活度,即碳材料中 ^{14}C 含量占现代碳的百分比(pMC)表示。100 pMC(即为百分之百的现代碳)相当于 1950 年的 ^{14}C 的活度(Geyh,2000)。此外,^{13}C 和 ^{12}C 对于查找地下水中溶解的 CO_2 来源、修正 ^{14}C 所获得的断代结果是很有用的。

地下水中的 ^{14}C 是放射性衰减、土壤介质与水之间的化学反应的结果。这些反应包括二氧化碳和碳酸盐矿物的溶解。新近降雨的入渗水和含有二氧化碳气体的非饱和带水中的 ^{14}C 是百分之百的现代碳,这是因为它们来自于大气扩散和植物的呼吸。含二氧化碳的水通过非饱和带和地下含水层时,会溶解碳酸盐矿物质,从而增加水中无机碳的浓度,减少水中 ^{14}C 的成分(Anderholm 和 Heywood,2002)。年代久远的地下水在生成时经历了上述过程,并一直与含水层介质发生着各种化学反应。可见 ^{14}C 不是一种守恒的示踪剂,不能直接用于地下水断代研究。

^{14}C 法可用于 30 000 年以上的地下水断代,对于含有机碳的地下

水,地下水断代时间应为 45 000 ~ 50 000 年的范围(Libby,1946)。在确定地下水与大气或现代^{14}C 水隔离了多长时间时,需要确定化学反应对地下水^{14}C 成分的影响。有多个模型可用来估算非饱和带与含水层中化学反应对^{14}C 的影响(Mook,1980;Anderholm 和 Heywood,2002;Geyh,2000)。简单模型需要的数据少,而复杂模型需要有关碳同位素成分以及水运移通过渗透区和含水层发生地球化学反应的许多信息。可用式(3.34)估算地下水视在年龄(Anderholm 和 Heywood,2002):

$$t = \frac{5\ 730}{\ln 2} \ln\left(\frac{A_0}{A_s}\right) \tag{3.34}$$

式中　t 为表观年龄,年;A_0 为化学反应后未衰减的^{14}C 成分,占现代的百分比;A_s 为样本中实测的^{14}C 成分,占现代的百分比。

根据相关经验,在水化学和同位素相同的情况下,不同模型计算的差别可达几千年。

3.6.5　基流分割

径流过程线是降雨形成的河道流量的表现形式。地表径流过程线的分割是估算形成径流的各分量的常见方法。从理论上讲,径流过程由直接降到河流里的水、地表汇流、潜流和排泄的地下水组成。但是,实际上不可能准确地将流域的所有这些分量分割开,故分割问题可简化为估算基流(地下水)和地表径流。在自然平衡条件下且没有人工抽取地下水的情况下,流域内地下水的补给量等于排泄量。假定所有地下水都直接或通过泉水排入地表河流水系,则河流基流就等于地下水补给量。虽然径流过程线分割法存在主观性和缺乏严格的理论依据,以至于有些专家认为它是"随意的捏造",但该方法在缺少大量径流过程和流域特征参数(决定汇流过程)的情况下,能提供有用的信息。任何情况下都应小心地使用本方法,且只能将其结果看作是实际地下水补给量的近似估算。此外,在应用此方法时应很好地了解流域的地质和水文特征。以下情况不能只使用基流分割一种方法来估算地下水补给量:

(1)河道通过岩溶地区,且流域分水岭和地下水分水岭不相同。

基流分割法估算的地下水补给量可能过大,也可能过小。

(2)不常有水的河流,或有些河段经常性或季节性断流,测流位置和时间不足以反映断流的详细情况。

(3)河岸植被茂盛,通过蒸发蒸腾(ET)吸取大量地下水。

(4)深层地下水补给,这些水来自其他流域的补给。

(5)有水库调控的河流。

一次降雨形成的径流过程和基流分割方法详见图 3.28。实际上,非间歇性河流实测径流过程线更复杂,它含有前期降水的影响。实际过程线是由各次降水的单一径流过程线叠加而成的。

图 3.28 中第一种径流过程线分割法(ABC 线)通常应用于有明显地下水补给的河流。假定点 C 代表降水形成的地表汇流的终点,也是仅由地下水出流生成的径流的始点,将后段直线反向延长,与最大流量的垂直线相交于 B 点。A 点表示降水后地面径流的始点,用直线连到 B 点。线 ABC 以下的面积就代表

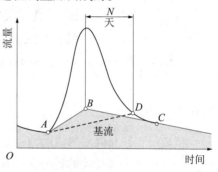

图 3.28　由孤立降水事件生成的单一水文过程线(2 种常见的基流分割法)

基流,即地表水径流中的地下水部分。第二种基流分割法用于无明显地下水排泄的地区。D 点称为消落时间点,由式(3.35)计算:

$$N = 0.8A^{0.2} \qquad (3.35)$$

式中　N 为消落时间,d;A 为集水面积,km^2。

一般来讲,式(3.35)计算值较小;当面积为 100 km^2 时,$N = 2$ d;当面积为 10 000 km^2 时,$N = 5$ d。实际应用时,应分析足够多的单一过程线,确定合适的面积与时间关系。

图 3.29 给出了基流分割法不适用的情况。在洪水期和高水位期,河流的河岸过水,河水向地下入渗,这时谈不上产生基流(见图 3.29(a))。还有,河流不断接纳来自另一流域补给的含水层的基流,它的水位高于本河流的水位(见图 3.29(b))。尽管可使用基流分割法,但

在没有进行现场勘察的情况下,其结果是难以令人信服的。现场勘察方法之一是利用溶解无机质或环境示踪剂进行径流过程线的水化学分割。这往往比前述基流图解分割法更准确,因为地表水和地下水总存在明显不同的化学性质。

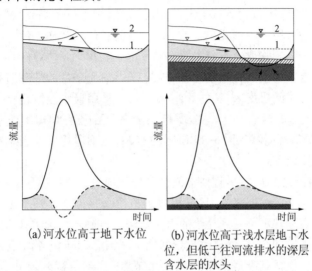

(a)河水位高于地下水位　　(b)河水位高于浅水层地下水位,但低于往河流排水的深层含水层的水头

1—降水前的初始河水位;2—洪峰期间的河水位

图 3.29　河流水文过程线示出了降水引起水位明显升高后的水流分量

里塞(Risser)等(2005b)对两种径流过程线分割法进行了比较,他们依据的是宾夕法尼亚州 197 个水文站的资料。两种方法所使用的计算机程序分别为 PART 和 RORA,由美国地质调查局开发(Rutledge,1993,1998,2000),可从美国地质调查局网站免费下载。PART 程序采用径流过程线分割基流的方法。RORA 程序则应用罗拉鲍格(Rorabaogh,1964)退水曲线位移法估算各次暴雨的地下水补给量,它不是分割法,而是基于地下水排泄理论,通过移动退水曲线确定地下水补给量。

PART 程序首先确定基本没有地表径流的消落时间,认为这段时间的河道流量就是基流。PART 程序在确定一次暴雨产生径流的终点时,制订了暴雨退水时长和退水速度准则,而在不满足这些准则的时段内,采用基流对数值的线性插值来确定基流,详细介绍见拉特利奇(Rutledge,1998)的文章。

RORA 程序应用的罗拉鲍格法是一维解析模型,它描述的是理想状态下均质含水层在均匀补给条件下向河流排水的情况。哈福德和迈耶(Halford 和 Mayar)(2000)认为,由于方程式进行了简化,故 RORA 程序对某些流域是不适用的。在一些极端情况下,RORA 计算的补给率甚至高于降雨强度。拉特利奇(2000)认为,RORA 估算的月平均补给量不如更长时段的补给量可靠,他建议小于 3 个月的估算值是不能用的。在小时间尺度上,其估算结果与人工采用退水曲线位移法估算的结果相比,差异非常大。必须指出的是,无论是 RORA 程序还是 PART 程序都不能解决图 3.29 所示的难题,也不适用于地表水与地下水的其他复杂关系。

泉水流量过程线:尽管泉水流量过程与地表水流量过程很不相同,但它们之间仍有相似之处,且过程线的概念是一样的。降水后泉水流量增加是实际含水层受到补给的直接标志。准确定位雨水补给的区域并知道降水量,就能根据泉水流量增加情况,相对准确地确定含水层补给量。但往往很难准确确定泉的汇水范围,在喀斯特地区更是如此。此外,泉水流量过程线反映了含水层不同介质对降雨的总体影响,以及含水层对各种入流的响应,这些入流包括很远的弱透水地表的入渗水和河流的入渗水。

降雨入渗水对泉水流量的影响与孔隙形态和含水层水位有关。在任何情况下,岩溶或裂隙含水层在降雨之初会因大裂缝中水压增加而导致流量快速增加的情况,此时入渗水不一定到达泉眼(见图 2.23)。新入渗的水到达泉眼需要一定的时间,而且也只占总流量的一部分,所占比例可用水化学分割法(2.9.3 部分)和环境示踪剂确定。

3.6.6　数值模拟

3.6.6.1　非稳定地下水模型

在研究灌溉排水、地下水开发、土壤和地下水污染、人工回灌、污水管理等问题时,为估算土壤水分运动和入渗率而开发了大量数学模型。

拉维和威廉斯(Ravi 和 Williams)(1988)、威廉斯等(1998)为美国环境保护署编撰了 2 卷出版物,在这些出版物中,他们介绍了广泛应用的分析方法。这些方法分为 3 种类型:①经验模型;②Green-Ampt 模型;③Richards 方程。除经验模型外,理论模型均基于广泛接受的土壤物理学、土壤水力学和气候参数而建立的。这 2 卷出版物的内容包括:①对渗流模型进行分类;②介绍各渗流模型的假定、限制条件、数学边界条件和应用情况;③提出选择模型的指南;④讨论参数的取值;⑤介绍各种模型的应用实例;⑥分析参数的敏感性(Ravi 和 Williams,1998)。

解析方法的共同点是仅能描述非饱和带一维水运动,假定均质土壤剖面和均匀初始土壤含水量。由于解析解的局限性,实践中广泛使用数值模型。数值模型容易解决非饱和带与饱和带的联系问题,这使其开发和利用更具吸引力。已有数款公开免费的非饱和 – 饱和地下水数值模型、污染物沉积与输移数值模型,可用来估算含水层的补给率。如图形界面(GUI)友好的 VS2DT(由 USGS 开发)和 HYDRUS-2D/3D(公开版)。后者是美国农业部美国盐度实验室最初开发的 HYDRUS-1D 的升级版。

以下以沙漠地区的地下水开采研究为例,说明 VS2DT 的应用。半干旱和干旱区的地下水含水层的补给取决于周围高原融雪或降雨形成的短期断续性河流。由于降雨少,潜在蒸发蒸腾量(PET)大,降水量对地下水补给的量很小(Izbicki,2002)。因此,保护盆地边缘处间歇性河流,了解这些间歇河流如何补给地下水就显得非常重要。当日益增加的需水靠这些半干旱和干旱区的地下水来满足时,这个问题的重要性就更加突出。

物理参数、水文参数以及流域范围采用伊兹比茨基(Izbicki,2002)的研究成果。只有融雪期和洪水期河中才有水流,因此可以假定所有入渗都发生在 3 月,入渗量约为年径流量的 10%。

利用 VS2DT 计算深达 126.49 m(415 ft)的非饱和带的水流状态,该非饱和带为均质粗沙层。之后,该模型继续计算 25 年以后非饱和带稳定时的含水量分布情况,每年整个 3 月均发生入渗补给。最后一年的含水量剖面见图 3.30。对于平衡后的含水量垂直分布图,用达西 –

白金汉公式(3.9)计算出深层地下排水补给量约为降水量的 8%。必须强调的是,非饱和带水流前锋的含水量不是一个稳定值,而是随深度增加逐渐减弱。这种扩散作用导致一定深度以下水流成为重力流,因为土壤含水量和孔隙水压力已不随深度改变。

上述情况只定性说明一般概念,更有意义的是模拟了具有细粒沉积层的非均质土中的渗流。补给条件相同,模拟计算期为 20 年。由于多个细粒层的隔水作用,每年 3 月入渗形成的含水量剖面均被切为多段,见图 3.31。从图 3.31 可看到,深部非饱和带的含水量几

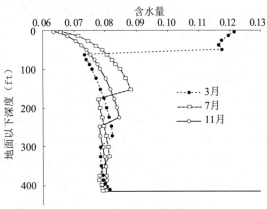

图 3.30　通过沙漠干河床补给的模型模拟的含水量与深度的关系

乎不变,故地下水补给量是不变的,这和均质含水层是类似的。只要测出任一层的非饱和渗透系数,就能近似地估算地下水系统的长期补给量(Nimmo 等,2002)。但是,由于细粒土壤持水能力大,含水量随深度有明显变化,且到达地下水面的渗流通量小于均质粗粒模型的量。此外,当湿润锋到达低渗透层时,会发生水分的侧向扩展,这会进一步减少非饱和带水向下流动的通量。

如果第 20 年切断补给,则在以后的 3 年里,水分会按同样的速度继续进入饱和区,之后,毛细管边缘之上的土壤含水量开始下降。图 3.32 为毛细管边缘含水量随时间变化的过程。必须指出的是,入渗水需约 20 年才到达地下水面,如果非饱和带中存在黏土或细沙,这个数字会大一个数量级。非饱和带模型是确定水分输移时间的关键,其计算结果显示,一旦切断补给源,含水量(以及补给通量)不会快速、均匀地下降,25 年后仍有补给水渗到地下水水面,只是每年的量在减少。

要花许多年时间,非饱和带才能排走所有储存的水分,恢复到初始含水量状态。从管理的角度来看,入渗与地下水补给之间的"时间滞后"会产生长期的后果。地面硬化如同都市化造成的影响,它不会造成地下水位立即下降,但其长期影响是不可否认的,危险在于一旦打破自然补给平衡,将需花多很多的年份才能重新建立这种平衡。

3.6.6.2　区域分布参数补给模型

美国地质调查局开发了 2 款通用的估算深层渗流的计算机程序,它具有多种地表水平衡单元。这 2 个计算机程序为 INFILv3 和深层渗流模型(DPM)。赫维斯特(Hevest, 2003)等非常详细地介绍了分布式

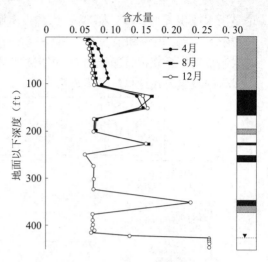

图 3.31　模型模拟通过具有细沉积层层状构造的非均质渗流区含水量和渗透区补给深度(黏土和粉沙除外)

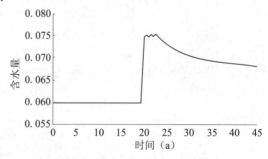

图 3.32　模型模拟的毛细管边缘正上方的含水量与时间的关系

参数流域模型 INFILv3 的开发和应用,并用此模型估算了内华达州和加利福尼亚州死谷地区净入渗量和潜在补给量的时空分布。为了估算不同气候和排泄条件下潜在补给量的规模和分布,INFILv3 模型采用了一个植物根系层的日水量平衡模型,该模型依据的是确定性的净入渗量与潜在补给量的关系(见图 3.33)。日水量平衡模型包括降水(无

论是雨水或积雪）、升华、融雪、入渗、蒸发蒸腾(ET)、排泄、含水量变化
（地层分六层）、径流和地表水演进、根系层底部出流等过程。用每小
时太阳辐射模型模拟日净辐射量，再用根系层含水量和潜在蒸发蒸腾
(PET)的经验公式计算蒸发蒸腾量。

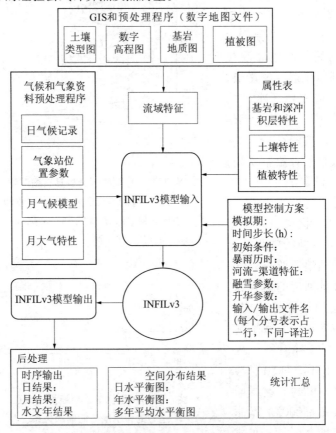

图 3.33　内华达州和加利福尼亚州死谷地区 INFILv3
模型程序结构的输入和输出（Hevesi 等供稿）

　　模型采用区域气象站网络的降水、气温资料,输入了可描述地下水
排泄条件的地形、地质、土壤和植被数据。用此模型计算了日入渗量分
布及各河流的入渗量。日、月、年净入渗量的时间分布可用来估算可能

的地下水补给量。

INFILv3 程序利用地理信息系统(GIS)形成流域地表水的排水网络,并将其特征参数直接输入到每个单元中(Hevesi 等,2003)。

美国地质调查局开发的深层渗流(DPM)模型以日为基础计算非饱和带对地下水的补给量。补给量是植物根系层(裸土时为非饱和土柱)的水到达地下水的水,它是根据降水量和灌溉水量计算出来的。模型物理意义明确,尽可能减少需要率定的参数。该模型在复杂的非饱和流模型与简单的地下水补给量计算之间建起桥梁,它既可用于某个区域,也可用于一小块土地。有关深层渗流模型的详细描述,请参阅 Bauer 和 vaccaro(1987)、Bauer 和 Mastin(1997)。深层渗流模型可计算日潜在蒸发蒸腾量(PET)、积雪和消融量、植物截留量、截留水分的蒸发量、土壤蒸发量、土壤含水量变化、未利用能量的转移、植物蒸腾量和地表径流量。模型的残差(含计算误差)就是地下水补给量,其中转移量是未发生的潜在蒸发蒸腾量(PET),它是雪升华后的截留水、土壤蒸发形成的植物蒸腾量(Vaccaro,2007)。

深层渗流模型将参数分配给模拟区域,区域可以是流域、某个范围,或是具有单位面积的一个点。将模拟区划分为子区域,子区域可以有任何大小或形状,称为水文单元(HRU)。一般来讲,一个水文单元的自然特性是相似的,但各个水文单元中土地利用和土地覆被(LULC)是不一样的。土壤性质土地利用和土地覆被是定义水文单元的基本要素。对于有冬季积雪的森林山区来说,流域模型的估算结果比深层渗流计算结果要准确一些(Vaccaro,2007)。

深层渗流(DPM)的方便点是用户可以直接将实测地表径流量输入模型。径流量为实测的日流量减去估算的日基流量,二者单位均为 ft³/s 或 m³/s。使用实测径流可使模型计算的补给量更为准确。一般来说,补给量只是水平衡中的较小分量,有时地表径流量的计算误差就可能大于计算的补给量。当没有径流实测值时,可采用模型计算的径流量。

参考文献

[1] Aeschbach-Hertig, W., Schlosser, P., Stute, M., Simpson, H. J., Ludin, A., and Clark, J. F., 1998. A ^{3}H/^{3}He study of groundwater flow in a fractured bedrock aquifer. *Ground Water*, vol. 36, no. 4, pp. 661-670.

[2] Allen, R. G., Pereira, L. S., Raes, D., and Smith, M., 1998. Crop evapotranspiration—Guidelines for computing crop water requirements. Food and Agriculture Organization (FAO) of the United Nations. Irrigation and Drainage Paper 56, Rome, Italy, 41 p.

[3] Allison, G. B., and Hughes, M. W., 1978. The use of environmental chloride and tritium to estimate total recharge to an unconfined aquifer. *Australian Journal of Soil Resources*, vol. 16, pp. 181-195.

[4] Anderholm, S. K., and Heywood, C. E., 2003. Chemistry and age of ground water in the southeastern Hueco Bolson, New Mexico and Texas. U. S. Geological Survey Water-Resources Investigations Report 02-4237, Albuquerque, NM, 16 p.

[5] Bauer, H. H., and Mastin, M. C., 1997. Recharge from precipitation in three small glacialtill mantled catchments in the Puget Sound Lowland. U. S. Geological Survey Water-Resources Investigations Report 96-4219, 119 p.

[6] Bauer, H. H., and Vaccaro, J. J., 1987. Documentation of a deep percolation model for estimating ground-water recharge. U. S. Geological Survey Open-File Report 86-536, 180 p.

[7] Bedinger, M. S., 1987. Summary of infiltration rates in arid and semiarid regions of the world, with an annotated bibliography. U. S. Geological Survey Open-File Report 87-43, Denver, CO, 48 p.

[8] Böhlke, J.-K., 2002. Groundwater recharge and agricultural contamination. *Hydrogeology Journal*, vol. 10, no. 1, pp. 153-179.

[9] BöShlke, J. K., and Denver, J. M., 1995. Combined use of groundwater dating, chemical, and isotopic analyses to resolve the history and fate of nitrate contamination in two agricultural watersheds, Atlantic coastal plain, Maryland. *Water Resources Research*, vol. 31, pp. 2319-2339.

[10] Broner, I., and Schneekloth, J., 2007. Seasonal water needs and opportunities for limited irrigation for Colorado Crops. Colorado State University Extension. Available at: http://www. ext. colostate. edu/Pubs/crops/04718. html. Accessed

August 2007.

[11] Brown, P. , 2000. Basis of evaporation and evapotranspiration. Turf Irrigation Management Series: I. The University of Arizona College of Agriculture, Tucson, AZ, 4 p.

[12] Clark, I. D. , and Fritz, P. , 1997. *Environmental Isotopes in Hydrogeology.* Lewis Publishers, New York, 311 p.

[13] Coes, A. L. , and Pool, D. R. , 2005. Ephemeral-stream channel and basin-floor infiltration and recharge in the Sierra Vista subwatershed of the upper San Pedro basin, Southeastern Arizona. U. S. Geological Survey Open-File Report 2005-1023, Reston, VA, 67 p.

[14] Dansgaard, W. , 1964. Stable isotopes in precipitation. *Tellus*, vol. 16, no. 4, pp. 437-468.

[15] Delin, G. N. , and J. D. Falteisek, 2007. Ground-water recharge in Minnesota. U. S. Geological Survey Fact Sheet 2007-3002, 6 p.

[16] Dingman, S. L. , 1994. *Physical Hydrology.* Macmillan, New York, 575 p.

[17] Dougherty, M. , Dymond, R. L. , Goetz, S. J. , Jantz, C. A. , and Goulet, N. , 2004. Evaluation of impervious surface estimates in a rapidly urbanizing watershed. *Photogrammetric Engineering & Remote Sensing*, vol. 70, no. 11, pp. 1275-1284.

[18] Dugan, J. T. , and Peckenpaugh, J. M. , 1985. Effects of climate, vegetation, and soils on consumptive water use and ground-water recharge to the central Midwest regional aquifer system, mid-continent United States. U. S. Geological Survey Water-Resources Investigations Report 85-4236, Lincoln, NE, 78 p.

[19] Ekwurzel, B. , Schlosser, P. , Smethie, W. M. , Plummer, L. N. , Busenberg, E. , Michel, R. L. , Weppernig, R. , and Stute, M. , 1994. Dating of shallow ground-water—Comparison of the transient tracers $^3H/^3He$, chlorofluorocarbons, and 85 Kr. *Water Resources Research*, vol. 30, no. 6, pp. 1693-1708.

[20] Fayer, M. J. , and Waiters, T. B. , 1995. *Estimating Recharge Rates at the Hanford Site.* Pacific Northwest Laboratory, Richland, WA, various pages.

[21] Fayer, M. J. , Rockhold, M. L. , Kirham, R. R. , and Gee, G. W. , 1995. Appendix A: Multiyear *observations of water content to characterize low recharge. In: Estimating Recharge Rates at the Hanford Site.* Fayer, M. J. , and T. B. Walters, editors. Pacific Northwest Laboratory, Richland, WA, pp. A. 1-A. 14.

[22] Flint, A. L. , and Flint, L. E. , 2006. Modeling soil moisture processes and re-charge under a melting snowpack. Proceedings, TOUGH Symposium May 15-17, 2006. Lawrence Berkeley National Laboratory, Berkeley, CA.

[23] Focazio, M. J. , Plummet, L. N. , Bohlke, J. K. , Busenberg, E. , Bachman, L. J. , and Powers, D. S. , 1998. Preliminary estimates of residence times and ap-parent ages of ground water in the Chesapeake Bay watershed and water-quality data from a survey of springs. U. S. Geological Survey Water-Resources Investiga-tions Report 97-4225, 75 p.

[24] Foster, S. S. D. , 1988. Quantification of ground-water recharge in arid regions—a practical view for resource development and management. In: *Estimation of Natural Ground-Water Recharge*, NATO ASI Series C, vol. 222. Simmers, I. , editor. Reidel Publishing, Dordrecht, the Netherlands, pp. 323-338.

[25] Gat, J. R. , and Carmi, I. , 1970. Evolution of the isotopic composition of atmos-pheric waters in the Mediterranean Sea area. *Journal Geophysics Research*, vol. 75, pp. 3039-3048.

[26] Geyh, M. , 2000. Groundwater, saturated and unsaturated zone. In: *Environ-mental Isotopes in the Hydrological Cycle*; *Principles and Applications*. Mook, W. G. , editor. IHP-V, Technical Documents in Hydrology, No. 39, Vol. IV. UNESCO, Paris, 196 p.

[27] Halford, K. J. , and Mayer, G. C. , 2000. Problems associated with estimating ground-water discharge and recharge from stream-discharge records. *Ground Wa-ter*, vol. 38, no. 3, pp. 331-342.

[28] Healy, R. W. , Winter, T. C. , LaBaugh, J. W. , and Franke, O. L. , 2007. Water budgets: Foundations for effective water-resources and environmental man-agement. U. S. Geological Survey Circular 1308, Reston, VA, 90 p.

[29] Hevesi, J. A. , Flint, A. L. , and Flint, L. E. , 2003. Simulation of net infiltra-tion and potential recharge using a distributed-parameter watershed model of the Death Valley region, Nevada and California. U. S. Geological Survey Water-Re-sources Investigations Report 03-4090, Sacramento, CA, 161 p.

[30] IAEA (International Atomic Energy Agency), 2001. Isotope based assessment of groundwater renewal in water scarce regions. International Atomic Energy Associ-ation TECDOC-1246.

[31] Izbicki, J. A. , 2002. Geologic and hydrologic controls on the movement of water

through a thick, heterogenous unsaturated zone underlying an intermittent stream in the Western Mojave Desert, Southern California. *Water Resources Research*, vol. 38, no. 3, doi: 10.1029/2000WR000197.

[32] Johnston, C. D. , 1983. Estimation of groundwater recharge from the distribution of chloride in deeply weathered profiles from south-west Western Australia. In: *Papers of the International Conference on Groundwater and Man*, vol. 1. Investigation and Assessment of Groundwater Resources, Sydney, 1983. Austrahan Water Resources Council, Conference Series 8, Canberra, pp. 143-152.

[33] Kauffman, S. , and Libby, W. S. , 1954. The natural distribution of tritium. *Physical Review*, vol. 93, no. 6, pp. 1337-1344.

[34] Kay, R. T. , Bayless, E. R. , and Solak, R. A. , 2002. Use of isotopes to identify sources of ground water, estimate ground-water-flow rates, and assess aquifer vulnerability in the Calumet Region of Northwestern Indiana and Northeastern Illinois. U. S. Geological Survey Water-Resources Investigation Report 02-4213, Indianapolis, IN, 60 p.

[35] King, R. B. , 1992. Overview and bibliography of methods for evaluating the surfacewater-infiltration component of the rainfall-runoff process. U. S. Geological Survey Water-Resources Investigations Report 92-4095, Urbana, IL, 169 p.

[36] Kohler, M. A. , 1958. *Meteorological Aspects of Evaporation*, vol. III. Int. Assn. Sci. Hydr. Trans. , General Assembly, Toronto, pp. 423-436.

[37] Kresic, N. , 2007. *Hydrogeology and Groundwater Modeling*, 2nd ed. CRC Press, Boca Raton, FL, 807 p.

[38] Laczniak, R. J. , Smith J. L. , and DeMeo, G. A. , 2006. Annual ground-water discharge by evapotranspiration from areas of spring-fed riparian vegetation along the eastern margin of Death Valley, 2002-02. U. S. Geological Survey Scientific Investigations Report 2006-5145, 36 p. Available at: http://pubs. water. usgs. gov/sir 2006-5145.

[39] Lappala, E. G. , Healy, R. W. , and Weeks, E. P. , 1987. Documentation of computer program VS2D to solve the equations of fluid flow in variably saturated porous media. U. S. Geological Survey Water-Resources Investigations Report 83-4099, Denver, CO, 131 p.

[40] Lee, K. K. , and Risley, J. C. , 2002. Estimates of ground-water recharge, base flow, and stream reach gains and losses in the Willamette River Basin, Oregon.

U. S. Geological Survey Water-Resources Investigations Report 01-4215, Portland, OR, 52 p.

[41] Libby, W. F. , 1946. Atmospheric helium three and radiocarbon from cosmic radiation. *Physical Review*, vol. 69, pp. 671-672.

[42] Linsley, R. K. , Kohler, M. A. , and Paulhus, J. L. H. , 1975. *Hydrology for Engineers*. McGraw-Hill, New York, 482 p.

[43] Linsley, R. K. , and Franzird, J. B. , 1979. *Water-Resources Engineering*, 3rd ed. McGraw-Hill, New York, 716 p.

[44] McMahon, P. B. , Dermehy, K. E, Michel, R. L. , Sophocleous, M. A. , Ellett, K. N. , and Hurlbut, D. B. , 2003. Water movement through thick unsaturated zones overlying the Central High Plains Aquifer, Southwestern Kansas, 2000-2001. U. S. Geological Survey Water-Resources Investigations Report 03-4171, Reston, VA, 32 p.

[45] Merlivat, L. , and Jouzel, J. , 1979. Global climatic interpretation of the deuterium-oxygen 18 relationship for precipitation. *Journal Geophysics Research*, vol. 84, pp. 5029-5033.

[46] Modica, E. , Buxton, H. T. , and Plummer, L. N. , 1998. Evaluating the source and residence times of ground-water seepage to headwaters streams, New Jersey Coastal Plain. *Water Resources Research*, vol. 34, pp. 2797-2810.

[47] Mook, W. G. , 1980. Carbon-14 in hydrogeological studies. In: *Handbook of Environmental Isotope Geochemistry*, Vol. 1: *The Terrestrial Environment*, A. Fritz, P. , and Fontes, J. Ch. , editors. Elsevier Scientific, New York, Chap 2, pp. 49-74.

[48] Mualem, Y. , 1976. A new model for predicting the hydraulic conductivity of unsaturated porous media. *Water Resources Research*, vol. 12, pp. 513-522.

[49] Nimmo, J. R. , Deason, J. A. , Izbicki, J. A. , and Martin, P. , 2002. Evaluation of unsaturated zone water fluxes in heterogeneous alluvium at a Mojave Basin site. *Water Resources Research*, vol. 38, no. 10, pp. 1215, doi: 10. 1029/ 2001WR000735.

[50] Nimmo, J. R. , 2007. Simple predictions of maximum transport rate in unsaturated soil and rock. *Water Resources Research*, vol. 43, W05426, doi: 10. 1029/ 2006WR005372.

[51] Perry, E. C. , Grundl, T. , and Gilkeson, R. H. , 1982. H, O, and S isotopic

study of the ground water in the Cambrian-Ordovician aquifer system of northern Illinois. In: *Isotope Studies of Hydrologic Processes.* Perry, E. C. , Jr. , and Montgomery, C. W. , editors. Northern Illinois University Press, DeKalb, IL, pp. 35-45.

[52] Plummer, L. N. , and Friedman, L. C. , 1999. Tracing and dating young ground water. U. S. Geological Survey Fact Sheet-134-99, 4 p.

[53] Plummer, L. N. , Michel, R. L. , Thurman, E. M. , and Glyrnn, P. D. , 1993. Environmental tracers for age-dating young ground water. In: *Regional Ground-Water Quality.* Alley, W. M. , editor. Van Nostrand Reinhold, New York, pp. 255-294.

[54] Plummer, L. N. , and Busenberg, E. , 2007. Chlorofluorocarbons. In: *Excerpt from Environmental Tracers in Subsurface Hydrology.* Cook, P. , and Herczeg, A. , editors. Kluwer, The Reston Chlorofluorocarbon Laboratory, U. S. Geological Survey, Reston, VA.

[55] Puri, S. , Margat, J. , Yucel Yurtsever, Y. , and Wallin, B. , 2006. Aquifer characterization techniques. In: Non-Renewable Groundwater Resources; A Guidebook On Socially-Sustainable Management for Water-Policy Makers. Foster, S. , and Loucks, D. P. editors. IHP-VI, Series on Groundwater No. 10. UNESCO, Paris, pp. 35-47.

[56] Ravi, V. , and Williams, J. R. , 1998. Estimation of infiltration rate in the vadose zone: Compilation of simple mathematical models, volume I. EPA/600/R-97/128a, U. S. Environmental Protection Agency, Cincinnati, OH, 26 p. + appendices.

[57] Rawls, W. J. , Lajpat, R. A. , Brakensiek, D. L. , and Shirmohammadi, A. , 1993. Infiltration and soil water movement; In: *Handbook of Hydrology.* Maidment, D. R. , editor. McGraw-Hill, New York, pp. 5.1-5.51.

[58] Richards, L. A. , 1931. Capillary conduction of liquids through porous mediums. *Physics,* vol. 1, no. 3, pp. 318-333.

[59] Risser, D. W. , Gburek, W. J. , and Folmar, G. J. , 2005a. Comparison of methods for estimating ground-water recharge and base flow at a small watershed underlain by fractured bedrock in the eastern United States. U. S. Geological Survey Scientific Investigations Report 2005-5038, Reston, VA, various pages.

[60] Risser, D. W. , Conger, R. W. , Ulrich, J. E. , and Asmussen, M. P. , 2005b.

Estimates of groundwater recharge based on streamflow-hydrograph methods: Pennsylvania. U. S. Geological Survey Open File Report 2005-1333, Reston, VA, 30 p.

[61] Rorabaugh, M. I. , 1964. Estimating changes in bank storage and ground-water contribution to streamflow. Extract of publication no. 63 of the I. A. S. H. Symposium Surface Waters, pp. 432-441.

[62] Rowe, G. L. , Jr. , Shapiro, S. D. , and Schlosser, P. , 1999. Ground-water age and waterquality trends in a Buried-Valley aquifer, Dayton area, Southwestern Ohio. U. S. Geological Survey Water-Resources Investigations Report 99-4113. Columbus, OH, 81p.

[63] Rutledge, A. T. , 1993. Computer programs for describing the recession of groundwater discharge and for estimating mean ground-water recharge and discharge from streamflow records. U. S. Geological Survey Water-Resources Investigations Report 93-4121, 45 p.

[64] Rutiedge, A. T. , 1998. Computer programs for describing the recession of ground-water discharge and for estimating mean ground-water recharge and discharge from streamflow records-update. U. S. Geological Survey Water-Resources Investigations Report 98-4148, 43 p.

[65] Rutledge, A. T. , 2000. Considerations for use of the RORA program to estimate groundwater recharge from streamflow records. U. S. Geological Survey Open-File Report 00-156, Reston, VA, 44 p.

[66] Scanlon, B. R. , Healy, R. W. , and Cook, P. G. , 2002. Choosing appropriate techniques for quantifying groundwater recharge. *Hydrogeology Journal*, vol. 10, no. 1, pp. 18-39.

[67] Schaap, M. G. , 1999. *Rosetta*, Version 1. 0. U. S. Salinity Laboratory, U. S. Department of Agriculture, Riverside, CA.

[68] Serne, R. J. , et al. , 2002. Characterization of vadose zone sediment: Borehole 299-W2319[SX-115] in the S-SX Waste Management Area. PNNL-13757-2, Pacific Northwest National Laboratory, Richland, WA.

[69] Šhuttleworth, W. J. , 1993. Evaporation. In: *Handbook of Hydrology*. Maidment, D. R. , editor. McGraw-Hill, New York, pp. 4.1-4.53.

[70] Širnũtnek, J. , Šejna, M. , and van Genuchten, M. Th. , 1999. *The Hydrus-2D*

Software Package for Simulating the Two-Dimensional Movement of Water, Heat, and Multiple Solutes in Variably-Saturated Media, Version 2. 0. U. S. Salinity Laboratory, U. S. Department of Agriculture, Riverside, CA, 227 p.

[71] Singh, V. P. , 1993. *Elementary Hydrology*. Prentice Hall, Englewood Cliffs, NJ, 973 p.

[72] Sheets, R. A. , Bair, E. S. , and Rowe, G. L. , 1998. Use of $^3H/^3He$ ages to evaluate and improve groundwater flow models in a complex buried-valley aquifer. *Water Resources Research*, vol. 34, no. 5, pp. 1077-1089.

[73] Solomon, D. K. , Poreda, R. J. , Cook, P. G. , and Hunt, A. , 1995. Site characterization using $^3H/^3He$ ground-water ages, Cape Cod, MA. *Ground Water*, vol. 33, no. 6, pp. 988-996.

[74] Sophocleous, M. , 2004. Ground-water recharge and water budgets of the Kansas High Plains and related aquifers. Kansas Geological Survey Bulletin 249, Kansas Geological Survey. The University of Kansas, Lawrence, KS, 102 p.

[75] Strahler, A. N. , and Strahler, A. H. , 1978. *Modern Physical Geography*. John Wiley, New York, 502 p.

[76] Stute, M. , Deak, J. , Revesz, K. , Bohlke, J. K. , Deseo, E. , Weppemig, R. , and Schlosser, P. , 1997. Tritium/^3He dating of river infiltration—an example from the Danube in the Szigetkoz area, Hungary. *Ground Water*, vol. 35, no. 5, pp. 905-911.

[77] Szabo, Z. , Rice, D. E. , Plummer, L. N. , Busenberg, E. , Drenkard, S. , and Schlosser, P. , 1996. Age dating of shallow groundwater with chlorofluorocarbons, tritium/helium-3, and flowpath analyses, southern New Jersey coastal plain. *Water Resources Research*, vol. 32, pp. 1023-1038.

[78] Taylor, J. L. , and Acevedo, W. , 2006. Change to urban, agricultural, and forested land in Central and Southern Maryland from 1850-1990. In: *Rates, Trends, Causes, and Consequences of Urban Land-Use Change in the United States*. Acevedo, W. , Taylor, J. L. , Hester, D. J. , Mladinich, C. S. , and Glavac, S. , editors. U. S. Geological Survey Professional Paper 1726, pp. 129-137.

[79] Thornthwaite, C. W. , 1946. The moisture factor in climate. *Transactions, American Geophysical Union*, vol. 27, pp. 41-48.

[80] Thornthwaite, C. W. , 1948. An approach toward a rational classification of climate. *The Geological Review*, vol. January, pp. 55-94.

[81] USDA (United States Department of Agricu lture), 1986. Urban hydrology for small watersheds; TR-55. Natural Resources Conservation Service, Technical Release 55, Second Revised Edition, June 1986, Soil Conservation Service, Engineering Division, Washington, D. C. , various pages and appendices.

[82] Vaccaro, J. J. , 2007. A deep percolation model for estimating ground-water recharge: Documentation of modules for the modular modeling system of the U. S. Geological Survey. U. S. Geological Survey Scientific Investigations Report 2006-5318, 30 p.

[83] Van Genuchten, M. Th. , 1980. A closed-form equation for predicting the hydraulic conductivity of unsaturated soils. *Soil Science Society of America Journal*, vol. 44, no. 5, pp. 892-898.

[84] Van Genuchten, M. Th. , Leij, F. J. , and Yates, S. R. , 1991. The RETC code for quantifying the hydraulic functions of unsaturated soils. EPA/600/2-91/065, Ada, Oklahoma, 83 p.

[85] Warrick, J. A. , and Orzech, K. M. , 2006. The effects of urbanization on discharge and suspended-sediment concentrations in a Southern California river. In: *Rates, Trends, Causes, and Consequences of Urban Land-Use Change in the United States*. Acevedo, W. , Taylor, J. L. , Hester, D. J. , Mladinich, C. S. , and Glavac, S. editors. U. S. Geological Survey Professional Paper 1726, pp. 163-170.

[86] Williams, J. R. , Ouyang, Y. , and Chen, J. -S. , 1998. Estimation of infiltration rate in the vadose zone: Application of selected mathematical models, Volume II. EPA/600/R-97/128b, U. S. Environmental Protection Agency, Cincinnati, OH, 44 p. + appendices.

[87] Wilson, J. L. , and Guan, H. , 2004. Mountain-block hydrology and mountain-front recharge. In: *Groundwater Recharge in a Desert Environment: The Southwestern United States*. Phillips, F. M. , Hogan, J. , and Scanlon, B. , editors. American Geophysical Union, Washington, DC. Available at: http://www. utsa. edu/LRSG/Staff/Huade/ publications/. Accessed September 2007.

[88] Wythers, K. R. , Lauerrroth, W. K. , and Paruelo, J. M. , 1999. Bare soil evaporation under semiarid field conditions. *Soil Science Society of America Journal*, vol. 63, pp. 1341- 1349.

[89] Yurtsever, Y. 1999. An overview of nuclear science and technology in groundwa-

ter; Assessment/management and IAEA activities in the Gulf Region. In proceedings of 4th Gulf Intl Water Conference "Water in the Gulf, Challenges of the 21st century", Water Science and Technology Association, Bahrain, 13-19 February 1999.

[90] Zaidi, F. K. , Ahmed, S. , Dewandel, B. , and Maréchal, J-C. , 2007. Optimizing a piezometric network in the estimation of the groundwater budget: A case study from a crystallinerock watershed in southern India. *Hydrogeology Journal*, vol. 15, pp. 1131-1145.